新编动物疫病免疫技术手册

李志　杜淑清　主编

中国农业出版社

图书在版编目（CIP）数据

新编动物疫病免疫技术手册/李志，杜淑清主编．
—北京：中国农业出版社，2014.1
ISBN 978-7-109-18842-6

Ⅰ.①新… Ⅱ.①李…②杜… Ⅲ.①兽医学-免疫
学-技术手册 Ⅳ.①S852.4-62

中国版本图书馆 CIP 数据核字（2014）第 011205 号

中国农业出版社出版
（北京市朝阳区农展馆北路 2 号）
（邮政编码 100125）
责任编辑 刘 玮 黄向阳
文字编辑 马晓静

中国农业出版社印刷厂印刷 新华书店北京发行所发行
2014 年 2 月第 1 版 2014 年 2 月北京第 1 次印刷

开本：850mm×1168mm 1/32 印张：12.5
字数：312 千字
定价：28.00 元

本书有关用药的声明

兽医学科是一门不断发展的学问。用药安全注意事项必须遵守，但随着最新研究及临床经验的发展，知识也不断更新，因此治疗方法及用药也必须或有必要做相应的调整。建议读者在使用每一种药物之前，要参阅厂家提供的产品说明以确认推荐的药物用量、用药方法、所需用药的时间及禁忌等。医生有责任根据经验和对患病动物的了解决定用药量及选择最佳治疗方案，出版社和作者对任何在治疗中所发生的对患病动物和/或财产所造成的损害不承担任何责任。

中国农业出版社

前　　言

　　动物疫病防控工作与养殖业的健康发展、自然生态环境保护、人类身体健康关系十分密切。畜禽传染病的控制和消灭程度，是衡量国家动物保护事业发展水平的重要标志，甚至代表国家的文明程度和经济发展实力。我国对动物疫病实行预防为主的方针。免疫是当前防控动物疫病的有效措施，是避免和减少动物疫病发生的有效手段之一。因此，开展动物免疫工作在畜禽及其他动物饲养中占有极其重要的地位。

　　本书对动物疫苗免疫相关知识，如免疫学基础理论、兽用生物制品的使用、免疫接种方法注意事项、临床卫生消毒技术与家畜家禽常见疫病免疫技术做了科学阐述。

　　免疫接种不仅需要质量优良的疫苗、正确的接种方法和熟练的技术，还需要合理的免疫程序，才能充分发挥疫苗的免疫效果。一个地区、一个畜禽养殖场（户）可能发生多种动物疫病，而可以用来预防这些动物疫病的疫苗性质又不尽相同，免疫期长短也不一，因此，需要根据各种疫苗的免疫特性合理地确定免疫接种剂量、

· 1 ·

接种时间、接种次数和间隔时间，这就是所谓的免疫程序。免疫程序是否合理直接决定免疫效果的好坏。养殖场（户）必须根据动物疫病流行情况、疫病种类、动物抗体水平、生产需要（种用或肉用）以及饲养管理水平等因素制订适合本场（户）的免疫程序。

动物免疫效果受到疫苗贮运条件、稀释方法、免疫途径等诸多因素影响，任何一个环节的疏漏都会导致免疫效果下降，甚至造成免疫失败，有时还会诱发疫病，甚至造成疫病的流行。因此，在实际防疫工作中，基层防疫人员要严格按照动物疫病免疫技术操作规程，实施科学免疫、规范操作，减少应激，保证免疫动物的安全和免疫效果。本书对常见动物疫病的免疫技术做了非常详细的阐述，而且还配有相应动物疫病的病理变化图片，这样可以使读者更清楚地了解各种动物疫病的发展过程，并能及时防治和处理突发的疫病。

消毒是预防动物疫病流行的重要措施之一，是养殖场顺利发展的重要保证。目前养殖业的广大从业人员消毒意识很强，此项工作也在正常进行。但是，真正能够进行科学消毒的并不是很多，很大一部分从业人员对消毒的基本常识不是很清楚，往往是跟从和模仿，消毒的效果并不理想。本书对常用的消毒方法和常用消毒剂及其配制进行了详细的阐述。需要特别说明的是，消毒不能消除患病动物体内的病原体，它仅是预防控制和消灭传染病的重要措施之一，应配合隔离、免疫接种、杀虫、灭鼠、扑杀、无害化处理等，才能取得更好成效。

当前部分养殖场（户）对动物的免疫程序及疫苗正确使用不甚了解，在疫苗选购与使用时甚至非常混乱，本书内容正是针对上述问题提供详细指导。

由于水平有限，书中难免会有错误，敬请批评指正。

编　者

2013 年 10 月

目　　录

目 录

第一章 动物的免疫接种

第一节 动物免疫学基础知识

一、免疫概念

免疫是机体识别和清除非自身大分子物质，从而保持机体内外环境平衡的生理学反应。免疫是动物识别和清除异物的全过程，机体通过对非己物质的识别，激发免疫应答从而建立起针对该特定抗原的特异性免疫。免疫是后天获得的、特异性的，先天的、非特异性炎症吞噬反应和防御屏障统称为非特异性防御。

免疫的基本功能包括以下几个方面：

1. 抵抗感染 是指动物机体抵抗病原体感染和侵袭的能力，又称免疫防御。动物免疫功能正常时，能充分发挥对进入动物体的各种病原体的抵抗能力，通过机体的非特异性和特异性免疫，将病原体消灭。如果机体免疫功能低下或者免疫缺陷，就可引起机体的感染；如果免疫功能异常亢进，就可引起机体发生传染性变态反应。

2. 自身稳定 在动物的新陈代谢过程中，每天都有大量的细胞衰老和死亡，这些细胞如果积累在体内，就会毒害正常细胞的生理功能。而机体免疫系统的另一个重要功能，就是能经常不断地清除这些细胞，维护体内正常的生理活动。如果自身稳定功能失调，就会引起自身免疫性疾病。

3. 免疫监视 机体内的正常细胞常因化学、物理、病毒等致病因素的作用变成异常细胞。动物免疫功能正常时，可对这些细胞加以识别，然后清除，这种功能即为免疫监视。但是当机体免疫功能低下或失调时，异常细胞就会大量增殖，从而导致肿瘤发生。

二、免疫系统

免疫系统能够使动物免受病毒、细菌、污染物等的攻击。免疫系统还能利用免疫细胞来清除掉新陈代谢的废物。在遭受病原体攻击时，免疫系统无应答或力度不够，则无法抵御入侵、感染，但是当免疫系统过度应答时就可能导致攻击自身细胞，引发疾病。

免疫系统是抵御病原体侵犯最重要的保卫系统。这个系统由免疫器官（骨髓、胸腺、脾脏、淋巴结、扁桃体、小肠集合淋巴结、阑尾等）、免疫细胞（淋巴细胞、单核吞噬细胞、中性粒细胞、嗜碱性粒细胞、嗜酸性粒细胞、肥大细胞、血小板等），以及免疫分子（补体、免疫球蛋白、干扰素、白细胞介素、肿瘤坏死因子等细胞因子等）组成。

免疫系统具有以下的功能：

1. 防御功能　指机体抵抗病原体感染的能力。免疫的防御功能可有效地抵御病菌、病毒等的入侵，使机体保持健康状态。如果免疫能力过低，机体就会反复发生各种感染；反之免疫能力过高，机体就易发生变态反应。

2. 稳定功能　指机体清除体内衰老、死亡或损伤细胞的能力。生物体的各种组织、细胞都有一定的寿命，随时衰老随时新生，不断新陈代谢。因此，机体必须从体内不断地清除衰老和死亡的细胞，促使细胞新生。在这方面，免疫的稳定功能起着重要作用。如果这种能力过高，把体内的正常细胞当作衰老或损伤的细胞清除，就会导致机体自身免疫性疾病的发生。

3. 监护功能　可以识别和消灭体内产生的突变细胞。在外界环境影响下，体内经常发生一些细胞变异，这些细胞一旦发育起来就是肿瘤细胞。体内免疫监视功能可及时地发现这种异常细胞，及时将其清除。如果这种功能下降，机体就会发生肿瘤。

免疫的三大功能构成一个完整的免疫系统。三者的完整性是机体健康的基本保证，其中任何一个成分缺失或功能不全，都可导致免疫功能障碍，由此而引发疾病。

三、抗原和抗体

(一) 抗原

1. 抗原的概念 凡能刺激人或动物机体的免疫系统，产生抗体或致敏淋巴细胞，并能与之发生特异性结合的物质称为抗原。

完整抗原应具有两种特性，一是能刺激机体产生特异性抗体或其他免疫应答反应的特性，称免疫原性，如用马血清给兔注射，能使兔产生抗马血清抗体。即马血清对兔具有免疫原性；二是能与其诱导产生的抗体或致敏淋巴细胞发生特异性反应，称反应原性，如上述的马血清能与抗马血清抗体发生沉淀反应，并能激发被马血清"致敏"的动物引起免疫应答，说明该马血清具有反应原性。两种特性统称为抗原性，具有抗原性的物质称为抗原性物质。

根据抗原的性质可分为完全抗原与不完全抗原。既具有免疫原性又具有反应原性的物质称为完全抗原。如大多数蛋白质、病毒、细菌、疫苗等。只有反应原性而没有免疫原性的物质称为不完全抗原，或称半抗原。常见半抗原物质包括磷脂、核酸、低分子质量多糖、药物（如青霉素）等。

2. 抗原的类型 抗原物质的种类很多，从不同角度可以将抗原分为许多类型。

根据抗原有无免疫原性分为完全抗原与不完全抗原（半抗原）。

根据抗原的来源分为外源性抗原和内源性抗原。外源性抗原是指通过各种途径进入机体的非自身抗原，如机体自然感染的各种病原体、寄生虫或它们产生的毒素、人工注射的各种抗原（包括疫苗）等。内源性抗原则是由机体细胞自身产生的非己抗原，如感染病毒的细胞产生的病毒蛋白抗原，癌变细胞的肿瘤蛋白抗原。

根据抗原对 T 细胞的依赖性，可将外源性抗原分为两类。

胸腺依赖性抗原（thymus dependent antigen，TDAg）：这类抗原刺激 B 细胞产生抗体是需要辅助性 T 细胞的协助，称为胸腺依赖性抗原或 T 细胞依赖性抗原。大部分蛋白抗原属此类。TD 抗原在分子结构上，既具有 T 细胞决定簇，又具有 B 细胞决定簇，且在其分子表面有多种不同的 B 细胞决定簇。

非胸腺依赖性抗原（thymus independent antigen，TIAg）：少数抗原不需要 T 细胞的协助，就能直接刺激 B 细胞产生抗体，称为非胸腺依赖性抗原。例如，大肠杆菌脂多糖（LPS）、肺炎球菌荚膜多糖等。TI 抗原是糖的多聚体，分子结构上 B 细胞决定簇重复排列，无需 T_H 参与即能刺激 B 细胞发生免疫应答。

根据抗原免疫动物后产生免疫保护性可分为保护性抗原、非保护性抗原。

保护性抗原：各种病原体的结构中，有的蛋白抗原免疫动物后产生的抗体有保护作用，能中和相应病毒，或在补体、吞噬细胞、NK 细胞等协助下能杀灭相应抗原，这些抗原称为保护性抗原。例如，鸡新城疫病毒的 F 和 HN 蛋白，口蹄疫病毒的 VP1 和 VP4 蛋白，大肠杆菌的 K 抗原。保护性抗原是疫苗中的有效抗原，保护性抗原刺激机体产生的抗体是免疫血清中的有效抗体。

非保护性抗原：各种病原体的结构中，有的抗原免疫动物后产生的抗体没有保护作用。例如，鸡白痢杆菌感染鸡后，产生的抗体没有保护作用。但检测动物血清中的非保护性抗体有助于诊断相应的传染病。

根据对 T 细胞的激活情况分为普通抗原与超抗原。

普通抗原：普通抗原在动物体内只特异识别、激活相应克隆

的 T_H 细胞，绝大多数的天然抗原都属于普通抗原。

超抗原：一些抗原可使机体内许多克隆的 T_H 细胞被激活，这些抗原称为超抗原（super antigen，Sag）。例如，金黄色葡萄球菌肠毒素 A～E，A 族链球菌表面 M 蛋白和致热外毒素 A～C，关节炎支原体丝裂原，结肠类耶氏菌膜蛋白等。

根据抗原与免疫机体的关系，可分为异种抗原、同种抗原、自身抗原和异嗜抗原。与被免疫动物不同种属的抗原物质称为异种抗原，如细菌、病毒等微生物抗原都是异种抗原；猪的血清对于鸡来说是异种抗原。与被免疫动物同种但基因型不同的个体抗原物质称为同种异体抗原，如血型抗原、同种移植物抗原等。被免疫动物的自身组织在某种特定条件下（如创伤、感染等）所形成的抗原物质称自身抗原。一类与种族特异性无关，存在于人、动物、植物及微生物之间的性质相同的抗原物质称为异嗜抗原，如某些微生物与动物某些组织有共同抗原成分。

根据抗原来源和制备方法，可分为天然抗原、人工抗原和合成抗原。各种天然的生物物质，如细菌、病毒等微生物、异种动物血清以及各种酶和激素等都是天然抗原，大多数天然抗原均含多种抗原成分，并均具有种的特异性。经人工修饰的天然抗原称人工抗原，如偶氮蛋白等。化学合成的高分子氨基酸聚合物抗原称合成抗原，如人工合成肽疫苗。

根据抗原的化学性质，可分为蛋白质抗原、脂质类抗原、多糖类抗原、核酸类抗原。

3. 重要的天然抗原

（1）微生物抗原　细菌、外毒素、病毒等微生物的化学组成和结构复杂，进入动物机体后都是很好的天然抗原，但各种微生物的抗原组成和特性有差别。

细菌抗原：细菌的种类很多，抗原组成也各不相同。例如，肠道杆菌的重要抗原有菌体抗原（O 抗原）、鞭毛抗原（H 抗原）和表面抗原等。

菌体抗原（O抗原）：成分是细胞壁中的脂多糖侧链，性质稳定，经121℃加热2小时不被破坏，根据细菌各抗原组成的不同可区分细菌不同的种，并可把一种细菌区分为不同的血清型。如O抗原存在于菌体表面，含有多种多糖部分，其中脂多糖为细菌内毒素，在革兰氏阴性菌中，O抗原为主要抗原，往往是血清型分类的主要依据，大肠杆菌有O_1、O_2……共170多种。

鞭毛抗原（H抗原）：成分是鞭毛蛋白，不耐热，煮沸1小时可被破坏。按鞭毛蛋白的氨基酸组成不同，大肠杆菌、沙门氏菌的H抗原各有60多种。沙门氏菌的H抗原尚有第1相（以a、b、c、d……编号）和第2相（以1、2、3……编号），第1相为特异抗原，第2相为变异抗原。

表面抗原：包括细菌表面的荚膜抗原或菌毛抗原等，不同细菌名称各异。例如，大肠杆菌称为K抗原，也有100多种，又分A、B、L三类，A类是荚膜成分，耐热，加热120℃ 2.5小时才被破坏，B类和L类主要是菌毛成分，不耐热，煮沸1小时被破坏。伤寒杆菌的表面抗原称为Vi抗原，化学成分是糖脂，不稳定，细菌经人工培养，石炭酸处理或60℃加热，Vi抗原容易消失。

（2）外毒素抗原　有些细菌，如破伤风杆菌，能产生毒力很强的外毒素（exotoxin），外毒素是蛋白质，具有很强的免疫原性。外毒素经0.3%～0.4%甲醛处理后，可失去毒性，保持免疫原性，制成类毒素（toxoid）。将类毒素注射进动物机体可刺激机体产生抗外毒素的抗体，称为抗毒素（antitoxin）。

（3）病毒抗原　有囊膜的病毒，其抗原特异性主要由囊膜上的纤突所决定，如禽流感病毒的亚型分类即是根据其外膜上的血凝素（H）和神经氨酸酶（N）来进行的。无囊膜的病毒，其抗原特异性主要由衣壳的壳粒蛋白决定。如口蹄疫病毒在衣壳上三种抗原结构蛋白VP1、VP2、VP3，VP1是病毒的保护性抗原。

（4）高等生物的抗原　动物血清、血细胞、组织液、酶类等均为蛋白质，具有抗原性。

（二）动物抗原

1. 动物红细胞 异种动物的红细胞都具有很强的免疫原性。免疫学试验中，常将绵羊红细胞注射家兔制备抗绵羊红细胞血清，称为溶血素，因为将其与绵羊红细胞加在一起，再加入豚鼠血清（补体），可使绵羊红细胞溶解。

一种动物不同个体的红细胞表面的抗原也有所不同，据此分为不同的血型。例如，人的 A、B、AB、O 血型。

2. 组织细胞和血清 异种组织细胞和血清具有很好的免疫原性，因此应用含异种动物组织的疫苗时应注意变态反应，例如，反复注射兔脑或羊脑制备的狂犬病疫苗可能引起变态反应型脑脊髓炎；应用异源免疫血清进行治疗时，反复注射也可能引起过敏反应。

3. 免疫球蛋白（Ig） 一种动物产生的 Ig 分子，对其他动物都具有种特异的抗原性，称为 Ig 的同种型抗原。同种动物内每一个体产生的 Ig 分子，对其他个体也具有个体特异抗原，称为 Ig 的同种异型抗原。同一个体内每一个克隆的 B 细胞产生的特异性 Ig，也有各自独特的抗原性，称为 Ig 的独特型抗原。独特型抗原决定簇由 Ig 的重链和轻链可变区中的高变区氨基酸构成。

（三）抗体

1. 抗体的概念 抗体是机体受抗原物质刺激后产生的，能与相应抗原发生特异性结合反应的免疫球蛋白。抗体存在于血清和体液之中，以血清中含量最高，因此又称抗血清。

抗体的主要功能是与抗原（包括外来的和自身的）相结合，从而有效地清除侵入机体内的微生物、寄生虫等异物，中和它们所释放的毒素或清除某些自身抗原，使机体保持正常平衡。

2. 抗体的类型 抗体的化学本质是免疫球蛋白，按化学结构分成 IgG、IgA、IgM、IgD 及 IgE 5 种类型，还可以从不同的角度进行分类。

根据有无抗原刺激可分为天然抗体和免疫抗体。没有明显的特异抗原刺激而固有的抗体称为天然抗体，也称正常抗体。由特异抗原刺激而产生的抗体称为免疫抗体，通常所说的抗体，均指免疫抗体。

根据刺激机体产生抗体的抗原可区分为异种抗体、同种抗体和自体抗体。由异种抗原免疫所产生的抗体称为异种抗体，大部分抗体属于此类。由同一种属动物的两个个体之间进行同种免疫所产生的抗体称为同种抗体，如人 ABO 血型系统中的抗 A、抗 B 同种血清。自体抗体通常是指动物对自身组织所产生的抗体，或外来刺激（不完全抗原）与体内某些成分相结合而形成的抗体。前者可引起自身免疫病，如红斑狼疮、交感性眼炎、甲状腺炎、肾上腺炎等均由此类自体抗体所引起；后者引起非自身免疫病，如药物过敏、链球菌引起的风湿症等。

根据与抗原反应的性质可区分为完全抗体和不完全抗体。与抗原结合后，在电解质或其他因素参与下，能出现凝集、沉淀、补体结合等可见反应者称为完全抗体，此类抗体具有两个以上的结合价，故称为二价抗体。与抗原结合后，不表现可见反应者，称为不完全抗体。此类抗体只有一个结合价，称为单价抗体。

根据作用对象可区分为抗菌抗体、抗病毒抗体、抗毒素、溶血素和抗蛋白质抗体等。抗菌抗体有 H 抗体及 O 抗体等，抗病毒抗体可根据反应性质分为中和抗体、血凝抑制抗体及补体结合抗体等。

四、免疫应答

免疫应答是机体免疫系统识别病原体等各种异物，并把它们杀死、降解和排除的过程。

（一）免疫应答的分类

根据动物机体免疫系统进化程度、识别能力和清除效率可将免疫应答分为非特异性免疫应答和特异性免疫应答。

非特异性免疫应答是先天的、遗传的，其识别功能较低，对异物无特异性区别作用，而只能识别自身和非自身，没有再次反应，没有记忆，主要表现为吞噬作用和炎症反应。但非特异性免疫是特异性免疫的基础和条件，并可相互协同，它发挥作用快，作用范围广，初次与外来异物接触时，即可发生反应，起到第一线防御作用。

特异性免疫是机体受到抗原刺激后，其淋巴细胞选择性地活化、增殖和分化，并产生免疫效应的特异性应答过程。特异性免疫又叫获得性免疫，是后天的，由抗原引起的，具有高度的记忆力和分辨力，以及强大的清除功能，当再次遇到同一抗原时，机体免疫应答速度加快。特异性免疫应答的特点是：具有严格的特异性，只针对该特异性抗原物质；有一定的免疫期，短则一两个月，长则维持终身。

（二）非特异性免疫因素

非特异性免疫主要是由皮肤黏膜等组织的生理屏障功能，吞噬细胞的吞噬作用，体液因子的抗微生物作用等构成，包括以下几个方面。

1. 种的易感性　不同动物、不同品种对各种病原体的易感性是有差异的，如牛不感染蓝耳病，鸡不感染炭疽。这是种族进化过程中形成的固有性，这种特性具有遗传性，是相当稳定的。

2. 屏障结构　动物机体的防御屏障包括外部屏障和内部屏障。

皮肤和黏膜屏障是机体的体表防卫机构，通过机械阻挡作用、分泌抑菌杀菌物质和对病原体的颉颃作用，能阻挡绝大多数病原体进入机体，是机体的第一道屏障。

淋巴内部屏障是机体的第二道防线，淋巴结可将突破皮肤黏膜屏障进入机体组织液、淋巴液的病原体捕获固定，继而由吞噬细胞吞噬消灭，阻止它们向深部组织扩散蔓延。

血脑屏障是防止中枢神经系统发生感染的重要防卫机构，能阻止病原体及其他大分子物质随血液进入脑组织和脑脊髓液。新出生仔畜由于血脑屏障尚未发育完善，较易发生中枢神经感染。

胎盘屏障是保护胎儿在母体子宫内免受感染的防卫机构，能有效阻止母体内大多数病原体经胎盘感染胎儿。但某些病毒，如猪伪狂犬病毒、猪乙型脑炎病毒等，可在妊娠期间感染胎儿；布氏杆菌则往往引起胎盘炎症而导致胎儿感染。

3. 吞噬作用和炎症作用　吞噬作用是指吞噬细胞吞入异物颗粒将其消化排除，是高等动物通过生物进化具有的自卫功能。吞噬细胞包括大吞噬细胞和小吞噬细胞两大类，大吞噬细胞——巨噬细胞和大单核细胞主要吞噬慢性病原体，其中巨噬细胞还具有处理抗原功能；小吞噬细胞——中性粒细胞主要吞噬急性病原体。突破机体防御屏障的大部分病原体在被吞噬后5～10分钟死亡，30～60分钟后被杀灭及消化，这种作用叫完全吞噬。有些病原体如结核杆菌、布氏杆菌等对吞噬作用有一定的耐受力，被吞噬后，不但不能被杀死，反而可在吞噬细胞内生长、繁殖，甚至随吞噬细胞的游走而扩散，引起更广泛的感染，这称为不完全吞噬。

当病原体侵入机体的皮下或黏膜下层时，局部时常出现炎症反应。炎症是机体以防御为主，对机体具有保护性的复杂的综合性反应，炎症过程能减缓或阻止病原体经组织间隙向机体其他部位扩散。

4. 体液中的非特异性免疫因素　健康动物的血液、组织液、淋巴液及黏膜分泌液中，含有具有非特异性免疫作用的各种物质，如溶菌酶、干扰素、补体等，它们具有直接或间接杀灭或裂解病原体的作用，其作用无选择性。当它们与特异性抗体、吞噬细胞等协同作用时，能发挥更强的免疫作用。

（三）特异性免疫应答

特异性免疫包括体液免疫和细胞免疫，所有哺乳动物和家禽都具有这种功能。

1. 特异性免疫应答的基本过程 免疫应答是机体免疫系统对抗原刺激所产生的以排除抗原为目的的生理过程。这个过程是免疫系统各部分生理功能的综合体现，包括了抗原递呈、淋巴细胞活化、免疫分子形成及免疫效应发生等一系列的生理反应。这一过程，可人为地划分为致敏阶段、反应阶段和效应阶段。

致敏阶段又称感应阶段，包括抗原的摄取、处理加工、抗原呈递和对抗原的识别等过程。

反应阶段又称增殖与分化阶段，此阶段是抗原特异性淋巴细胞识别抗原后活化，增殖与分化，以及产生效应性淋巴细胞和效应性分子的过程。

效应阶段主要包括效应分子（体液免疫）和效应细胞（细胞免疫）对非己细胞或分子的清除作用，即所谓排异效应，及其对免疫应答的调节作用。

2. 体液免疫 体液免疫又称抗体免疫，免疫应答由 B 淋巴细胞介导。

动物机体第一次接触抗原引起的抗体产生过程为初次应答。给鸡首次注射抗原后，在一定时间内其血液中测不出抗体，这一时间称之为潜伏期或诱导期，相当于免疫应答的第一阶段和第二阶段。一般来说，细菌抗原初次应答的诱导期是 5～7 天，病毒抗原的诱导期要短一些。诱导期之后抗体含量可呈指数上升，几天后达到稳定状态，之后缓慢下降，甚至最终消失，一般来说，初次免疫应答抗体滴度较低，维持时间较短。

动物机体再次接触相同的抗原时，将诱发再次免疫应答。再次应答抗体产生的速度加快，仅 3～5 天抗体水平即可达到高峰，抗体水平可比初次应答高 100～1 000 倍，而且维持很长时间。免疫应答的这一特性已被广泛应用于传染性疾病的预防。

3. 细胞免疫 细胞免疫又称细胞介导免疫。是指 T 淋巴细胞在受到抗原刺激后，分化、增殖、转化为致敏淋巴细胞所表现出的特异性免疫应答。这种免疫应答不能通过血液和组织液传递，只能通过致敏淋巴细胞传递，故称为细胞免疫。

4. 免疫耐受 免疫耐受是指免疫活性细胞接触抗原性物质时所表现的异常的无应答状态。它是免疫应答的另一种重要类型，其表现与前述的正向免疫应答相反，也与各种非特异性的免疫抑制不同，后者无抗原特异性，对各种抗原均呈无应答或低应答。

外来的或自身的抗原均可诱导免疫耐受，这些抗原称耐受抗原，如猪瘟病毒、猪圆环病毒、传染性法氏囊病病毒等。免疫耐受的后果是对疫苗免疫应答能力降低或不应答，易发生感染，感染后持续带毒。如在猪瘟防控中，如果猪只两次免疫后检测猪瘟抗体，效价低的应全部淘汰。

第二节　免疫接种前的准备工作

一、制定免疫计划和免疫程序

1. 统计饲养动物的种类与数量。
2. 计算所需疫苗的品种、数量。
3. 确定接种途径和方法。

二、免疫物品的准备

1. 疫苗和稀释液 按照免疫计划或免疫程序，准备所需的疫苗和稀释液。在此期间，要认真检查疫苗外观、质量，对于出现疫苗瓶破损、瓶盖或瓶塞密封不严或松动、无标签或标签文字模糊不清、超过有效期、色泽改变、发生沉淀、破乳或超过规定的分层、有异物、有霉变、有凝块、有异味、失真空（限真空包装）的情况，一律不得使用。

2. 免疫器械 根据不同动物、不同免疫方法，准备所需的免疫器械，并保证免疫器械清洁卫生，接种器械要经过灭菌消毒。

（1）免疫器械的种类 包括接种器械、消毒器械、保定器械及其他器械。如不同种类注射器、针头、镊子、刺种针、点眼（滴鼻）滴管、饮水器、玻璃棒、量筒、容量瓶、喷雾器、剪毛剪、镊子、煮沸消毒器、高压灭菌器、搪瓷盆、疫苗冷藏箱、体温计、听诊器、牛鼻钳、保定绳、保定架等。

其中，针头的准备要根据免疫的动物品种和日龄选择大小、长短适宜的针头：针头过短、过粗，注射后拔出针头时，疫苗易顺着针孔流出，或将疫苗注入脂肪层；针头过长，易伤及骨膜、脏器。

家禽：7 号（冻干疫苗）或 12 号针头（油苗）。

2～4 周龄猪：12～16 号针头（2.5 厘米）；4 周龄以上猪：16～18 号针头（4.0 厘米）。

绵羊和山羊：18 号针头（4.0 厘米）。

牛：20 号针头（4.0 厘米）。

（2）接种器械的清洗与消毒 注射器、针头、点眼滴管等接种器械免疫前要保证洁净无菌，灭菌后超过 1 周未用的器械，应重新消毒灭菌，消毒禁止使用化学药品，使用一次性无菌塑料注射器时，要检查包装是否完好和是否在使用有效期内。

3. 消毒药品 包括注射部位消毒药、人员消毒药等。如 75％酒精、2％～5％碘酊、来苏儿或新洁尔灭、肥皂。

4. 急救药品 0.1％盐酸肾上腺素、地塞米松磷酸钠、盐酸异丙嗪、5％葡萄糖注射液等。

5. 防护用品 用于给动物免疫过程的人员防护，包括毛巾、口罩、工作帽、护目镜、防护手套、防护服、胶靴等。

6. 其他物品 包括免疫登记表、免疫卡（证）、免疫耳标、耳标钳、识读器、脱脂棉、纱布、冰块等。

三、人员消毒和防护

为保证动物安全和人身健康，免疫人员免疫接种前要穿戴防护服、胶靴、防护手套、口罩、工作帽，在进行气雾免疫和布鲁氏菌病免疫时还必须要戴护目镜。免疫接种人员手指甲要剪短，双手要用肥皂水、消毒液洗净，再用75％酒精消毒，切忌用损伤皮肤的消毒药洗手，进入动物圈舍要经过紫外线消毒灯进行体表消毒和经过消毒池，随身携带物品可进行喷雾消毒。

四、检查待免疫接种动物的健康状况

为了保证免疫接种动物安全和免疫接种效果，接种前要了解待接种动物的健康状况。首先，检查动物的精神、食欲、体温是否正常，状况异常的动物不接种或暂缓接种。其次，检查动物是否发病、瘦弱，发病、瘦弱或妊娠后期的动物不接种或暂缓接种。对于不适宜立即接种的动物，要进行详细登记，以备过后补免接种。

五、疫苗的预温和稀释

1. 疫苗的预温　使用前，从贮藏器中取出疫苗进行预温，以平衡疫苗温度。

2. 冻干疫苗的稀释

（1）按疫苗使用说明书规定的稀释方法、稀释倍数和稀释剂来稀释疫苗。不带专用稀释液的疫苗应选用蒸馏水、无离子水或生理盐水稀释。

（2）用酒精棉球消毒瓶塞。

（3）待酒精挥发后，用注射器抽取稀释液，注入疫苗瓶中，振荡，使其完全溶解。

（4）全部抽出，注入疫苗稀释瓶中，然后再抽取稀释液，注入疫苗瓶中，补充稀释液至规定剂量即可。

3. 吸取疫苗

（1）轻轻振摇，使疫苗混合均匀。

（2）用75％酒精棉球消毒疫苗瓶瓶塞。

（3）待酒精挥发后，将注射器针头刺入疫苗瓶，抽取疫苗。

（4）排除针管中的空气。排气时用棉球包裹针头，以防疫苗溢出，污染环境。

（5）使用连续注射器时不需抽取疫苗，把注射器软管连接的长针插至疫苗瓶底即可，同时插入另一针头供通气用。

第三节　注射器的使用

一、金属注射器

主要由金属支架、玻璃管、橡皮活塞、剂量螺栓等组件组成，最大体积有10毫升、20毫升、30毫升、50毫升四种规格。特点是轻便、耐用、体积大，适用于猪、牛、羊等中大型动物注射。

1. 使用方法

（1）装配金属注射器　先将玻璃管置于金属套管内，插入活塞，拧紧套筒玻璃管固定螺丝，旋转活塞调节手柄至适当松紧度。

（2）检查是否漏水　抽取清洁水数次，以左手食指轻压注射器药液出口，拇指及其余三指握住金属套管，右手轻拉手柄至一定距离（感觉到有一定阻力），松开手柄后活塞可自动回复原位，则表明各处接合紧密，不会漏水，即可使用。若拉动手柄无阻力，松开手柄活塞不能回原位，则表明接合不紧密，应检查固定螺丝是否上正拧紧，或活塞是否太松，经调整后，再行抽试，直至符合要求。

（3）针头的安装　消毒后的针头，用医用镊子夹取针头座，套上注射器针座，顺时针旋转半圈并略施向下压力，针头装上；反之，逆时针旋转半圈并略施向外拉力，针头卸下。

（4）装药剂　利用真空把药剂从药物容器中吸入玻璃管内，装药剂时应注意先把适量空气注进容器中，避免容器内产生负压而出剂。装量一般掌握在最大体积的 50％左右，吸药剂完毕针头朝上排空管内空气，最后按需要剂量调整计量螺栓至所需刻度，每注射一头动物调整一次。

2. 注意事项 金属注射器不宜用高压蒸汽灭菌或干热灭菌，因其中的橡皮圈及垫圈易老化。一般使用煮沸消毒法灭菌。

二、玻璃注射器

玻璃注射器由针筒和活塞两部分组成。通常在针筒和活塞后端有数字号码，同一注射器针筒和活塞的号码相同。

使用玻璃注射器的注意事项：

1. 使用玻璃注射器时，针筒前端连接针头的注射器头易折断，应小心使用。

2. 活塞部分要保持清洁，否则可使注射器活塞的推动困难，甚至损坏注射器。

3. 使用玻璃注射器消毒时，要将针筒和活塞分开用纱布包裹，消毒后装配时针筒和活塞要配套安装，否则易损坏或不能使用。

三、连续注射器

连续注射器主要由支架、玻璃管、金属活塞及单向导流阀等组件组成。

使用方法及注意事项：

1. 调整所需剂量并用锁定螺栓锁定，注意所设定剂量的刻度数。

2. 将导管插入药物容器内，同时容器内再插入一个进空气用的针头，使容器与外界相通，避免容器产生负压，最后针头朝上连续推动活塞，排出注射器内空气直至药剂充满玻璃管，即可开始注射。

3. 注射过程要经常检查玻璃管内是否存在空气，有空气立即排空，否则影响注射剂量的精确性。

四、一次性注射器

1. 一次性注射器必须是有批准文号的正规厂家生产的合格产品。

2. 在使用一次性注射器时，应检查注射器包装是否完好并在有效期内，包装已破损或已超过有效期的产品不得使用。

3. 使用一次性注射器进行预防接种，必须严格执行"一头一针一管一用一销毁"制度。

4. 完成接种时，应将使用后的一次性注射器放入由坚固材料制成的防刺破的安全收集容器内，进行无害化处理。严禁重复使用一次性注射器。

五、断针的处理

出现断针事故时，可采用下列方法处理：

1. 残端部分针身显露于体外时，可用手指或镊子将针迅速取出。

2. 断端与皮肤相平或稍凹陷于体内者时，可用左拇指、食指垂直向下挤压针孔两侧，使断针暴露体外，右手持镊子将针取出。

3. 断针完全深入皮下或肌肉深层时，应进行标识、处理。为了防止断针，注射过程中应注意以下事项：

（1）在注射前应认真仔细地检查针具，对认为不符合质量要求的针具，应剔除不用。

（2）避免过猛、过强地行针。

（3）在进针行针过程中，如发现弯针时，应立即出针，切不可强行刺入。

（4）对于滞针等应及时正确地处理，不可强行硬拔。

第四节　动物的接近和保定

临床开展免疫、诊治工作时，防疫和兽医人员要向动物靠近，称为接近；为保证人畜安全，防止动物骚动，便于检查和处置，以人力、器械或药物的方法控制动物，限制其防卫活动，则称保定。

一、接近动物的方法

1. 应以温和的呼声，先向动物发出欲要接进的信号，然后再从其前方慢慢接近。

2. 接近后，可用手轻轻抚摸动物的颈侧或臀部使其保持安静和温顺的状态，以便进行检查；对猪，则可在其腹下部用手轻轻搔痒，使其安静或卧下，然后进行检查。

3. 接近动物时一般应有畜主或饲养人员在旁进行协助，应熟悉各种动物的习性及其惊恐与欲攻击人、畜时的神态（如马竖耳、瞪眼；牛低头凝视、猪斜视、翘鼻、发呼呼声；犬狂叫、龇牙等）。除亲自观察外，尚须向畜主了解动物平时的性情，如有否胆小易惊、好踢人、咬人、顶人等恶癖。

4. 接触马属动物时，一般应先从其左前侧方接近，以便事先有所注意。不宜从正前方和直后方贸然接近，以免被其前肢刨伤或后肢踢伤。

二、保定动物的方法

家禽个体小，在笼内或使用围网易于捕捉，一人即可处置。防疫员对牛、猪等家畜进行免疫时应尽可能地在其自然状态下进行，必要时，可采取一些保定措施。

兽医临床上一般在了解各种动物的习性及其自卫表现的基础上，根据家畜的种类、个体特征和工作目的，采取不同的方法，进行疫苗免疫时保定动物要求简易安全，便于处置。

1. 牛的保定　包括徒手握牛鼻保定、牛鼻钳保定、单柱颈绳保定等。

（1）徒手握牛鼻保定法　是先用一手抓住牛角，然后拉提鼻绳、鼻环，或用一手的拇指与食指、中指捏住牛的鼻中隔加以保定。适用于一般检查、灌药、颈部肌内注射、颈静脉注射及采血。

（2）牛鼻钳保定法　将鼻钳的两钳嘴抵入两鼻孔，并迅速夹紧鼻中隔。用一手或双手握持，亦可用绳系紧钳柄固定之。适用于一般检查、灌药、颈部肌内注射、颈静脉注射及采血、检疫。

（3）单柱颈绳保定法　将牛的颈部紧贴于单柱，以单绳或双绳做颈部活结固定。适用于各种临床检查、检疫、各种注射及颈、腹、蹄等疾病治疗。

2. 猪的保定　包括鼻绳保定、提举保定、倒卧保定等。

在猪群中，可将其赶至猪栏的一角，使其相互拥挤而不便活动，然后进行处置。欲捉住猪群中个体猪只进行处置时，可迅速抓提猪尾、猪耳或后肢，将其拖出猪群，然后做进一步的保定。适于检查体温、臀部肌内注射及一般临床检查。

（1）鼻绳保定法　在绳的一端做一活套，使绳套自猪的鼻端滑下，当猪张口时迅速使之套入上颌，并立即勒紧；然后由一人拉紧保定绳的一端，或将绳拴于木桩上。此时，猪多呈用力后退姿势，从而可保持安定的站立状态。适于体格较大的猪、带仔母猪或大公猪的保定，可用于投药、注射、免疫、前腔静脉采血等。

（2）抓耳提举保定法　抓住猪的两耳，迅速提举，使猪腹面朝前，并以膝部夹住其颈胸部。抓耳提举用于经口插胃管、气管内注射或耳根部、颈部肌内注射等。

（3）后肢提举保定法　抓住猪的两后肢飞节并将其后躯

提起，夹住其背部而固定。后肢提举用于腹腔注射及阴囊手术等。

（4）侧卧保定法　一人抓住一后肢，另一人抓住耳朵，使猪失去平衡，侧卧倒地，固定头部，再根据需要固定四肢。适用于各种注射、阉割手术。

（5）仰卧保定法　将猪放倒，使猪保持仰卧姿势，固定四肢。适用于灌药、前腔静脉采血。

猪只保定时的注意事项：

①尽可能避免剧烈追赶，以免影响检查结果。

②固定绳应打活结，便于解脱。

③对气喘病的猪不宜强制保定。

④注意安全，避免被咬伤（尤其检查口腔时）。

⑤根据检查、处置或手术的需要，可采取相应的保定方法。

3. 羊的保定　包括站立保定法、倒卧保定法。

（1）握角站立保定法　两手握住羊的两角，骑跨羊身，以大腿内侧夹持羊两侧胸壁即可保定。适用于临床检查、治疗和注射疫苗。

（2）围抱站立保定法　从羊胸侧用两手（臂）分别围抱其前胸或股后部加以保定。适用于一般检查、治疗、注射疫苗。

（3）倒卧保定法　保定者俯身从对侧一手抓住两前肢系部或抓住一前肢臂部，另手抓住腹胁部膝襞处扳倒羊体，后一只手改为抓住两后肢的系部，前后一起按住即可。适用于治疗、简单手术、注射疫苗。

4. 犬的保定　包括徒手保定法、颈钳法、伊丽莎白圈保定、口笼罩保定。

（1）徒手保定法　保定者一只手握住犬的双耳，另一只手按压住腰部或握住前肢。适用于小型犬的肌内注射、一般检查。

（2）颈钳保定法　犬用颈钳的钳端由两个半圆形的钳嘴组成，钳柄长约1米。保定者手握钳柄，张开钳嘴夹住犬的颈部，再握住钳柄使犬头颈部活动受限制。用于凶猛犬的检查和药物、疫苗注射。

（3）伊丽莎白圈保定法　伊丽莎白圈由塑料制成，圆片状，中心空。空处直径与犬颈部粗细相似。套在犬颈部后将按扣扣好，形成前大后小的漏斗状。用于限制犬的回头和后爪搔抓头部。

（4）口笼罩保定法　将专用于套口的口笼罩套入犬的口鼻部，并将罩的游离固定带系在颈部。主要用于大型犬和中型犬的保定。

猫的保定可参考犬的保定。

第五节　动物免疫接种分类

根据免疫接种的时机不同，可分为预防免疫接种、紧急免疫接种和临时免疫接种。

1. 预防免疫接种　为预防疫病的发生，平时有计划地对健康动物进行免疫接种叫预防免疫接种。

预防免疫接种要有针对性，预防什么疫病要根据本地区、邻近地区动物传染病流行情况，制订每年的预防接种计划。

2. 紧急免疫接种　发生疫情时，为迅速控制和扑灭疫病的流行，而对疫区和受威胁区内尚未发病动物进行的免疫接种叫紧急免疫接种。紧急接种可使用高免血清，它具有安全、产生免疫力快的特点，但免疫期短，用量大，价格高，要大量使用，难以实现。紧急免疫接种也可使用疫苗（如口蹄疫、猪瘟、鸡新城疫、鸭瘟），也可取得较好的效果。紧急接种必须与疫区的隔离、封锁、消毒等综合措施配合。

3. 临时免疫接种　临时为避免某些疫病发生而进行的免疫接种叫临时免疫接种，如引进、外调、运输动物时为避免途中或到达目的地后发生某些疫病而临时进行的免疫接种。

第六节　兽用生物制品分类、保存与运输

一、兽用生物制品分类

兽用生物制品是根据免疫学原理，利用微生物、寄生虫及其代谢产物或免疫应答产物制备的一类生物制剂，用于动物传染病或其他有关疾病的预防、诊断和治疗。狭义上讲，生物制品主要指疫苗、抗病血清及诊断液；广义上讲，生物制品还包括多种血液制剂、抗生素、脏器制剂和干扰素、免疫球蛋白、微生态制剂等非特异性免疫制剂。

生物制品由于微生物种类、动物种类、制备方法、菌毒株性状、应用对象等不同而品种繁多。如果按照用途划分兽用生物制品主要包括预防用生物制品、治疗用生物制品和诊断用生物制品。

（一）预防用生物制品

包括各种疫苗和类毒素。

1. 弱毒活疫苗　微生物的自然强毒株通过物理（温度、射线等）、化学（醋酸铊、吖啶黄等）或生物（非敏感动物、细胞、鸡胚等）处理，并经连续传代和筛选，培养而成的丧失或减弱对原宿主动物致病力，但仍保存良好的免疫原性和遗传特性的毒株，或从自然界筛选的具有良好免疫原性的自然弱毒株，经培养增殖后制备的疫苗。如：鸡新城疫活疫苗（La Sota 株）、鸡传染性喉气管炎活疫苗（K317 株）、仔猪副伤寒活疫苗（C500株）等。

2. 灭活疫苗　又称死苗（killed vaccine），它是将免疫原性优良的病原体，经人工培养，大量增殖后，加入灭活剂使其失去活性但仍保持其免疫原性而制成的疫苗。如鸡新城疫灭活疫苗、猪支原体灭活疫苗等。

3. 多价苗和联苗　同种细菌或病毒的不同血清型混合制成

的疫苗为多价苗。如仔猪大肠埃希氏菌病三价灭活疫苗（含灭活的分别带有 K88、K99、987P 纤毛抗原的大肠杆菌）。

两种以上的病原体生物联合制成的疫苗称为多联苗。如鸡新城疫-传染性支气管炎-减蛋综合征三联灭活疫苗。

4. 基因缺失疫苗　是指人为地使病原体的某一基因完全缺失或部分缺失而使基因的表达产物失去活性，从而使该病毒的野毒株毒力减弱，但仍保持着免疫原性，应用此毒株制成的疫苗称为基因缺失疫苗。如：缺失 gE 糖蛋白的猪伪狂犬病活疫苗，该疫苗的免疫力和常规疫苗相当，接种免疫后机体不产生 gE 抗体，相反野毒感染动物后却能检测到病毒所有糖蛋白的抗体，应用血清学诊断方法 gE‑ELISA 就能区分疫苗接种和野毒感染。

5. 转基因植物口服疫苗　将编码病原体保护性蛋白抗原的基因重组到质粒 DNA 中，将重组质粒转化到植物杆菌内，再感染食用植物，目的基因在食用植物组织细胞内表达抗原蛋白，人或动物通过吃进食用植物，肠道接触、吸收病原体的抗原蛋白而达到免疫目的。

6. 基因工程亚单位疫苗　又称生物合成亚单位疫苗或重组亚单位疫苗，是指利用基因工程的方法将病原体的某个抗原基因或几个抗原表位基因在体外进行扩增和表达，以获得表达产物作为免疫原，来刺激机体产生免疫力的疫苗。

7. 合成肽疫苗　是指人为地以仅含一种抗原决定簇组分的小肽作为疫苗抗原的疫苗，即用人工方法按照天然蛋白质的氨基酸顺序合成保护性短肽，与载体连接后加佐剂所制成的疫苗。这种疫苗是最为理想的新型疫苗，也是目前研制预防和控制感染性疾病和恶性肿瘤的新型疫苗的主要方向之一，其主要优点是疫苗纯净度高、免疫动物后无不良反应、可鉴别野毒与疫苗产生抗体。如已应用的猪口蹄疫 O 型合成肽疫苗。

8. 类毒素　将细菌外毒素经化学药品（如甲醛）处理，使其失去毒性，仍保留其免疫原性的制品称为类毒素。如破伤风类毒素。

（二）治疗用生物制品

包括高免血清、高免卵黄抗体、抗毒素、免疫球蛋白、干扰素、转移因子、胸腺激素和免疫增强剂等。

1. 免疫血清　用已知的病原体免疫动物制备的高效价抗血清称为免疫血清。

2. 抗毒素血清　以类毒素反复免疫动物后制备的高效价免疫血清即为抗毒素血清。

3. 卵黄抗体　用病毒或细菌多次免疫产蛋禽，收集所产卵并提取其中的抗体或免疫球蛋白所得到的制品。

（三）诊断用生物制品

包括诊断抗原、诊断抗体、冻干补体等。

1. 诊断液　用于对传染病进行免疫学诊断的生物制品称为诊断液。

2. 诊断抗原　以细菌菌体、病毒、寄生虫或其抗原成分制成，用于检测感染动物血清中的特异性抗体，或对感染动物作迟发型变态反应试验的生物制品，称为诊断抗原。

3. 诊断抗体　诊断抗体是用已知细菌、病毒、寄生虫或其抗原成分免疫试验动物制备的免疫血清，或制备的单克隆抗体，或它们的标记物等，用于检测或鉴定抗原的生物制品。

4. 冻干补体和溶血素　冻干补体是用动物血清（多用豚鼠血清）制备的冻干制品，含高效价补体系统成分；溶血素是以绵羊红细胞（SRBC）免疫家兔制备的高效价的抗 SRBC 血清。两者是供补体结合试验作指示系统用的试剂。

二、疫苗的有效期、失效期和批准文号

（一）有效期

疫苗的有效期是指在规定的贮藏条件下能够保持质量的期限。

疫苗的有效期按年月顺序标注：

1. 年份 四位数。

2. 月份 两位数。

3. 计算 从疫苗的生产日期（生产批号）算起。如某批疫苗的生产批号是 20060731，有效期 2 年，即该批疫苗的有效期到 2008 年 7 月 31 日止。如具体标明有效期到 2008 年 06 月，表示该批疫苗在 2008 年 6 月 30 日之前有效。

（二）失效期

疫苗的失效期是指疫苗超过安全有效范围的日期。如标明失效期为 2007 年 7 月 1 日，表示该批疫苗可使用到 2007 年 6 月 30 日，即 7 月 1 日起失效。

疫苗的有效期和失效期虽然在表示方法上有些不同，计算上有差别，但任何疫苗超过有效期或达到失效期者，均不能再销售和使用。

（三）疫苗的批准文号

疫苗批准文号的编制格式为：疫苗类别名称＋年号＋企业所在地省（自治区、直辖市）序号＋企业序号＋疫苗品种编号。

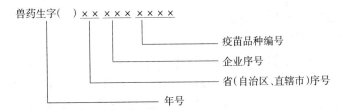

三、疫苗的贮藏和运输

为确保疫苗质量，在贮藏与运输过程中需要建立完整的冷链系统。所谓"冷链"（cold chain）是指疫苗从生产到使用全过程的相关环节，为保证疫苗在贮存、运输和接种过程中，都能保持在规定的相当的冷藏温度条件下而装备的一系列设备及其转运过程的总称。冷链系统包括冷藏车、冷库、冰箱、冰柜和冷藏包、冷藏箱。省级、市级疫控中心要配备专用冷库和冷库专用监控设备；区县疫控中心要配备与本地区疫苗使用量相符的冷冻、冷藏设施，包括活动冷库、冰箱、冰柜；乡镇畜牧兽医站需配备与使用量相符合的冰箱、冰柜；村级防疫员配备冷藏箱或冷藏包。

（一）疫苗的贮藏

疫苗种类不同，要求的保存条件也不一样。领取疫苗后，一定要仔细阅读疫苗使用说明书或标签，严格按照要求保存疫苗。

1. 贮藏设备的选择　根据不同疫苗品种的贮藏要求，选择相应的贮藏设备，如低温冰柜、电冰箱、冷藏柜、液氮罐等。

2. 贮藏温度的设置　不同的疫苗要求不同的贮藏温度。

（1）活疫苗　冻干活疫苗一般应在－15℃以下保存，加入耐热保护剂的冻干活疫苗可以在2～8℃保存，一般温度越低保存时间越长，如猪瘟活疫苗、鸡新城疫活疫苗。

（2）灭活疫苗　一般要求在2～8℃保存，切勿冻结，并注意不要暴晒，否则疫苗将分层、失效，如口蹄疫灭活疫苗、禽流感灭活疫苗等。

（3）细胞结合型疫苗　如马立克氏病血清1型、3型疫苗等必须在液氮中（－196℃）贮存。

3. 分类存放　疫苗要按品种和有效期的不同分类存放，重大动物疫病疫苗应有专用冷库，与普通动物疫病疫苗分开存放，并标明显著标志，以免混乱出现差错。超过有效期的疫苗，必须及时清除并按程序销毁。在疫苗贮藏过程中，要保证疫苗的内外包装完整无损，防止因包装破损无法识别名称、有效期的重要信息。

（二）疫苗的运输

1. 冷藏车　冷藏车是运送疫苗的专用车辆。冷藏车要保证机械和冷藏系统的良好状态，每次运输任务完成后要及时做好清洗打扫工作，保持车内外整洁。疫苗装车应按下重上轻、左右平衡的原则,疫苗摆放要留有冷气循环的通道,并随车携带外接电源线,锁好车厢门。根据疫苗的温度要求调整车厢内的温度。冷藏车运输途中要中速行驶,避免剧烈颠簸。使用外接电源时应核对电压,电压不符不能使用。

2. 冷藏箱、冷藏包 冷藏箱、冷藏包是用来短途运送和贮存疫苗的工具。将冻结的冰袋整齐地摆放在箱内四边和底部,中部摆放疫苗,上面覆盖冰袋。箱内冰袋数量可根据气温、运输时间调整,疫苗容器不能直接与冰袋接触,要采取措施避免疫苗容器破碎或疫苗冻结和潮解。

运输疫苗时使用放有冰袋的保温箱,并注意冰袋和疫苗在箱内的放置顺序和位置,并在尽可能短的时间内到达场内,保持疫苗冷链体系不中断。

第七节 免疫接种的方法与注意事项

一、免疫接种的方法

为保证动物在接种疫苗后产生预期的免疫效果,应在使用疫苗时,掌握疫苗的正确的接种方法。每种疫苗都有其特定的免疫程序和最佳接种途径,如弱毒疫苗应尽量模仿自然感染途径接种,灭活疫苗均应皮下或肌内注射接种。

(一)家禽免疫接种方法

家禽接种的途径主要有饮水、滴鼻点眼、气雾、刺种、涂肛、皮下注射和肌内注射等。

1. 饮水免疫法 根据禽群的饮水量计算用水量,将可供口服的疫苗加倍剂量溶于水中,装入饮水器或供水桶内,供畜禽饮用,尽快饮完。

饮水免疫应注意的问题:

(1)疫苗剂量一般要加大2~3倍为宜,因为禽类饮水时会损失一部分。

（2）稀释疫苗不能使用金属容器；稀释疫苗的饮水不能用自来水，自来水含有消毒剂，会使疫苗失活，可用蒸馏水、无离子水或深井水。为了保护疫苗，也可在饮水中添加 0.1％的脱脂奶粉。

（3）饮水器要充足，以保证所有禽只能在短时间内饮到足够的疫苗。饮水器要干净，以免降低疫苗的效价。

（4）服用疫苗前应停止饮水 2～4 小时（时间长短视天气而定），以便使禽只尽快饮用疫苗，饮水时间应控制在 2 小时以内。

（5）稀释疫苗的用水量要适当。

（6）免疫前后 3 天内，饮水中不能用消毒药。

2. 滴鼻点眼法　使疫苗从呼吸道进入体内，对于幼雏禽可避免或减少疫苗被母源抗体中和，可刺激其产生局部免疫，效果好，是较好的免疫方法之一，适用于新城疫Ⅰ系、Ⅳ系、Clone30 等疫苗的免疫，新城疫首免一般应用此法。

（1）疫苗稀释的操作步骤

第一，稀释疫苗前应先计算好滴管多少滴为 1 毫升，一般 1 毫升约 20 滴。一滴约 0.05 毫升，每只鸡两滴，约需使用疫苗 0.1 毫升。

第二，按疫苗使用说明书规定的稀释方法、稀释倍数和稀释剂来稀释疫苗。不带专用稀释液的疫苗应选用生理盐水稀释。

第三，用酒精棉球消毒瓶塞。

第四，用注射器抽取稀释液，注入疫苗瓶中，振荡，使其完全溶解。

第五，抽出全部疫苗液，注入疫苗稀释瓶中，然后再抽取稀释液，注入疫苗瓶中，补充稀释液至规定计量即可。

（2）滴鼻点眼免疫的操作方法　左手握住鸡体，用拇指和食指夹住其头部，右手持滴管将疫苗滴入眼、鼻各一滴（约 0.05毫升），待疫苗进入眼、鼻后，将鸡放开。操作要迅速，还要防止漏滴和甩头。

3. 皮下注射法 注射部位宜选择颈背部后 1/3 处。操作时使其头朝前腹朝下，食指与拇指提起头颈部背侧皮肤并向上提起，右手持注射器由前向后从皮肤隆起处刺入皮下，注入疫苗。

4. 肌内注射法 家禽肌内注射免疫一般将疫苗注射到胸部、腿部肌肉或翅根肌肉。

选用胸部肌内注射时，一般应将疫苗注射到胸骨外侧 2～3 厘米的表面肌肉内。注意进针方向应与鸡体保持 45°倾斜向前进针，以避免刺穿体腔或刺伤肝脏、心脏等，对体格较小的鸡尤其要注意。

腿部肌内注射免疫的部位通常应选在无血管处的外侧腓肠肌。进针方向应与腿部平行，顺着腿骨方向并保持与腿部 30°～45°进针，将疫苗注射到腿部外侧腓肠肌的浅部肌肉内，以避免刺伤腿部血管。

2 月龄以上的鸡可以用翅根肌内注射的方法，要选在翅膀根部肌肉多的地方注射。

肌内注射时，应注意选用适当长度和粗细的针头，避免垂直进针，刺入的深度也不能过深。

5. 刺种法 刺种免疫法适用于家禽，接种部位在禽翅膀内侧三角区无血管处。

左手抓住鸡的一只翅膀，右手持刺种针插入疫苗瓶中，蘸取已稀释的疫苗液，在翅膀内侧无血管处刺针。拔出刺种针，稍停片刻，待疫苗被吸收后，将禽轻轻放开。再将刺针插入疫苗瓶中，蘸取疫苗，准备下次刺种。

刺种免疫的注意事项：

（1）为避免刺种过程中打翻疫苗瓶，可用小木块，上面钉铁钉 4 根呈小正方形，固定疫苗瓶。

（2）每次刺种前，都要将刺种针在疫苗瓶中蘸一下，保证每次刺针都蘸上足量的疫苗。并经常检查疫苗瓶中疫苗液的深度，以便及时添加。

（3）要经常摇动疫苗瓶，使疫苗混匀。

（4）注意不要损伤血管和骨骼。

（5）勿将疫苗溅出或触及接种区以外其他部位。

翼膜刺种多用于鸡痘和禽脑脊髓炎疫苗，一般刺种后3～4天后，刺种部位会出现轻微红肿、结痂，14～21天痂块脱落。这是正常的疫苗反应。无此反应，则说明免疫失败，应重新补刺。

6. 气雾法　气雾免疫法适用于大的鸡群免疫接种，特点是操作简单，对鸡群的应激小，省时省力。

（1）气雾免疫的操作步骤

①估算疫苗用量：一般1日龄雏鸡喷雾，每1 000只鸡的喷雾量为150～200毫升；平养鸡250～500毫升，笼养鸡为250毫升。根据用量制好疫苗。

②免疫接种：将雏鸡装在纸箱中，排成一排，喷雾器在距雏鸡40厘米处向鸡喷雾，边走边喷，往返2～3遍，将疫苗喷完；喷完后将纸箱叠起，使雏鸡在纸箱中停留半小时。

（2）气雾免疫的注意事项　平养鸡喷雾应在清晨或晚上进行，当鸡舍暗至刚能看清鸡只时，将鸡轻轻赶靠到较长的一面墙根，在距鸡50厘米处时进行喷雾；边走边喷，至少应喷2～3遍，将疫苗均匀喷完。成年笼养鸡喷雾方法与平养鸡基本相似。

（二）家畜免疫接种方法

家畜接种的途径有皮下注射和肌内注射等，每种疫苗均有其最佳的接种途径。

1. 皮下注射法　皮下注射免疫宜选择皮薄、被毛少、皮肤松弛、皮下血管少的部位。牛、羊宜在颈侧中1/3部位，猪宜在耳根后或股内侧，犬宜在股内侧。

（1）皮下注射免疫的操作方法　保定动物并用2%～5%碘酊棉球由内向外螺旋式消毒接种部位，最后用挤干的75%酒精棉球脱碘。随后操作者用左手拇指与食指捏取颈侧下或肩胛骨的后方皮肤，使其产生褶皱，右手持注射器针管在褶皱底部倾斜、快速刺入，缓缓推药，注射完毕，将针拔出，立即以药棉揉擦，使药液散开。

（2）皮下注射免疫的注意事项　皮下注射时，平行褶皱插针，以防刺穿皮肤，注射到皮外。

2. 肌内注射法　肌内注射免疫应选择肌肉丰满，血管少，远离神经干的部位。牛、羊宜在颈部或臀部，猪宜在耳后颈部或臀部，犬宜在颈部。

（1）肌内注射的操作方法　保定动物并对注射部位消毒后，操作者用左手固定注射部位，右手拿注射器，针头垂直刺入肌肉内，然后用左手固定注射器，右手将针芯回抽一下，如无回血，将药慢慢注入，若发现回血，应变更位置。若动物不安或皮厚不易注射，可将针头取下，用右手拇指、食指和中指捏紧针尾，对准注射部位迅速刺入肌肉，然后接上注射器，注入药液。

（2）肌内注射的注意事项　肌内注射时，进针方向要与注射部位的皮肤垂直。

3. 皮内注射法　皮内注射免疫接种仅适用于山羊痘活疫苗等某些疫苗接种。皮内注射部位，宜选择皮肤致密、被毛少的部位。马、牛宜在颈侧、尾根、肩胛中央，猪宜在耳根后，羊宜在颈侧或尾根部。

（1）皮内注射免疫的操作方法　保定动物并对注射部位消毒后，操作者用左手将皮肤夹起一褶皱或以左手绷紧固定皮肤，右手持注射器，将针头在褶皱上或皮肤上斜着使针尖几乎于皮面平行地轻轻刺入皮内约0.5厘米，放松左手；左手在针头和针筒交接处固定针头，右手持注射器，徐徐注入药液。如针头确在皮内，则注射时感觉有较大的阻力，同时注射处形成一个圆丘，突起于皮肤表面。注射完毕后，拔出针头，用消毒干棉球轻压针孔，以避免药液外溢，最后涂以5%碘酊消毒。

（2）皮内注射免疫的注意事项

①皮内注射时，注意把握，不要注入皮下。

②选择部位尤其重要，一定要按要求的部位选择进针。

③保定动物一定要严格，注意人员安全。

二、疫苗接种注意事项

1. 使用正规生物制品厂家生产的疫苗。

2. 根据疫苗的性质、保存条件，严格按照产品说明书的要求对疫苗和稀释液进行保管、运输、使用。

3. 疫苗使用前应检查其名称、厂家、批号、有效期、物理性状、贮存条件等是否与说明书相符。明确其使用方法及有关注意事项，对过期、瓶塞松动、无批号、油乳剂破乳、失真空及颜色异常或不明来源的疫苗应禁止使用。

4. 使用前要对畜群的健康状况进行认真检查，对发病、体质衰弱的动物不宜接种。

5. 根据产品说明书的要求，采取正确的免疫途径，准确计算疫苗使用量。

6. 疫苗一经开封，必须一次性使用完毕，严禁反复使用。冻干疫苗现配现用。油乳剂疫苗注射前要预温。

7. 进行饮水免疫时，忌用金属容器，严禁用热水、温水及含有消毒剂的水稀释。

8. 采用注射接种时，选用的针头大小应合适，做到一畜一针头，避免交叉感染。注射部位应用碘酊、酒精消毒，并防止消毒剂渗入针头或针管内，以免影响疫苗活性。

9. 疫苗接种前、后各一周内，严禁使用抗病毒药物或抗生素。

10. 免疫卫生防护要求：防疫员开始工作前要更换工作服，进出各养殖场（户）或动物舍必须走人行消毒通道（紫外线灯消毒的更衣室、消毒池）或消毒盆消毒鞋靴（冬季用温水配置）。携带物品的外包装要经喷雾消毒，免疫接种人员用消毒液洗手消毒。

11. 观察动物免疫后反应：免疫接种后，防疫员要注意观察接种动物反应情况，仔细观察饮食、精神、大小便、体温等有无异常变化，对接种后副反应严重或发生过敏反应的要及时抢救、治疗，并应予以登记。

12. 免疫副反应的预防和处理：因个体差异，个别动物在免疫后会出现不同程度的变态反应。这其中多数出现反应的动物，主要表现为轻度精神不振，食欲减退，体温稍有升高，产奶量或产蛋量小幅下降等，这种情况一般不需要特殊治疗，经过1～3天后可恢复正常。少数个别动物因个体差异，注射疫苗后会出现急性过敏反应，表现为呼吸加快，可视黏膜充血、水肿、肌内震颤，口角出现白沫、倒地抽搐等，这种情况常因抢救不及时或抢救方法不当造成动物死亡。

为避免和减少动物在疫苗接种过程中出现免疫副反应，防疫员在注射疫苗前应仔细阅读说明书和认真调查免疫动物的健康状况，对病畜、瘦弱畜和临产母畜可不进行免疫注射，待动物机体生产状态正常后再行免疫。

对在疫苗免疫过程中出现免疫副反应，而且反应严重的动物，可迅速皮下注射0.1％盐酸肾上腺素（规格为5毫升∶5毫克），马、牛2～5毫克/次；羊、猪0.2～1毫克/次；犬0.1～0.5毫克/次；猫0.1～0.2毫克/次，视病情缓解程度，20分钟后可以相同剂量重复注射一次。

13. 用过的疫苗瓶、器具和未用完的疫苗等应进行消毒处理，严禁随意丢弃。

第二章 兽医临床卫生消毒技术

消毒是指用物理的（包括清扫和清洗）、化学的和生物的方法清除或杀灭畜禽体表及其生存环境和相关物品中的病原体的过程。

消毒的目的是切断传播途径，预防和控制传染病的传播和蔓延。

各种传染病的传播因素和传播途径是多种多样的，在不同情况下，同一种传染病的传播途径也可能不同，因而消毒对各类传染病的意义也各不相同，对消化道传播的疾病的意义最大；对呼吸道传播的疾病的意义有限；对由节肢动物或啮齿类动物传播的疾病一般不起作用。消毒不能消除患病动物体内的病原体，因而它仅是预防、控制和消灭传染病的重要措施之一，应配合隔离、免疫接种、杀虫、灭鼠、扑杀、无害化处理等才能取得成效。

第一节 常用的消毒方法

一、消毒的种类

根据消毒的时机和目的的不同可分为：预防性消毒，随时消毒和终末消毒。

1. 预防性消毒 在没有传染源的地方，如动物集贸市场、检疫隔离场等为预防传染病的发生，结合平时的管理，对畜禽舍、场地、环境、人员、车辆、用具和饮水、饲料等进行定期的消毒称预防性消毒。其特点是按计划定期进行。

2. 随时消毒 为及时消灭刚从检出的患病动物排出的病原体而采取的消毒叫随时消毒。其特点是需要多次重复消毒。随时消毒的对象包括病畜所在的圈舍、检疫隔离场、患病动物的分泌物、排泄物污染以及被污染的一切场所、用具和物品等。患病动物畜舍应每天或随时进行消毒。

3. 终末消毒　在检出的患病动物转移、痊愈、死亡而解除隔离后，或在疫区即将解除封锁前，为彻底消灭可能残留的病原体而进行的消毒叫终末消毒。其特点是消毒对象全面、消毒程度彻底。随时消毒和终末消毒合称为疫源地消毒。

二、消毒的方法

常用的方法包括物理消毒、化学消毒和生物热消毒。

（一）物理消毒

1. 机械消毒　机械消毒是指通过清扫、洗刷、通风和过滤等手段机械清除病原体的方法，它不能直接杀灭病原体，必须配合其他消毒方法同时使用，才能取得良好的消毒效果，是最基础、最普遍的消毒方法。

清扫、冲洗圈舍应先上后下（屋顶、墙壁、地面），先内后外（先圈舍内、后圈舍外）。清扫时，为避免病原体随灰尘飞扬，清扫前先对清扫对象喷洒清水或消毒液，再开始清扫。

清扫出来的污物垃圾，要根据怀疑含有的病原体的抵抗力，选择堆积发酵、掩埋、焚烧等方法进行无害化处理。

圈舍应当纵向或正压、过滤通风，避免圈舍排出的污秽气体、尘土危害周围环境和相邻的圈舍。

2. 日光、紫外线消毒　日光是天然的消毒剂，将需要消毒的物品放在日光下暴晒，利用紫外线、灼热以及干燥作用使病原体灭活而达到消毒的目的，一般病毒和非芽孢性病原体在直射的日光下一分钟至数小时就可以被杀死。此法较适用于动物圈舍的垫草、用具等的消毒，对被污染的土壤、牧场、场地表层的消毒均具有重要意义。

紫外线对革兰氏阴性菌、病毒效果较好，革兰氏阳性菌次之，对细菌芽孢无效。紫外线灯常用于室内环境、衣物、用具等表面消毒，由于紫外线对眼黏膜、视神经和皮肤有损伤，一般不用于人和动物体表消毒。

紫外线灯一般于 6～15 米³ 空间安装一只，灯管距离地面 2.5～3 米为宜。室温 10～15℃、相对湿度 40%～60% 的环境下紫外线杀菌效果最好，消毒时要根据微生物的种类选择适宜的照射时间，一般不少于 30 分钟。

紫外线灯管要经常擦拭，其杀菌强度也会随使用时间而减弱，因此一般使用 1 400 小时左右就要更换新灯管。

3. 干燥消毒法 干燥可抑制微生物的生长繁殖，甚至导致微生物死亡，所以在生产实际中常用干燥的方法保存草料、谷类、鱼、肉、皮张等。

4. 热消毒法 热消毒法可分为干热灭菌法和湿热灭菌法两类。

（1）干热灭菌法 包括火焰灭菌和热空气灭菌两种。

火焰灭菌：直接以火焰焚烧、烧灼可以立即杀死全部微生物。常在发生烈性传染病，如炭疽、气肿疽时，对患病动物尸体及其污染的垫草、草料等进行焚烧，对圈舍墙壁、地面和圈舍内的料盘、笼具等金属工具可用喷灯进行喷火消毒。在实验室主要用于接种针、玻璃棒、试管口、玻片、剪刀、镊子等可以灼烧的物品的消毒。

热空气灭菌：即在干燥的情况下利用热空气灭菌，一般在干热灭菌箱内进行。此法适用于干燥的玻璃器皿，如烧杯、烧瓶、吸管、试管、离心管、培养皿、玻璃注射器，以及针头、滑石粉、凡士林、液体石蜡等物品的灭菌。在干热的情况下，由于热的穿透力较低，灭菌时间较湿热法长。干热灭菌时，一般细菌的繁殖体在 100℃ 经 1.5 小时才能被杀死，芽孢需 140℃ 经 3 小时，真菌的孢子则需 100～115℃ 经 1.5 小时才能被杀灭。

（2）湿热灭菌法 应用较为广泛，是灭菌效力较强的消毒方法。常用的湿热灭菌方法有如下几种：

煮沸消毒：是日常最为常用的消毒方法。一般病原体在60～70℃经30～60分钟或者100℃的沸水中5分钟即可以死亡。多数芽孢在煮沸15～30分钟即可死亡，煮沸1～2小时可以杀灭所有的病原体。常用于耐煮的金属器械、木质和玻璃器具、工作服等的消毒。若在水中加入少许碱，如0.5%～1%的肥皂或1%的碳酸钠等，可使蛋白、脂肪溶解，防止金属生锈，提高沸点，增强灭菌作用。水中若加入2%～5%的石炭酸，能增强消毒效果，经15分钟的煮沸可杀死炭疽杆菌的芽孢。

蒸汽消毒：这种消毒法与煮沸消毒的效果相似，如果蒸汽和化学药品（如甲醛等）并用，杀菌力可以加强。在实验室用的高压灭菌器一般是以103.4千帕的压力，在121.3℃下维持20～30分钟，这样可以保证杀死全部细菌及其芽孢。玻璃、纱布、金属器械、培养基、橡胶用品、生理盐水、缓冲液、针具等均可采用此法灭菌。

巴氏消毒法：为Pasteur所创，用于葡萄酒、啤酒及鲜牛乳的消毒。巴氏消毒法的目的是最大限度地消灭病原体。分为低温长时间巴氏消毒法（在63～65℃经过30分钟），高温短时间巴氏消毒法（在71～72℃经过15秒），加热消毒后都迅速冷却至10℃以下，称为冷击，这样可以进一步促使病原体死亡，也有利于鲜乳马上转入冷藏保存。

为适应大城市大量鲜奶的消毒，进一步改进建立了一种用超高温瞬时杀菌装置处理鲜牛乳的超高温巴氏消毒法。利用此装置使鲜牛乳呈薄层状态，通过热交换式的金属板或管道使温度迅速升至不低于132℃经1～2秒，迅速冷却，达到消毒目的。

（二）化学消毒

在动物防疫检疫实践中，利用化学药品进行消毒是最常用的。化学消毒的效果取决于许多因素，如病原体抵抗力的特点、所处环境的情况和性质、消毒时的温度、药剂的浓度、作用时间长短等。选用化学消毒剂应考虑杀菌谱广，有效浓度低，作用快，效果好；对人畜无害；性质稳定，易溶于水，不易受有机物和其他理化因素影响；对金属、木材、塑料制品等无腐蚀性；使用方便，价廉，易推广；使用后残留量少或副作用小等。

常用的化学消毒法有刷洗法、浸泡法、喷雾法、熏蒸法、喷洒法等。

1. 刷洗法　用刷子蘸取消毒液进行刷洗，常用于饲槽、饮水槽等设备、用具的消毒。

2. 浸泡法　将需消毒的物品浸泡在一定浓度的消毒液中，浸泡一定时间后再拿出来。如将食槽、饮水器等各种器具浸泡在0.5%～1%新洁尔灭中消毒。

3. 喷洒法　喷洒消毒是指将消毒药配制成一定浓度的溶液（消毒液必须充分溶解并进行过滤，以免药液中不溶性颗粒堵塞喷头，影响喷洒消毒），用喷雾器或喷壶对需要消毒的对象（畜舍空间、墙面、地面、道路等）进行喷洒消毒。

圈舍空间喷洒消毒效果的好坏与雾滴粒子大小以及雾滴均匀度密切相关。喷出的雾滴直径应控制在80～120微米，不要小于50微米。过大易造成喷雾不均匀和畜舍太潮湿，且在空中下降速度太快，与空气中的病原体、尘埃接触不充分，起不到消毒空气的作用；雾滴粒子太小则易被畜禽吸入肺泡，诱发呼吸道疾病。

喷洒消毒前，操作人员要做好防护，要防止造成人身伤害；舍内空间气雾喷洒消毒时，房舍应密闭，关闭门、窗和通风口，减少空气流动，以增强消毒效果。

喷洒消毒的步骤：

（1）根据消毒对象和消毒目的，配制消毒药。

（2）清扫消毒对象。

（3）检查喷雾器或喷壶。喷雾器使用前，应先对喷雾器各部位进行仔细检查，尤其应注意橡胶垫圈是否完好、严密，喷头有无堵塞等。喷洒前，先用清水试喷一下，证明一切正常后，将清水倒净，然后再加入配制好的消毒药液。

（4）添加消毒药液，进行舍内喷洒消毒。打气压，当感觉有一定压力时，即可握住喷管，按下开关，边走边喷，还要一边打气加压，一边均匀喷雾。一般以"先里后外、先上后下"的顺序喷洒为宜，即先对动物舍的最里面、最上面（顶棚或天花板）喷洒，然后再对墙壁、设备和地面仔细喷洒，边喷边退，从里到外逐渐退至门口。

（5）喷洒消毒用药量应视消毒对象的结构和性质适当掌握。

（6）当喷雾结束时，倒出剩余消毒液再用清水冲洗干净，防止消毒剂对喷雾器的腐蚀，冲洗水要倒在废水池内。把喷雾器冲洗干净后内外擦干，保存于通风干燥处。

4. 熏蒸法 常用福尔马林配合高锰酸钾进行熏蒸，也可选择固体甲醛、过氧乙酸及新型烟熏剂进行消毒。其优点是消毒较全面，省工省力，但消毒后有较浓的刺激气味，动物舍不能立即使用。另外消毒时要注意工作人员的安全防护。

（1）配制消毒药品：根据消毒空间大小和消毒目的，准确称量消毒药品。如固体甲醛按每立方米 3.5 克；高锰酸钾与福尔马林混合进行畜禽空舍熏蒸消毒时，一般每立方米用福尔马林14～42 毫升、高锰酸钾 7～21 克、水 7～21 毫升，熏蒸消毒 7～24小时。种蛋消毒时福尔马林 28 毫升、高锰酸钾 14 克、水 14 毫升，熏蒸消毒 20 分钟。杀灭芽孢时每立方米需福尔马林 50 毫升；过氧乙酸熏蒸使用浓度是 3%～5%，每立方米用 2.5 毫升，在相对湿度 60%～80%条件下，熏蒸 1～2 小时。

（2）清扫消毒场所：先将需要熏蒸消毒的场所（畜禽舍、孵化器等）彻底清扫、冲洗干净。关闭门窗和排气孔，防止消毒药物外泄。

（3）按照消毒面积大小，放置消毒药品，进行熏蒸：将盛装消毒剂的容器均匀地摆放在要消毒的场所内，如动物舍长度超过

50 米，应每隔 20 米放一个容器。所使用的容器必须是耐燃烧的，通常用陶瓷或搪瓷制品。

（4）熏蒸时间一般动物舍应达到 24 小时，再进行通风换气排出室内残余气体，如想快速清除甲醛的刺激性，可用浓氨水（2～5 毫升/米³）加热蒸发以中和甲醛。

5. 拌和法　在对粪便、垃圾等污染物进行消毒时，可用粉剂型消毒药品与其拌和均匀，堆放一定时间，可达到良好的消毒目的。如将漂白粉与粪便以 1∶5 的比例拌和均匀，进行粪便消毒。

（1）称量或估算消毒对象的重量，计算消毒药品的用量，进行称量。

（2）将消毒药与消毒对象拌和均匀，堆放一定时间即达到消毒目的。

6. 撒布法　将粉剂型消毒药品均匀地撒布在消毒对象表面。如用消石灰撒布在阴湿地面、粪池周围及污水沟等处进行消毒。

7. 擦拭法　是指用布块或毛刷浸蘸消毒液，在物体表面或动物、人员体表擦拭消毒。如用 0.1％的新洁尔灭洗手，用布块浸蘸消毒液擦洗母畜乳房；用布块蘸消毒液擦拭门窗、设备、用具和栏、笼等；用脱脂棉球浸湿消毒药液在猪、鸡体表皮肤、黏膜、伤口等处进行涂擦；用碘酊、酒精棉球涂擦消毒术部等，也可用消毒药膏剂涂布在动物体表进行消毒。

（三）生物热消毒法

是将被污染的粪便或患病动物尸体掩埋在一定深度的发酵坑内或堆积一定的高度，通过粪便生物热和尸体的腐败，杀灭各种病毒、细菌（芽孢除外）、寄生虫虫卵等病原体的消毒方法。

生物热消毒要选择远离居民、河流、水井的地方，一般距离人畜房舍要达到 200～250 米。

1. 发酵池法　适用于动物养殖场，多用于稀粪便的发酵。发酵池可以为圆形或方形，并根据粪便的多少决定发酵池的大小和数量。池的边缘与池底用砖砌后再抹以水泥，使其不渗漏。使用时，先在其池底放一层干粪，然后将每天清除出的粪便、垫草等倒入池内，直到快满的时候在粪的表面铺一层干粪或杂草，上面再用一层泥土封好，如条件许可，可用木板盖上，以利于发酵和保持卫生，经 1~3 个月，即可发酵为粪肥。在此期间每天清除的粪便可倒入另一个发酵池。如此轮换使用。

2. 堆粪法　此法适用于干固粪便的处理。一般在平地上挖一个宽 1.5~2.5 米，深约 20 厘米的浅坑，从坑底两边至中央有一个小的倾斜度，坑的长度视粪便量的多少而定。先在坑底放一层 25 厘米厚的无传染病污染的粪便或干草，然后在其上再堆放准备要消毒的粪便、垫草等，堆到 1~1.5 米的高度时，再放上 10 厘米厚的干净的谷草（稻草等），最外一层抹上 10 厘米厚的泥土后密封发酵，夏季 2 个月，冬季 3 个月以上，即可出肥清坑。当粪便较稀时，应加些杂草，太干时倒入稀粪或加水，使其干湿适当，以处使其迅速发热。

3. 掩埋法　此法多用于不含有细菌芽孢的动物尸体的处理，发生疫情时被扑杀的动物尸体多用此法处置。掩埋坑要求深达地表 2 米以下，大小随需要处置污染物的多少决定。在操作时，先在坑底撒上一层生石灰，再放入尸体，放一层尸体撒一层生石灰或漂白粉，为防止野生动物扒食动物尸体，掩埋后封土要夯实，掩埋后还要对掩埋区域喷洒消毒药物，以防病原体扩散污染周围环境。

第二节　消毒剂及配制

一、消毒剂

(一)消毒剂的概念

消毒剂是指用于消毒的化学药品。这些化学药品有的可阻碍微生物新陈代谢的某些环节而呈现抑菌作用，有的使菌体蛋白质变性或凝固而呈现杀菌作用，因而可利用消毒剂对病原体的毒性作用这一原理，对消毒物品进行清洗、浸泡、喷洒、熏蒸等，以达到杀灭病原体的目的。

（二）影响消毒剂消毒效果的因素

1. 消毒剂的性质　各种消毒剂，由于其本身的化学特性和化学结构不同，其对微生物的作用方式也不相同，各类消毒剂的消毒效果也不一致。

2. 消毒剂的浓度　在一定的范围内，消毒剂的浓度越大，其对微生物的毒性作用也越强。但是消毒剂浓度的增加是有限度的，超越此限度时，并不一定能提高消毒效力，有时一些消毒剂的杀菌效力反而随浓度的增高而下降，如 $70\%\sim75\%$ 的酒精的杀菌作用比 95% 的酒精强。

3. 微生物的种类　由于微生物本身的形态结构及代谢方式等生物学特性的不同，其对消毒剂的反应也不同。

4. 温度及时间　一般消毒剂在较高温度下消毒效果比较低温度下好。温度升高可以增强消毒剂的杀菌能力，并能缩短消毒时间。当温度增加 $10℃$，酚类的消毒速度增加 8 倍以上。在其他条件都一定的情况下，作用时间越长，消毒效果越好。消毒剂杀灭细菌所需时间的长短取决于消毒剂的种类、浓度及其杀菌速度，同时也与细菌的种类、数量和所处的环境有关。

5. 湿度　在熏蒸消毒时，湿度可作为一个环境因素影响消毒效果。用过氧乙酸及甲醛熏蒸消毒时，相对湿度以 $60\%\sim80\%$ 为最好。湿度太低，则消毒效果不良。

6. 酸碱度（pH）　许多消毒剂的消毒效果均受消毒环境pH 的影响。一般来说，未电离的分子较易通过细菌的细胞膜，杀菌效果较好。

7. 有机物的存在　当微生物所处的环境中有有机物如粪便、痰液、脓汁、血液及其他排泄物存在时，由于消毒剂首先与这些有机物结合，而大大地减少了与微生物作用的机会，同时，这些有机物的存在，对微生物也具有机械的保护作用，结果使消毒剂的杀菌作用大为降低。所以，在消毒皮肤及创口时，要先洗净，再行消毒，对于有痰液、粪便的动物圈舍的消毒应选用受有机物影响较小的消毒药物，同时应适当提高消毒剂的浓度，延长消毒时间，方可达到良好的消毒效果。

（三）常用消毒剂的种类及使用

消毒剂的种类很多，根据其化学特性不同可分为碱类、酸类、醇类、醛类、酚类、氯制剂、碘制剂、季铵盐类、氧化剂、挥发性烷化剂等。

1. 醛类　包括甲醛、聚甲醛、戊二醛、固体甲醛等。

（1）甲醛　是一种广谱杀菌剂，对细菌、芽孢、真菌和病毒均有效。浓度为 35%～40% 的甲醛溶液称为福尔马林。可用于圈舍、用具、皮毛、仓库、实验室、衣物、器械、房舍等的消毒，并能处理排泄物。2% 福尔马林用于器械消毒，置于药液中浸泡 1～2 小时；用于地面消毒时，用量为每 100 米^2 13 毫升。10% 甲醛溶液可以处理排泄物。用于室内、器具等熏蒸消毒时，要求密闭的圈舍按每立方米 7～21 克高锰酸钾加入 14～42 毫升福尔马林，环境温度（室温）一般不应低于 15℃，相对湿度 60%～80%，作用时间 7 小时以上。

（2）聚甲醛　为甲醛的聚合物。具有甲醛特臭的白色疏松粉末，在冷水中溶解缓慢，热水中很快溶解。溶于稀碱和稀酸溶液。聚甲醛本身无消毒作用，常温下缓慢解聚，放出甲醛呈现杀毒作用。如加热至 80～100℃ 时很快产生大量甲醛气体，呈现强大的杀菌作用。主要用于环境熏蒸消毒，常用量为每立方米 3～5 克，消毒时间不少于 10 小时。消毒时室内温度应在 18℃ 以上，湿度最好在 80%～90%。

（3）戊二醛　为无色油状液体，味苦，有微弱的甲醛臭味，但挥发性较低。可与水或醇做任何比例的混溶，溶液呈弱酸性，pH 高于 9 时，可迅速聚合。戊二醛原为病理标本固

定剂，近 10 年来发现其碱性水溶液具有较好的杀菌作用。当
pH 为 5～8.5 时，作用最强，可杀灭细菌的繁殖体和芽孢、
真菌、病毒，其作用较甲醛强 2～10 倍。有机物对其作用影
响不大。对组织刺激性弱，但碱性溶液可腐蚀铝制品。目前
常用其 2% 碱性溶液（加 0.3% 碳酸氢钠），用于浸泡消毒不
宜加热消毒的医疗器械、塑料及橡胶制品等。浸泡 10～20 分
钟即可达到消毒目的。

（4）固体甲醛　属新型熏蒸消毒剂，甲醛溶液的换代产品。
消毒时将干粉置于热源上即可产生甲醛蒸汽。使用方便、安全，
一般每立方米空间用药 3.5 克，保持湿热，温度 24℃ 以上、相
对湿度 75% 以上。

2. 卤素类　包括氯消毒剂和碘消毒剂，如漂白粉、次氯酸
钠、次氯酸钙、二氯异氰尿酸钠、三氯异氰尿酸、二氧化氯、碘
酊、复合碘溶液等。

（1）漂白粉　主要用于畜禽圈舍、畜栏、笼架、饲槽及车辆
等的消毒；在食品厂、肉联厂常用它在操作前或日常消毒中消毒
设备、工作台面等；次氯酸钠溶液常用作水源和食品加工厂的器
皿消毒。

漂白粉可采用 5%～10% 混悬液喷洒，也可用粉末撒布。
5% 溶液 1 小时可杀死芽孢。饮水消毒每升水中加入 0.3～1.5 克
漂白粉，可起杀菌除臭作用。10%～20% 乳剂可用于消毒被病畜
禽污染的圈舍、畜栏、粪池、排泄物、运输畜禽的车辆和被炭疽
芽孢污染的场所。干粉按 1:5 可用于粪便的消毒。

漂白粉必须现用现配，贮存久了有效氯的含量逐渐降低；不
能用于有色棉织品和金属用具的消毒；不可与易燃、易爆物品放
在一起，应密闭保存于阴凉干燥处；漂白粉有轻微毒性，使用浓
溶液时应注意人畜安全。

（2）二氯异氰尿酸钠　为白色结晶粉末，有氯臭，含有效氯
60%，性能稳定，室内保存半年后有效氯含量仅降低 1.6%，易

溶于水，溶液呈弱酸性，水溶液稳定性较差。为新型高效消毒药，对细菌繁殖体、芽孢、病毒、真菌孢子均有较强的杀灭作用。饮水消毒每升水 0.5 毫克，用具、车辆、畜舍消毒浓度为每升水含有效氯 50～100 毫克。

（3）三氯异氰尿酸　为白色结晶性粉末。有效氯含量为 85％以上，有强烈的氯气刺激气味，在水中溶解度为 1.2％，遇酸遇碱易分解，是一种极强的氯化剂和氧化剂，具有高效、广谱、安全等特点。常用于环境、饮水、饲槽等消毒。饮水消毒每升水含 4～6 毫克，喷洒消毒每升水含 200～400 毫克。

（4）二氧化氯　广谱杀菌消毒剂、水质净化剂、安全无毒、无致畸、致癌作用。其主要作用是氧化作用。对细菌、芽孢、病毒、真菌、原虫等均有强大的杀灭作用，并有除臭、漂白、防霉、改良水质等作用。主要用于畜（禽）舍、环境、用具、车辆、种蛋、饮水等消毒。

本品有两类制剂，一类是稳定性二氧化氯溶液（即加有稳定剂的合剂），无色、无味、无臭的透明水溶液，腐蚀性小，不易燃，不挥发，在 -5～95℃下稳定，不易分解。含量一般为 5％～10％，用时需加入固体活化剂（酸活化），即释放出二氧化氯；另一类是固体二氧化氯，为两包包装，其中一包为亚氧酸钠，另一包为增效剂及活化剂，用时分别溶于水后混合，即迅速产生二氧化氯。

（5）碘酊、碘伏　常用于皮肤消毒。2％的碘酊、0.2％～0.5％的碘伏常用于皮肤消毒；0.05％～0.1％的碘伏用于伤口、口腔消毒；0.02％～0.05％的碘伏用于阴道冲洗消毒。

（6）复合碘溶液　为碘、碘化物与磷酸配制而成的水溶液，含碘 1.8％～2.2％，褐红色黏稠液体，无特异刺激性臭味。有较强的杀菌消毒作用。对大多数细菌、霉菌和病毒均有杀灭作用。可用于动物舍、孵化器（室）、用具、设备及饲饮器具的喷雾或浸泡消毒。使用时应注意市售商品的浓度，再按实际使用消毒的浓度计算出商品液需要量。本品带有褐色即为指示颜色，当褐色消失时，表示药液已丧失消毒作用，需另行更换；本品不宜与热水、碱性消毒剂或肥皂水共用。

3. 醇类 醇类消毒剂最常见的是乙醇，75％的乙醇俗称酒精，常用于皮肤、针头、体温计等消毒，用作溶媒时，可增强某些非挥发性消毒剂的杀微生物作用。本品易燃，不可接近火源。

4. 酚类 包括苯酚（石炭酸）、煤酚（甲酚）、复合酚等。

（1）苯酚 俗称石炭酸，用于处理污物、用具和器械，通常用其2％～5％的水溶液消毒车辆、墙壁、运动场及畜禽圈舍。

因本品有特殊臭味，故不适于肉、蛋的运输车辆及贮藏肉蛋的仓库消毒。

（2）煤酚 主要用于畜舍、用具和排泄物的消毒。同时也用于手术前洗手和皮肤的消毒。

2％水溶液用于手术前洗手及皮肤消毒、3％～5％水溶液用于器械、物品消毒、5％～10％水溶液用于畜禽舍、畜禽排泄物等的消毒。

本品不宜用于蛋品和肉品的消毒。

（3）复合酚 复合酚主要用于畜禽圈舍、栏、笼具、饲养场地、排泄物等的消毒，常用的喷洒浓度为0.35％～1％。

5. 氧化剂类 包括过氧化氢、环氧乙烷、过氧乙酸、高锰酸钾等，其理化性质不稳定，但消毒后不留残毒是它们的优点。

（1）环氧乙烷 适用于精密仪器、手术器械、生物制品、皮革、裘皮、羊毛、橡胶、塑料制品、饲料等忌热、忌湿物品的消毒，也可用于仓库、实验室、无菌室等的空间熏蒸消毒。

杀灭细菌300～400克/米^3；消毒霉菌污染用700～950克/米^3；消毒芽孢污染的物品用800～1 700克/米^3。要求严格密闭，温度不低于18℃，相对湿度30％～50％，时间6～24小时。环氧乙烷易燃、易爆，对人有一定的毒性，一定要小心使用。

（2）过氧乙酸 除金属制品外，可用于消毒各种产品。0.5%水溶液用于喷洒消毒畜舍、饲槽、车辆等；0.04%～0.2%水溶液用于塑料、玻璃、搪瓷和橡胶制品的短时间浸泡消毒；5%水溶液 2.5 毫升/米^3 用于喷雾消毒密闭的实验室、无菌间、仓库等；0.3%水溶液 30 毫升/米^3 喷雾，可作 10 日龄以上雏鸡的带鸡消毒。

过氧乙酸要求现用现配，市售成品 40%的水溶液性质不稳定，必须低温避光保存。

（3）高锰酸钾 常用于伤口和体表消毒。高锰酸钾为强氧化剂，0.01%～0.02%溶液可用于冲洗伤口，福尔马林加高锰酸钾用作甲醛熏蒸，用于物体表面消毒。

6. 碱类 包括氢氧化钠（火碱）、氧化钙（生石灰）、草木灰等。

（1）氢氧化钠 俗称火碱，主要用于消毒畜禽厩舍，也用于肉联厂、食品厂车间、奶牛场等的地面、饲槽、台板、木制刀具、运输畜禽的车船等的消毒。

浓度 1%～2%的水溶液用于圈舍、饲槽、用具、运输工具的消毒；3%～5%的水溶液用于炭疽芽孢污染场地的消毒。

氢氧化钠对金属物品有腐蚀作用，消毒完毕用水冲洗干净；对皮肤、被毛、黏膜、衣物有强腐蚀和损坏作用，注意个人防护；对畜禽圈舍和食具消毒时，必须空圈或移出动物，间隔半天用水冲地面、饲槽后方可让其入舍。

（2）氧化钙 氧化钙即生石灰，主要用于畜禽圈舍墙壁、畜栏、地面、阴湿地面、粪池周围及污水沟等的撒布消毒。

配成 20%的石灰乳，涂刷畜禽圈舍墙壁、畜栏、地面或直接加石灰于被消毒的液体中，撒在阴湿地面、粪池周围及污水沟等处进行消毒，消毒粪便可加等量的 2%石灰乳，使接触至少 2 小时。为了防疫消毒，可在畜禽场、屠宰场等放置浸透 20%石灰乳的脚垫以消毒鞋底。

（3）草木灰　用于畜禽圈舍、运动场、墙壁及食槽的消毒，效果同 1%～2% 的烧碱。操作时用 50～60℃ 热草木灰撒布，也可用 30% 热草木灰水喷洒。

7. 表面活性剂与季铵盐类　常见以下几种产品。

（1）新洁尔灭　用于畜禽场的用具和种蛋消毒。用 0.1% 水溶液喷雾消毒蛋壳、孵化器及用具等；0.15～0.2% 水溶液用于鸡舍内喷雾消毒。

（2）洗必泰　多用于洗手消毒、皮肤消毒、创伤冲洗，也可用于畜禽圈舍、器具设备的消毒等。

0.05%～0.1% 溶液可用作口腔、伤口防腐剂；0.5% 洗必泰乙醇溶液可增强其杀菌效果，用于皮肤消毒；0.1%～4% 洗必泰溶液可用于洗手消毒。

（3）季铵盐　用于饮水、环境、种蛋、饲养用具及孵化室消毒，也可用于圈舍带动物消毒。市场销售的产品很多，如"百毒杀"，但浓度不一，使用时应注意市售商品的浓度，再按实际使用消毒的浓度计算出商品液需要量。

（四）各种消毒药物的选用

1. 动物舍室内空气消毒　高锰酸钾、甲醛、过氧乙酸、乳酸等。

2. 饮水消毒　漂白粉、氯胺、抗毒威、百毒杀。

3. 动物舍地面消毒　石灰乳、漂白粉、草木灰、氢氧化钠等。

4. 运动场地消毒　漂白粉、石灰乳、农福等。

5. 消毒池消毒　氢氧化钠、石灰乳、来苏儿等。

6. 饲养设备消毒　漂白粉、过氧乙酸、百毒杀等。

7. 粪便消毒　漂白粉、生石灰、草木灰等。

8. 带动物消毒　菌毒清、百毒杀、超氯、速效碘等。

9. 种蛋消毒　过氧乙酸、甲醛、新洁尔灭、高锰酸钾、超氯、百毒杀、速效碘等。

二、常用消毒剂的配制方法

1. 配制前的准备

（1）量器的准备　量筒、台秤、药勺、盛药容器（最好是搪瓷或塑料耐腐蚀制品）、温度计等。

（2）防护用品的准备　工作服、口罩、护目镜、橡胶手套、胶靴、毛巾、肥皂等。

（3）消毒药品的选择　依据消毒对象表面的性质和病原体的抵抗力，选择高效、低毒、使用方便、价格低廉的消毒药品。依据消毒对象面积（如场地、动物舍内地面、墙壁的面积和空间大小等）计算消毒药用量。

2. 配制方法

（1）75%酒精溶液　用量器称取95%医用酒精789.5毫升，加蒸馏水（或纯净水）稀释至1 000毫升，即为75%酒精，配制完成后密闭保存。

（2）5%氢氧化钠溶液　称取50克氢氧化钠，装入量器内，加入适量温水中（最好用60～70℃热水），搅拌使其溶解，再加水至1 000毫升，即得，配制完成后密闭保存。

（3）0.1%高锰酸钾溶液　称取1克高锰酸钾，装入量器内，加水1 000毫升，使其充分溶解即得。

（4）3%来苏儿溶液　取来苏儿3份，放入量器内，加清水97份，混合均匀即成。

（5）2%碘酊溶液　称取碘化钾15克，装入量器内，加蒸馏水20毫升溶解后，再加碘片20克及乙醇500毫升，搅拌使其充分溶解，再加入蒸馏水至1 000毫升，搅匀，滤过，即得。

（6）碘甘油溶液　称取碘化钾10克，加入10毫升蒸馏水溶解后，再加碘10克，搅拌使其充分溶解后，加入甘油至1 000毫升，搅匀，即得。

（7）熟石灰（消石灰）　生石灰（氧化钙）1千克，装入容器内，加水 350 毫升，生成粉末状即为熟石灰，可撒布于阴湿地面、污水池、粪池周围等处消毒。

（8）20％石灰乳　1 千克生石灰加 5 千克水即为 20％石灰乳。配制时最好用陶瓷缸或木桶等。首先称取适量生石灰，装入容器内，把少量水（350 毫升）缓慢加入生石灰内，稍停，使石灰变为粉状的熟石灰时，再加入余下的 4 650 毫升水，搅匀即成 20％石灰乳。

（9）草木灰水　用新鲜干燥、筛过的草木灰 20 千克，加水 100 千克，煮沸 20～30 分钟（边煮边搅拌，草木灰因容积大，可分两次煮），去渣、补上蒸发的水分即可。

3. 注意事项

（1）选用适宜大小的量器，取少量液体避免用大的量器，以免造成误差。

（2）某些消毒药品（如生石灰）遇水会产热，在搪瓷桶、盆等耐热容器中配制为宜。

（3）配制消毒药品的容器必须刷洗干净，以防止残留物质与消毒药发生理化反应，影响消毒效果。

（4）配制好的消毒液放置时间过长，大多数效力会降低或完全失效。因此，消毒药应现配现用。

（5）做好个人防护，配制消毒液时应戴橡胶手套、穿工作服。

三、医疗器械消毒

1. 高温消毒

（1）煮沸消毒　这是一种简单最常用的方法。消毒前将要消毒的器械和物品（耐煮沸的物品）洗净，分类包好，并做标记，放在煮沸消毒锅内或其他容器内煮沸，水沸后保持 10～15 分钟。此法适用于各种外科器械、注射器械、刺种针、玻璃器皿、缝合丝线等。消毒好的器械按分类有秩序地放在预先灭过菌的有盖盘

（或盒）内。

金属注射器消毒时，应拧松固定螺丝、旋松并抽出活塞，取出玻璃管，并用纱布包裹，进行煮沸消毒，使用完毕，应洗净擦干，拧松活塞，置阴凉干燥处保存。

（2）高压蒸汽灭菌法　将器械和用品包装以后，装入高压灭菌器，待水沸腾，排出冷空气，然后再关掉排气阀，使蒸汽压力达 103.4 千帕，此时温度为 121.3℃，维持 15～20 分钟。此法适用于各种器械、玻璃器皿、敷料、工作衣帽等。

2. 药物浸泡消毒　医疗器械使用后，先洗刷干净，然后浸泡在消毒液中，浸泡时间长短，可依据污染情况而定。常用消毒液有 75％酒精、0.1％新洁尔灭等。

四、养殖场所消毒

养殖场所消毒的目的是消灭传染源向外界环境中散播病原体，切断传播途径，阻止疫病继续蔓延。养殖场应建立切实可行的消毒制度，定期对畜禽舍地面土壤、粪便、污水、皮毛等进行消毒。

1. 入场消毒　养殖场大门入口处设立消毒池（池宽同大门，长为机动车轮一周半），内放 2％氢氧化钠液，每半月更换 1 次。大门入口处设消毒室，室内两侧、顶壁设紫外线灯，一切人员皆要在此用漫射紫外线照射 5～10 分钟，进入生产区的工作人员，必须更换场区工作服、工作鞋，通过消毒池进入自己的工作区域，严禁相互串舍（圈）。不准带入可能污染的畜产品或物品。

2. 圈舍消毒　圈舍消毒分为空舍和带动物舍两种情况，消毒步骤和方法各有不同。

（1）空舍消毒　空舍消毒一般分为五个步骤，即清扫、冲洗、灼烧、喷洒消毒和药物熏蒸消毒。清扫要求清理干净地面和圈舍空间内的所有粪便、垫料、污物和灰尘，一定要全面、彻底，不留死角；冲洗即利用高压水枪将屋顶、墙壁、地面和设备设施表面的污物彻底冲洗干净；灼烧是使用火焰喷灯对地面、墙壁及耐火的设备进行灼烧消毒；喷洒消毒，即经过清扫、冲洗、灼烧后，选择适宜的消毒药，对屋顶、墙壁、地面以及设备用具进行药物喷洒消毒；熏蒸是消毒空舍的最后一道程序，密闭门窗，用福尔马林配伍高锰酸钾或过氧乙酸等消毒液进行熏蒸消毒。

（2）带动物舍消毒　首先，圈舍门口要设立消毒池和洗手盆，内盛消毒药，并至少每周更换一次。进出圈舍的人员都要脚踏消毒池和用消毒液洗手消毒。其次，要定期对圈舍内部进行清扫、冲洗，清理粪便污物，保持舍内清洁卫生，要定期通风换气，保证空气新鲜；最后，要定期用高效低毒、无刺激性的消毒药洗刷水槽、料槽、用具及喷洒消毒墙壁、地面，并视情况需要对动物体表进行喷雾消毒。

3. 圈舍外环境消毒　畜舍外环境及道路要定期进行消毒，填平低洼地，铲除杂草，灭鼠、灭蚊蝇、防鸟等。

4. 运载工具消毒　饲养场运载工具包括运料车、清污车、运送动物的车辆等，车辆的消毒主要是应用喷洒消毒法。首先应用物理消毒法对运输工具进行清扫和清洗，去除污染物，如粪便、尿液、散落的饲料等。然后根据消毒对象和消毒目的，选择适宜的消毒方法进行消毒，如喷雾消毒或火焰消毒。一般运料车每周消毒一次、清污车每天消毒一次、运送动物车辆每次使用前后都要消毒一次。

5. 饲养用具及其他器械消毒　饲养用具包括食槽、饮水器、添料锹等，以及其他器械、药品、用具等。饲槽应及时清理剩料，每周消毒一次，饮水用具特别是家禽饮水器每天应清洗消毒一次。食槽或饮水器一般选用过氧乙酸、高锰酸钾等进行消毒；其他器械、药品、用具等可根据具体情况选择紫外线照射、熏蒸、浸泡或喷雾消毒等不同方法。

6. 饲养场污水消毒　饲养场污水中含有大量有害物质和病

原体，消毒前一般经过物理处理、化学处理和生物处理三个过程，以除去污水中的沉淀物、上浮物、大部分有机污染物和病原体，但仍含有大量的细菌，需经消毒药物处理后，方可排出。常用的方法是氯化消毒。将液态氯转变为气体。通入消毒池，可杀死99％以上的有害细菌。也可用漂白粉消毒。即每千升水中加有效氯0.5千克。

7. 粪便污物消毒 粪便污物消毒方法包括生物热消毒法、焚烧消毒法和化学药品消毒法。生物热消毒法中最常用的是发酵池法和堆粪法。对于疑似危险传染病的畜禽粪便则可选择掩埋或焚烧消毒法，对于带有细菌芽孢的粪便必须用焚烧法。化学消毒一般用含2％～5％有效氯的漂白粉溶液或20％石灰乳等化学药品进行消毒，但由于操作麻烦，效果不理想，实践中较少使用。

8. 尸体处理 尸体可用掩埋法、焚烧法等方法进行消毒处理。掩埋应选择离养殖场200米之外的无人区，找土质干燥、地势高、地下水位低的地方挖坑，坑底部撒上生石灰，再放入尸体，放一层尸体撒一层生石灰，最后填土夯实。而焚烧法是最彻底、最理想的消毒动物尸体的方法。

9. 注意事项

（1）尽可能选用广谱的消毒剂或根据特定的病原体选用对其作用最强的消毒药。消毒药的稀释度要准确，应保证消毒药能有效杀灭病原体，并要防止腐蚀、中毒等问题的发生。

（2）有条件或必要的情况下，应对消毒质量进行监测，检测各种消毒药的效果。并注意消毒药之间的相互作用，防止相互作用使药效降低。

（3）不准任意将两种不同的消毒药物混合使用或消毒同一种物品，因为两种消毒药合用时常因物理或化学配伍禁忌而使药物失效。

（4）消毒药物应定期替换，不要长时间使用同一种消毒药物，以免病原体产生耐药性，影响消毒效果。

五、疫点（疫区）消毒

疫点（疫区）消毒是指发生传染病后到解除封锁期间，为及时消灭病原体而进行的反复多次消毒。疫点的消毒内容包括患病动物及病原体携带者的排泄物、分泌物及其污染的圈舍、用具、场地和物品等。

要成立专门的清洗消毒队并有一名专业技术人员指导，制订周密的消毒计划。要根据病原体的抵抗力和消毒对象的性质和特点，确定消毒剂种类和浓度。要根据疫点（疫区）的养殖状况、地理条件、气候、季节等实际情况准备好充足的清洗消毒工具、防护装备。要运用包括清扫、冲洗、洗刷、喷洒、火焰烧灼、熏蒸等多种消毒方法消毒，严格执行消毒规程，并要求要全面、彻底，不要遗漏任何一个地方、一个角落。

消毒后要进行消毒效果监测，了解消毒质量。

1. 环境和道路消毒　彻底清扫、冲洗。清理出的污物，集中到指定的地点焚烧或混合消毒剂后深埋等无害化处理。

对疫点内所有区域，包括疫点内饲养区、办公区、饲养人员的宿舍、公共食堂、道路等场所，喷洒消毒药液。

2. 动物圈舍消毒　彻底清扫动物舍内的废弃物、粪便、垫料、剩料等各种污物，并运送至指定地点进行无害化处理；可移动的设备和用具搬出舍外，集中堆放到指定的地点用消毒剂清洗或洗刷，对动物舍的墙壁、地面、笼具，特别是屋顶、木梁等，用高压水枪进行冲刷，清洗干净。再用火焰喷射器对圈舍的墙裙、地面、笼具等不怕燃烧的物品进行火焰消毒，用消毒液对顶棚、地面和墙壁等进行均匀、足量的喷雾、喷洒消毒。最后对圈舍用福尔马林密闭熏蒸消毒 24 小时以上。

3. 病死动物处理　病死、扑杀的动物装入不泄漏容器中，密闭运至指定场地进行焚烧或深埋，事后再对场地进行认真清洗和消毒。

4. 用具、设备消毒 金属等耐烧设备用具，可采取火焰灼烧等方式消毒；对不耐烧的笼具、饲槽、饮水器、栏等用消毒剂刷洗、浸泡、擦拭；消毒用的各种工具也要按上述方法消毒。

5. 交通工具消毒 出入疫点、疫区的交通要道设立临时性消毒点，对出入人员、运输工具及有关物品进行消毒。

疫点、疫区内所有可能被污染的运载工具均应严格消毒，车辆的外面、内部及所有角落和缝隙都要用清水冲洗，用消毒剂消毒，不留死角。所产生的污水也要作无害化处理。

车辆上的物品也要消毒；车辆上清理下来的垃圾和粪便要作无害化处理。

6. 饲料和粪便消毒 饲料、垫料和粪便等要深埋、发酵或焚烧。

7. 屠宰加工、贮藏等场所的消毒 所有动物及其产品都要深埋或焚烧；圈舍、笼具、过道和舍外区域要清洗，并用消毒剂喷洒；所有设备、桌子、冰箱、地板、墙壁等要冲洗干净，用消毒剂喷洒消毒；所用衣物用消毒剂浸泡后清洗干净，其他物品都要用适当的方式进行消毒；以上所产生的污水要作无害化处理。

8. 工作人员的防护与消毒 参加消毒工作的各类人员在进入疫点前要穿戴好防护服，戴可消毒的胶手套、口罩、护目镜，穿胶靴。

每次换下的防护用品，其中包括穿戴的工作服、帽、手套等均要严格消毒。有的防护物品如手套、塑料袋和口罩等应销毁。

消毒工作完毕后，在出口处脱掉防护装备，置于容器内进行消毒；工作人员的手及皮肤裸露部位应清洗、消毒，然后洗澡。

9. 污水沟消毒　可投放生石灰或漂白粉。

10. 疫点的终末消毒　在解除封锁前对疫点按上述方法必须最后进行一次彻底消毒，产生的污水要进行无害化处理。终末消毒可以全面彻底的清除或消灭疫区内残留的病原体，以免解除封锁之后发生疫病的传播和流行。终末消毒一定要全面、彻底、认真实施。

第三章 猪主要疫病免疫技术

第一节 猪 瘟

猪瘟（Swine fever）又称猪霍乱、烂肠瘟，是猪的一种急性、高度接触性、发热性、出血性和致死性病毒病。欧洲为区别非欧猪瘟而将其称为古典猪瘟。世界动物卫生组织（OIE）将其列为必须报告的 A 类动物疫病，我国将其列为一类动物疫病。该病特征及防治要点如下：

一、猪瘟的诊断要点

（一）流行病学特征

1. 传染源 自然宿主是家猪、野猪，传染源是病猪、带毒猪。

2. 传播途径 水平传播，主要是消化道和生殖道途径；垂直传播，经胎盘传播、精液传播。

3. 易感动物 家猪、野猪。

4. 当前流行特点 急性型发病少见，繁殖障碍型、非典型发病多见，感染造成免疫抑制多见。

（二）临床症状特征

1. 急性型

（1）**体温变化** 直肠温度升高至41℃左右，稽留热，发抖。

（2）**精神变化** 扎堆，不喜走动；对外界反应迟钝；食欲减退或废绝。

（3）**结膜炎症** 眼结膜炎。

（4）**皮肤出血** 鼻、耳、颈部、腹部及四肢末端皮肤有出血点（斑）（图3-1、图3-2、图3-3）。

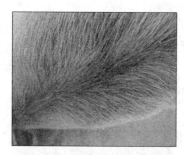

图 3 - 1　病猪颈部皮肤出血

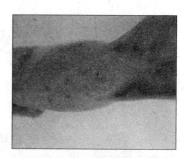

图 3 - 2　病猪腹部皮下出血

图 3 - 3　病猪臀、会阴部出现
　　　　　成片的出血斑

图 3 - 4　病猪腹股沟淋巴结肿胀、
　　　　　出血，切面呈大理石样

（5）腹股沟淋巴结肿胀　见图 3 - 4。

（6）包皮积尿。

2. 神经型　部分病猪出现磨牙、转圈、阵发性癫痫等神经症状（图 3 - 5）。

3. 繁殖障碍型　流产、死胎、木乃伊胎；出生后仔猪先天性肌肉震颤；出生后仔猪带毒致免疫失败及免疫抑制。

4. 慢性型

（1）消瘦。

（2）粪便异常　腹泻多发生于体重 25 千克以下的猪，排带有白色脓性黏液的干粪球多发于体重25千克以上的猪，便秘与腹泻交替多发于迁延不愈的长病程猪。

（3）血液循环障碍 耳尖、尾尖、腹部皮下、臀及会阴等部位发绀，结痂。

图3-5 病猪癫痫发作时有口吐白沫、耳直立、眼震颤、四肢呈游泳状划动的神经症，同时可见皮肤有大小不一的出血点或斑　图3-6 病猪脾脏边缘有出血性楔状梗死灶

5. 迟发型 即先天感染病毒的猪只。表现为精神不振，食欲不佳，眼结膜炎，免疫猪瘟疫苗时出现倒地、抽搐等过敏反应。

（三）病理剖检特征

1. 急性型 全身皮肤、组织、器官有针尖大小的出血点，严重者为出血斑或成片的出血灶；脾脏边缘有贫血性或出血性楔状梗死灶（图3-6）；肾脏密布麻雀蛋样出血点（图3-7）。

2. 慢性型 结肠、回肠散在粟粒大小白色、圆形向肠腔突出的火山口样溃疡灶，有时在溃疡灶周围环绕出血晕带（图3-8）；回盲口、回肠、盲肠黏膜有大小不一的纽扣状溃疡灶（图3-9、图3-10）。

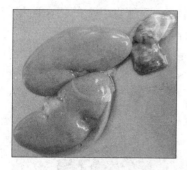

图 3-7　病猪肾脏密布麻雀蛋样出血
　　　　点；同时可见内脏淋巴结肿
　　　　胀、出血、切面呈大理石样

图 3-8　病猪结肠浆膜面
　　　　有点或斑样出血

图 3-9　病猪回盲口处黏膜密布
　　　　圆形、层轮状溃疡灶

图 3-10　病猪结肠黏膜密布大小
　　　　　不一的圆形溃疡灶

（四）实验室检查

参照附录7　猪瘟防治技术规范。

二、防治要点

1. 培育无强毒感染猪群　引入种猪时应严格检疫；对种猪群而言，应制定本病净化的中长期规划，淘汰带毒种猪；应从无该病发生的种公猪站购入精液。

2. 强化饲养管理水平　养殖与管理应尽量接近标准化，以保障其生产过程中的"稳态"，关键点包括均衡的营养、饲料原料的质量、温度与湿度控制、定时通风、密度的调节、分群隔离饲养等。

3. 切实严格执行生物安全措施　加强猪场的防疫管理，场门口要设消毒池，谢绝参观，严禁外人进入畜舍，工作人员进入要更换消毒过的胶靴、工作服，用具、器材、车辆要定时消毒；粪便、垫料及各种污物要集中作无害化处理；消灭猪场的蝇蛆、鼠类、野鸟等各种传播媒介，防野鸟入场；制定适合本场的消毒制度。

4. 定期驱虫　寄生虫导致猪营养缺失，免疫力下降。根据猪场寄生虫病流行情况，选用合适的药物定期驱虫。

5. 免疫　当前国内使用的疫苗均为弱毒疫苗，种毒均为中国株（C 株）兔化弱毒，制作疫苗时用 350 代以上的定型热反应兔脾淋毒。疫苗依其增殖病毒来源分为组织源弱毒苗和细胞源弱毒苗，前者包括兔化弱毒冻干疫苗（脾淋毒）、兔化弱毒乳兔组织冻干苗（组织毒）、兔化弱毒牛体反应冻干苗（脾淋毒）。后者包括兔化弱毒猪肾细胞冻干苗、兔化弱毒牛睾丸细胞冻干苗和猪睾丸细胞疫苗（Suis Testicle，ST 疫苗，为传代细胞源疫苗）。C 株疫苗具有产生免疫力快、具有坚强的免疫力、免疫期长、用于怀孕母猪安全、免疫猪不长期保毒、兔化毒的最小免疫量与对兔的最小感染量一致、可用于紧急预防接种等优点。其中 ST 活疫苗为国际认证的同源传代源疫苗，具有滴度高、工艺稳定、质量易控、批差异小、免疫力高、无外源性病毒污染等优点。猪瘟细胞活疫苗主要采用猪瘟兔化弱毒株接种易感细胞培养，收获细胞培养物。猪瘟脾淋活疫苗采用猪瘟兔化弱毒株接种家兔，收获感染家兔的脾脏及淋巴结（简称脾淋）。以下是疫苗简介：

（1）猪瘟细胞活疫苗推荐使用方法

①免疫途径：肌内或皮下注射。

②用法与用量：加生理盐水将疫苗稀释成每头份 1 毫升，大小猪均注射 1 头份疫苗。在无猪瘟流行的地区，断奶后无母源抗体的仔猪，接种 1 次即可，有疫情威胁时，仔猪可在 21～30 日

龄和 65 日龄左右时各接种一次。断奶前仔猪可接种 4 头份疫苗，以防母源抗体干扰。

（2）猪瘟脾淋活疫苗推荐使用方法

①免疫途径：肌内或皮下注射。

②用法与用量：加生理盐水将疫苗稀释成每头份 1 毫升，大小猪均注射 1 头份疫苗。在无猪瘟流行的地区，断奶后无母源抗体的仔猪，接种 1 次即可，有疫情威胁时，仔猪可在 21～30 日龄和 65 日龄左右时各接种一次。断奶前仔猪可接种 4 头份疫苗，以防母源抗体干扰。

当前国内猪三联活疫苗为，猪瘟、猪丹毒、猪多杀性巴氏杆菌病三联活疫苗，系用猪瘟兔化弱毒接种敏感细胞，收获含病毒的细胞培养液、猪丹毒杆菌 G4T10、猪多杀性巴氏杆菌 EO630 株、猪丹毒杆菌 G4T10。

（3）猪三联活疫苗推荐使用方法　是可同时预防猪瘟、猪丹毒、猪肺疫的联苗。

①免疫途径：肌内注射。

②用法与用量：按瓶签规定头份用生理盐水稀释成 1 头份/毫升，断奶半个月以上的猪，每头 1 毫升；断奶半个月以前的仔猪，每头 1 毫升，但应在断奶后 2 个月左右再接种一次。

6. 疫情处置　当发现可疑猪瘟病猪、病例后，应按《中华人民共和国动物防疫法》《重大动物疫情应急条例》《国家突发重大动物疫情应急预案》《猪瘟防治技术规范》等相关法律法规进行处置。

第二节　猪伪狂犬病

猪伪狂犬病（Porcine pseudorabies）是由疱疹病毒Ⅰ型引起的一种多种动物共患病毒性传染病。动物发病后（除猪外）主要表现为发热、奇痒、脑脊髓炎等症状，在猪群，该病原体主要导致猪群的繁殖障碍性疾病，表现为：

（1）发情异常，即不发情、安静发情、乏情、屡配不孕。

（2）孕猪流产，产死胎、木乃伊胎或弱仔（图 3-11、图 3-12、图 3-13）。

（3）神经症状表现为呕吐、腹泻、肌震颤和运动失调。此外，感染该病毒后生长后期呼吸道疾病发病率显著增多，造成免疫抑制的猪只对其他疫病易感性增加。该病是国家规定的二类动物疫病。该病特征及防治要点如下：

图 3-11 死胎、木乃伊胎

图 3-12 孕后期的死胎

图 3-13 生后 3 天内死亡的弱仔

一、伪狂犬病的诊断要点

（一）流行病学特征

1. 传染源 猪是伪狂犬病毒的贮存宿主，病猪、带毒猪以及带毒鼠类为本病的重要传染源。

2. 传播途径 水平传播，主要是消化道和生殖道途径；垂直传播，经胎盘传播、精液传播。

3. 易感动物 家猪、野猪、牛、羊、犬、猫、家兔、浣熊、野生动物等多种脊椎动物。

4. 当前流行特点 种猪多表现为繁殖障碍型、仔猪及生长发育猪多表现为神经型和呼吸道病型。

（二）临床症状特征

1. 急性型

（1）体温变化 直肠温度升高至 41℃ 左右，稽留热，肌肉阵发性震颤。

（2）精神变化 扎堆，不喜走动；对外界反应迟钝；食欲减退或废绝。

（3）皮肤出血 鼻、耳、腹部及四肢末端皮肤有出血点（斑）。

（4）腹股沟淋巴结肿胀。

2. 神经型 表现八字腿犬坐（后肢僵直）、感觉过敏、尖叫、转圈、四肢呈游泳状划动、癫痫样发作、轻度痒觉、以鼻吻部蹭墙或护栏、昏迷嗜睡等神经症状。

3. 繁殖障碍型 母猪不发情、乏情、安静发情、屡配不孕、返情、产仔数少；母猪流产、产死胎、木乃伊胎；出生后仔猪先天性肌震颤；出生后仔猪带毒以致后期出现呼吸道疾病及神经症状；种猪不育，表现为睾丸肿胀、萎缩，丧失种用能力。

（三）病理剖检特征

1. 急性型 全身皮肤、组织、器官有针尖大小的出血点，严重者为出血斑或成片的出血灶；脾脏有圆形出血性梗死灶；肝脏实质弥漫性坏死或有黄白色针尖大小的坏死点（图 3-14、图 3-15）；肾脏实质有针尖大小的出血点。

2. 神经型 肾脏有针尖状出血点；脑膜充血、出血，有少量纤维素性物质附着于脑实质与软膜间，脑脊髓液量过多，脑实质软化（图 3-16、图 3-17、图 3-18）；肝、脾等实质脏器散在灰白色坏死点。

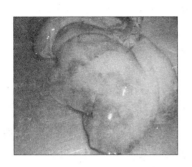

图 3-14 生后弱仔猪肝脏
的弥漫性坏死

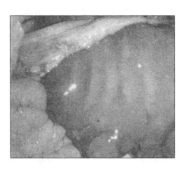

图 3-15 病猪肝脏出现黄白色圆形
针尖大小的坏死灶

图 3-16 自颅骨外即可见到的
出血斑块

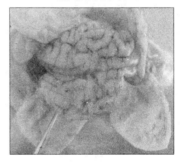

图 3-17 病仔猪脑膜充血、出血

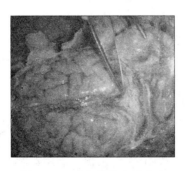

图 3-18 病仔猪脑实质出血

3. 呼吸道病变 肺弥漫性充血、水肿，有红色实变区。

4. 繁殖障碍型 子宫内感染后可发展为溶解坏死性胎盘炎，同时可见子宫内的死胎、木乃伊胎、弱仔及其炎性物。

（四）实验室检查

1. 血清学诊断 应用最广泛的有中和试验、酶联免疫吸附试验、乳胶凝集试验、补体结合试验及间接免疫荧光等，其中检测到血清中的野毒抗体可证实近期有伪狂犬病野毒的感染，而血清中和试验具有高特异性和高敏感性，是世界动物卫生组织规定的诊断方法之一。

2. 病毒的分离与鉴定 自疑似病猪的组织中分离到伪狂犬病毒，并进行毒株鉴定后确诊。

3. 分子生物学实验 对疑似病猪的组织进行伪狂犬病病毒核酸检测结果为阳性。

4. 动物实验 将离心的疑似病猪的脑、脾、淋巴结、肾脏等组织匀浆经抗生素抗菌处理后注射到实验兔皮下，可观察到典型的"奇痒"症状。

二、防治要点

1. 培育无强毒感染猪群 引入种猪时应严格检疫；对种猪群而言，应制定本病净化的中长期规划。

2. 强化饲养管理水平 同"第一节 猪瘟"。

3. 切实严格执行生物安全措施 同"第一节 猪瘟"。

4. 免疫 因伪狂犬病毒感染猪只后部分病毒存在于大脑、小脑、延脑、颈部脊髓、视神经、嗅脑、三叉神经等"免疫特免"部位，感染猪的外周传导神经节和中枢神经等组织可终生带毒，不能用疫苗免疫清除。当前国内使用的猪伪狂犬疫苗可分为弱毒疫苗和灭活疫苗。毒株来源有 HB-98 株、Bartha-K61 株、鄂 A 株等。国内以鄂 A 株为种毒，应用分子基因工程技术，研制出猪伪狂犬 HB-98 株。以下是当前国内常用疫苗简介：

（1）HB-98 株弱毒疫苗推荐使用方法

①免疫途径：滴鼻或肌内注射免疫（1～3 日龄滴鼻效果最佳）。

②用法与用量：在出生后 1 周内滴鼻或肌内注射免疫；具有母源抗体的仔猪，在 45 日龄左右肌内注射；经产母猪，每 4 个月免疫 1 次；后备母猪 6 月龄左右肌内注射 1 次，间隔 1 个月后加强免疫一次，产前一个月左右再免疫一次；种公猪每年春、秋季各免疫一次。

（2）Bartha-K61 株弱毒疫苗推荐使用方法

①免疫途径：颈部肌内注射。

②用法与用量：乳猪第一次接种 0.5 头份，断奶后再接种 1 头份，妊娠母猪和成年猪每只两头份；3 月龄以上仔猪和架子猪每只一头份。

（3）鄂 A 株灭活疫苗推荐使用方法　该毒株是由华中农业大学动物传染实验室，在我国流产母猪子宫内膜炎性分泌物中分离鉴定出来的伪狂犬病野毒，并命名为鄂 A 株。

①免疫途径：颈部肌内注射。

②用法与用量：育肥仔猪，断奶时每只 1 头份。种用仔猪，断奶时每只 1 头份，间隔 28～42 天，加强免疫接种 1 次，每头 1.5 头份，以后每半年加强免疫接种 1 次。妊娠母猪产前 1 个月加强免疫 1 次。

5. 疫情处置　当发现疑似病猪后，应按《中华人民共和国动物防疫法》或本地相关法规进行处置。

第三节　猪细小病毒病

猪细小病毒病（Porcine pseudorabies）是导致猪发生繁殖障碍性疾病的重要病毒性传染病之一，母猪（尤其是初产母猪）受感染后，细小病毒通过血胎屏障感染受精卵或胎猪后可致母猪产死胎、木乃伊胎和弱仔。当前，该病在世界范围内广泛分布，呈地方性流行，猪群感染后很难净化，从而造成了持续的经济损失，是国内较常见的猪病之一。该病特征及防治要点如下：

一、猪细小病毒病的诊断要点

（一）流行病学特征

1. 传染源　病猪、带毒猪。

2. 传播途径　水平传播，主要是消化道和生殖道途径；垂直传播，经胎盘传播、精液传播。

3. 易感动物　家猪、野猪。

4. 当前流行特点　该病所致繁殖障碍多出现于初产母猪群，但也见于经产母猪群。

（二）临床症状特征

母猪流产、产死胎和木乃伊胎；出生后仔猪带毒而致场内长期循环性流行。

（三）病理剖检特征

怀孕母猪出现繁殖障碍，如流产、死胎、木乃伊胎、产后久配不孕等，其他猪群感染后不表现明显的临床症状。在怀孕早期（30～50 天）该病原体感染胚胎，胚胎死亡或被吸收，使母猪不孕和不规则地反复发情；怀孕中期（50～60 天）该病原体感染仔猪，仔猪死亡之后形成木乃伊；怀孕后期（60～70 天以上）该病原体感染仔猪，此时胎儿有自身特异性免疫能力，能够抵抗病毒感染，大多数胎儿能存活，但长期带毒。

（四）实验室检查

1. 血清学诊断　检测猪细小病毒抗体最常用的方法是血凝抑制（HI）试验，一般采用试管法或微量法，该方法具有操作相对简单、方便，高灵敏度的优点。

2. 病原学诊断　间接免疫荧光技术是鉴定猪细小病毒病抗

原可靠、敏感的诊断技术。

二、防治要点

1. 培育无强毒感染猪群　引入种猪时应严格检疫，避免引入带毒猪。

2. 强化饲养管理水平　同"第一节　猪瘟"。

3. 切实严格执行生物安全措施　同"第一节　猪瘟"。尤其应注意的是对流产胎儿、胎衣、羊水的处置应严格按照无害化程序进行以免散毒。

4. 免疫　当前国内使用的猪细小病毒疫苗为灭活疫苗，毒株来源有 WH-1 株和 CP-99 株等。以下是疫苗简介：

（1）WH-1 株灭活疫苗推荐使用方法

①免疫途径：颈部肌内注射。

②用法与用量：初产母猪 5～6 月龄免疫一次，2～4 周后加强免疫一次；经产母猪于配种前 3～4 周免疫 1 次；公猪每年免疫 2 次。

（2）CP-99 株灭活疫苗推荐使用方法

①免疫途径：颈部肌内注射。

②用法与用量：颈部肌内注射，每头 2 毫升。初产母猪 5～6 月龄免疫 1 次，2～4 周后加强免疫 1 次；经产母猪于配种前 3～4 周免疫 1 次；公猪每年免疫 2 次。

5. 疫情处置　当发现可疑病猪后，应按《中华人民共和国动物防疫法》等相关法律法规进行处置。

第四节　猪繁殖与呼吸障碍综合征

猪繁殖与呼吸障碍综合征（Porcine reproductive and respiratory syndrome，PRRS）是由猪繁殖与呼吸综合征病毒引起的一种猪高度接触性传染病，又称猪蓝耳病，以母猪流产，产死胎、弱胎、木乃伊胎和仔猪及生长育肥猪呼吸困难、高死亡率等为主要特征。其中高致病性蓝耳病病毒是导致"高致病性蓝耳病"发生的病原体，蓝耳病经典毒株是导致经典蓝耳病发生的病原体，猪繁殖与呼吸障碍综合征是国家规定的一类动物疫病。

一、猪繁殖与呼吸障碍综合征的诊断要点

(一)流行病学特征

1. 传染源 自然宿主是家猪、野猪，传染源是病猪、带毒猪。

2. 传播途径 水平传播，主要是消化道和生殖道途径；垂直传播，经胎盘传播、精液传播。此外，某些禽(鸟)类带毒也是重要的传播媒介。

3. 易感动物 家猪、野猪。

4. 当前流行特点 季节性明显，冬春季节发病率高；以繁殖障碍型、呼吸道症状多见；感染造成免疫抑制多见。

(二)临床症状特征

1. 急性型

(1) 体温变化 直肠温度达41℃以上。

(2) 精神变化 扎堆，不喜走动；对外界反应迟钝；食欲减退或废绝。

(3) 外观变化

①母猪发情障碍：表现为不发情、发情期短且不明显、乏情、屡配不孕、易返情；孕期流产，多发于前、中期；临产前厌食，精神沉郁，发热(40~40.5℃有的高达42℃)嗜睡，不同程度的呼吸困难，个别母猪甚至绝食3~5天，流产、提前2~8天早产或产死胎、木乃伊胎和弱仔；产后无乳或少乳、胎衣滞留。

②呼吸道症状：双耳、腹侧和外阴有一过性的青紫色或蓝紫色斑块；耳部可见先期不透亮及边缘蓝紫色、中期自耳尖向耳根

方向扩展的与周边无明显界限的大理石样瘀血带，这种瘀血带呈红蓝色，中、后期大部分耳部乃至全耳呈蓝紫色（图3-19）；呼吸困难、咳嗽、腹式呼吸，同时可见体温升高、腹泻等症状。

③结膜炎症：眼结膜炎，眼睑水肿，尤其以下眼睑水肿明显。

④腹股沟淋巴结肿胀。

2. 神经型　部分病猪出现肌肉震颤或运动失调、后躯麻痹。

3. 繁殖障碍型　流产（图3-20）、死胎、木乃伊胎，出生后仔猪先天性肌震颤、带毒致免疫失败及免疫抑制。

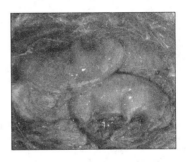

图3-19　病猪被毛粗乱，耳呈红
蓝色大理石样瘀血，后
肢麻痹不能站起

图3-20　早期流产的胎猪

4. 慢性型

（1）消瘦。

（2）粪便异常　干粪球或腹泻，以排干粪球多见。

（3）血液循环障碍　耳尖、尾尖、腹部皮下、臀及会阴等部位发绀。

（三）病理剖检特征

1. 急性型　主要病理变化发生在淋巴结和肺部。肺组织呈弥散性间质性肺炎，肺肿胀，心、尖、膈叶出现规则或不规则的红色实变区，有时这种病变可见于全肺，时见胸腔内有淡红到血色的积液；淋巴结都有不同程度的瘀血和出血、肿胀等症状，切面浸润多汁，肺门淋巴结出血、大理石样外观为本病的特征之一（图3-21、图3-22）；肾脏肿大、出血，急性死亡的病例，可见到肾脏布满大小不一的、弥散性的出血点；肝脏实质弥漫性坏死呈黄白色。

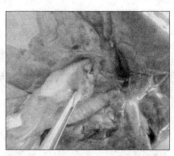

图3-21　病猪的肺门淋巴结
　　　　出血、肿胀

图3-22　病猪的肺门淋巴结肿胀

2. 慢性型　淋巴结呈大理石样，肺脏有不同程度的红或白色实变区，时与胸腔粘连（图3-23、图3-24）；心肌营养不良；时见副嗜血杆菌等病原体的继发感染。

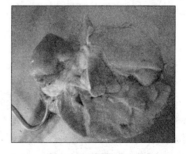

图3-23　病猪肺脏气肿区与红色
　　　　实变区漫性相间

图3-24　病猪肺脏呈弥漫性实变

（四）实验室检查

参照附录8　高致病性蓝耳病防治技术规范。

二、防治要点

1. 培育无强毒感染猪群　原则同"第一节　猪瘟"。有条件的猪场应进行经典蓝耳病、高致病性蓝耳病的净化工作。

2. 强化饲养管理水平　原则同"第一节　猪瘟"。

3. 切实严格执行生物安全措施　原则同"第一节　猪瘟"。

4. 药物防治　对经典蓝耳病，可根据季节变化等气候条件的不同，选用麻黄汤、桂枝汤、清瘟败毒散、银翘散等添加入饲料中，还可选用含有大青叶、板蓝根等的中成药添加入饲料中。同时应防止细菌性继发感染，饮水或饲料中可加入抗细菌药，但应严格遵守相关药物休药期的规定。

5. 免疫　当前国内猪繁殖与呼吸障碍综合征疫苗分为高致病性和普通猪蓝耳病疫苗两类，其中高致病性疫苗又分为灭活疫苗和活疫苗，疫苗毒株来源有 NVDC - JXA1 株、HuN4 - F112 株、JXA1 - R 株、TJM - F92 株等。以下是疫苗简介：

（1）高致病 NVDC - JXA1 株灭活疫苗推荐使用方法

①免疫途径：耳后部肌内注射。

②用法与用量：3 周龄及以上仔猪，每头 2 毫升，根据当地疫情流行状况，可在首免后 28 日龄加强免疫 1 次；母猪配种前接种 4 毫升；种公猪，每隔 6 个月接种 1 次，每次 4 毫升。

（2）高致病 HuN4 - F112 株活疫苗推荐使用方法

①免疫途径：颈部肌内注射。

②用法与用量：建议只用于 3 周龄以上的健康猪，用稀释液将疫苗稀释成每头份 1 毫升，即每头猪接种 1 毫升，与猪瘟疫苗应至少相隔 1 周使用。

（3）高致病 JXA1 - R 株活疫苗推荐使用方法

①免疫途径：耳根后部肌内注射。免疫期为 4 个月。

②用法与用量：用灭菌生理盐水稀释后，仔猪断奶前后接

种，母猪配种前接种，每只一头份。阴性猪群，种公猪和妊娠母猪禁用。

（4）高致病 TJM－F92 株活疫苗推荐使用方法

①免疫途径：颈部肌内注射。

②用法与用量：用专用稀释液稀释成每头份 1 毫升，每头猪接种 1 毫升。

普通疫苗包括猪繁殖与呼吸障碍综合征活疫苗（R98 株）、猪繁殖与呼吸障碍综合征活疫苗（CH－1R 株）。

（5）R98 株活疫苗推荐使用方法

①免疫途径：肌内注射或滴鼻。

②用法与用量：用灭菌生理盐水将疫苗稀释成每头份 1 毫升，7 日龄以上仔猪肌内注射或滴鼻，1 毫升每头，后备母猪和配种前母猪肌内注射，2 毫升每头。

（6）CH－1R 株活疫苗推荐使用方法

①免疫途径：颈部肌内注射。

②用法与用量：适用于 3～4 周龄仔猪免疫 1 头份每头，母猪于配种前 1 周免疫 2 头份每头。

6. 疫情处置　当发现可疑猪蓝耳病病猪后，应按《中华人民共和国动物防疫法》《高致病性蓝耳病防治技术规范》《重大动物疫情应急条例》及当地相关法律法规进行处置。

第五节　口　蹄　疫

口蹄疫（Foot－and－mouth disease，FMD）是由口蹄疫病毒引起的以患病动物的口及蹄部出现水泡、后期出现心肌炎为特征的烈性传染病。其特点是起病急、传播极为迅速。该病是国际动物卫生组织（OIE）规定的 15 个 A 类动物疫病，是国家规定的一类动物疫病。该病特征及防治要点如下：

一、口蹄疫的诊断要点

（一）流行病学特征

1. 传染源 处于口蹄疫潜伏期和发病期的动物，几乎所有的组织、器官以及分泌物、排泄物等都含有该病毒。

2. 传播途径 水平传播，FMD病毒可经吸入、摄入、外伤和人工授精等多种途径侵染易感猪，吸入和摄入是主要的感染途径。病毒可随动物的乳汁、唾液、尿液、粪便、精液和呼出的空气等一起排放到外部环境。

3. 易感动物 家猪、野猪。

4. 当前流行特点 主要由O型、A型口蹄疫引起。该病原体可致仔猪100%发病，病死率可达80%以上；成年猪病因心肌炎及蹄部继发感染而致死；妊娠母猪发病后可致流产，部分母猪死亡；本病一年四季均可发生，但发病多见于冬、春寒冷的季节，特别是春节前后，夏、秋季节发病较少。

（二）临床症状特征

1. 体温变化 直肠温度升高至41℃左右，稽留热。

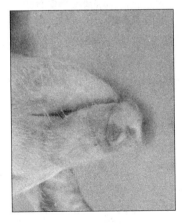 

图3-25 病猪鼻吻部出现水泡 图3-26 病猪鼻吻部有水泡后的溃疡灶

2. 外观变化 精神沉郁，蹄冠、蹄叉、蹄踵部、口鼻部、口腔黏膜及乳头皮肤出现水疱和溃烂（图 3 - 25、图 3 - 26、图 3 - 27、图 3 - 28）。

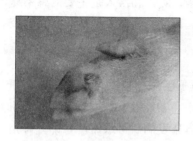

图 3 - 27　病猪蹄部的出血
　　　　　性溃疡灶

图 3 - 28　病猪蹄甲部的坏死与蹄甲脱落

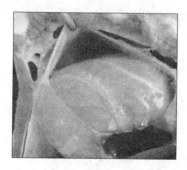

图 3 - 29　心力衰竭致心包积液

图 3 - 30　心肌变性与坏死呈
　　　　　虎斑心样外观

（三）病理剖检特征

病理变化可见咽喉、气管、支气管和胃黏膜有烂斑或溃疡，肠黏膜有出血性炎症；仔猪多见口腔黏膜的水泡，有时水泡融合形成一个大的水泡，水泡破裂后变成类似于伪膜样的白色物质附着于舌肌上；心肌切面有灰白色或淡黄色斑点或条纹，好似老虎皮上的斑纹，故称"虎斑心"（图 3 - 29、图 3 - 30）。

（四）实验室检查

参照附录 11 口蹄疫防治技术规范。

二、防治要点

1. 培育无强毒感染猪群 原则同"第一节 猪瘟"。

2. 强化饲养管理水平 原则同"第一节 猪瘟"。

3. 切实严格执行生物安全措施 原则同"第一节 猪瘟"。

4. 免疫 当前国内猪口蹄疫疫苗为国家强制免疫性疫苗，其疫苗种类为：猪口蹄疫 O 型灭活疫苗（O/GX/09 - 7 株＋O/XJ/10 - 11 株）、口蹄疫 O 型灭活疫苗（O/MYA98/BY/2010 株）、猪口蹄疫 O 型合成肽灭活疫苗（多肽 2570＋7309）。以下是疫苗简介：

（1）O/GX/09 - 7 株＋O/XJ/10 - 11 株灭活疫苗推荐使用方法

①免疫途径：耳根后部肌内注射。

②用法与用量：体重为 10～25 千克的猪，每头 1 毫升（1/2 头份），25 千克以上的猪，每头 2 毫升（1 头份）。

（2）多肽 2570＋7309 灭活疫苗推荐使用方法

①免疫途径：猪耳根后部肌内深层注射。

②用法与用量：充分摇匀后，每头猪耳根后部肌内深层注射 1 毫升，第 1 次接种后，间隔 4 周再接种 1 次，此后每间隔 4～6 周再加强免疫 1 次。

（3）多肽 2600＋2700＋2800 灭活疫苗推荐使用方法

①免疫途径：猪耳根后部肌内深层注射。

②用法与用量：充分摇匀后，每头猪耳根后部肌内深层注射 1 毫升，第 1 次接种后，间隔 4 周再接种 1 次，此后每间隔 4～6

周再加强免疫 1 次。

（4）O/MYA98/BY/2010 株灭活疫苗推荐使用方法

①免疫途径：猪耳根后部肌内注射。

②用法与用量：25 千克以上的猪，耳根后部肌内注射，每头注射 2 毫升；体重 15～25 千克的仔猪，耳根后部分点肌内注射，每头注射 1 毫升。

5. 疫情处置　当发现疑似猪口蹄疫病猪后，应按《中华人民共和国动物防疫法》《口蹄疫防治技术规范》《重大动物疫情应急条例》及当地相关法律法规进行处置。

第六节　猪乙型脑炎

乙型脑炎（Epidemic encephalitis B）是由黄病毒科乙型脑炎病毒引起的以体温升高、神经症状、种猪群发生繁殖障碍为主要特征的传染病。该病是人畜共患传染病。该病特征及防治要点如下：

一、猪乙型脑炎的诊断要点

（一）流行病学特征

1. 传染源　自然疫源性疫病，许多动物感染后可成为本病的传染源。

2. 传播途径　主要通过蚊的叮咬进行传播，病毒能在蚊体内繁殖，经虫卵传递，成为次年感染动物的来源。

3. 易感动物　多数哺乳动物。

4. 当前流行特点　具有明显的季节性，80% 的病例出现在蚊虫较多的季节。

（二）临床症状特征

1. 急性型

（1）体温变化　直肠温度升高至 41℃ 左右。

（2）**精神变化**　食欲减退或废绝。

（3）**粪便**　粪干呈球状，表面附着灰白色黏液。

2. 神经型　有的猪后肢呈轻度麻痹，步态不稳，关节肿大，跛行，最后麻痹死亡。

3. 繁殖障碍型　妊娠母猪突然发生流产，产出死胎、木乃伊胎和弱胎，母猪无明显异常表现，同胎次也可能有无异常表现的仔猪；公猪除有一般症状外，常发生一侧性睾丸肿大，也有两侧性的，患病睾丸阴囊皱襞消失、发亮，有热痛感，经 3～5 天后肿胀消退，有的睾丸变小变硬，失去配种繁殖能力。

（三）病理剖检特征

公猪睾丸实质充血、出血和小坏死灶；睾丸硬化者，体积缩小，与阴囊粘连，实质结缔组织化；母猪子宫黏膜充血、出血、有黏液；胎盘水肿或见出血；流产胎儿脑水肿，皮下血样浸润，肌肉似水煮样，腹水增多；木乃伊胎儿从拇指大小到正常大小；病仔猪及流产胎儿脑实质软化、液化呈血色污水状。

（四）实验室检查

病原学检查有病毒的分离鉴定、逆转录聚合酶链反应（RT‐PCR）检测病毒核酸。

二、防治要点

1. 强化饲养管理水平　原则同第一节。

2. 切实严格执行生物安全措施　原则同第一节。

3. 驱防蚊虫　在夜晚蚊虫出入猪舍的通道、粪沟和积水坑可使用冷布网、蚊香、杀蚊灯、种植猪笼草等的方法清理。

4. 更换针头　连续注射时针头要更换。

5. 免疫　当前国内猪乙型脑炎疫苗主要有猪乙型脑炎活疫苗 SA14‐14‐2 株等。以下是 SA14‐14‐2 株弱毒疫苗推荐使用方法：

（1）免疫途径　肌内注射。

（2）用法与用量　种用公猪、母猪于配种前（6～7月龄）或每年蚊虫出现前20～30日肌内注射1头份，热带地区每半年接种一次。在乙脑重疫区，对其他类型猪群也应预防接种。

6. 疫情处置　当发现可疑乙脑病猪、病例后，应按《中华人民共和国动物防疫法》等相关法律法规进行处置。

第七节　猪圆环病毒病

猪圆环病毒病（Porcine circovirus infection）是由猪圆环病毒Ⅱ型引起的以猪只免疫抑制、多系统消耗综合征、皮炎肾病综合征、母猪繁殖障碍等症候群为主要特征的传染病。该病特征及防治要点如下：

一、猪圆环病毒病的诊断要点

（一）流行病学特征

1. 传染源　病猪、带毒猪。

2. 传播途径　水平传播，主要是消化道和生殖道途径；垂直传播，经胎盘、精液传播。

3. 易感动物　家猪、野猪。

4. 当前流行特点　急性型发病少见，繁殖障碍型、非典型发病多见，感染后造成免疫抑制多见。

（二）临床症状特征

1. 仔猪断奶衰竭综合征　主要发生在5～16周龄的猪，最常见于6～8周龄的猪，于断奶后2～7天始发病，表现为生长不良或停滞、消瘦、被毛粗乱、皮肤苍白、时见腹泻、黄疸。

2. 猪皮炎与肾炎　常发生于12～14周龄，病猪食欲减退，轻度发热，不愿走动，皮肤出现圆形或者不规则形状的隆起，呈现周围红色或紫色的而中央为黑色的病灶，病灶通常出现在后躯和腹部，逐渐蔓延到胸部或耳部，融合成条带状和斑块状，严重感染的猪往往出现症状后几天就死亡。

3. 繁殖障碍型　可发生于不同的妊娠阶段，但多见于妊娠后期，表现为流产、死胎和木乃伊胎。

4. 新生仔猪先天性震颤　新生仔猪全身震颤，无法站立，如躺卧后，震颤减轻或停止，在站立又出现症状；有的仔猪仅头颈部震颤，或者后躯不能站立，如能吃乳，预后良好；病情轻的猪可运动，体温脉搏呼吸均无明显变化，经数小时或数日后自愈。

（三）病理剖检特征

本病主要的病理变化为患猪消瘦，贫血，皮肤苍白，黄疸；淋巴结异常肿胀，内脏和外周淋巴结肿大到正常体积的3～4倍，切面为均匀的白色；肺部有灰褐色炎症和肿胀，呈弥漫性病变，比重增加，坚硬似橡皮样；肝脏发暗，呈浅黄到橘黄色外观，萎缩，肝小叶间结缔组织增生；肾脏水肿（有的可达正常的5倍），苍白，被膜下有坏死灶；脾脏轻度肿大，质地如肉；胰、小肠和结肠也常有肿大及坏死病变。

（四）实验室检查

以逆转录聚合酶链反应（RT‐PCR）在淋巴结、脾脏、肺脏和流产胎儿组织中可检测到病毒核酸。

二、防治要点

1. 强化饲养管理水平　原则同"第一节　猪瘟"。

2. 切实严格执行生物安全措施　原则同 "第一节　猪瘟"。

3. 免疫　当前圆环病毒疫苗包括基因工程疫苗和灭活疫苗。基因工程疫苗有两类：一类是亚单位疫苗，另一类是嵌合病毒灭活疫苗。基因工程疫苗产品研究和开发的费用比较高，免疫原性通常比复制性完整病原体差，需要多次免疫才能得到有效保护。

国内猪圆环病毒疫苗有猪圆环病毒Ⅱ型灭活疫苗（LG株）、

（SH 株）两种。以下是疫苗简介：

（1）LG 株灭活疫苗推荐使用方法

①免疫途径：颈部皮下或肌内注射。

②用法与用量：适用于 3 周龄以上的猪使用。新生仔猪 3～4 周龄首免，间隔 3 周加强免疫一次，接种剂量为每头 1 毫升；后备母猪配种前基础免疫 2 次，间隔 3 周，产前 1 个月加强免疫 1 次，剂量均为每头 2 毫升；经产母猪产前 1 个月接种一次，剂量为每头 2 毫升；其他成年猪实施普免，基础免疫 2 次，间隔 3 周，以后每半年免疫 1 次，剂量均为每头 2 毫升。

（2）SH 株灭活疫苗推荐使用方法

①免疫途径：颈部皮下或肌内注射。

②用法与用量：14～21 日龄仔猪一次免疫每头 2 毫升，或首免每头 1 毫升，间隔两周后以同样剂量加强免疫 1 次。

第八节　猪传染性胃肠炎

猪传染性胃肠炎（Transmissible gastroenteritis of pigs，TGE）是由冠状病毒科、冠状病毒属猪传染性胃肠炎病毒引起的猪只的高度接触性肠道传染病，临床中以呕吐、严重腹泻、迅速脱水死亡为特征。该病特征及防治要点如下：

一、猪传染性胃肠炎的诊断要点

（一）流行病学特征

1. 传染源　带毒猪、发病猪。

2. 传播途径　水平传播，主要通过消化道传播。

3. 易感动物　家猪、野猪。

4. 当前流行特点　多发生于冬季和春季等寒冷季节。

（二）临床症状特征

忽然发病，先呕吐，继而出现喷射状水样腹泻，粪便为黄色、绿色或白色等，含有未消化的凝乳块；哺乳仔猪死亡率高，有时病死率可达100%；病程后期常继发大肠杆菌等肠道条件性致病菌感染。

（三）病理剖检特征

胃内充满凝乳块，胃底腺区充血、出血；小肠、结肠以至盲肠内充满水样或奶样物质，肠壁变薄呈半透明状，肠系膜怒张，肠系膜淋巴结肿胀呈绳索样；病猪脱水，眼球凹陷。

（四）实验室检查

应用逆转录聚合酶链反应（RT-PCR）可检测到肠道组织、肠内容物中的病毒核酸。

二、防治要点

1. 强化饲养管理水平　原则同"第一节　猪瘟"。

2. 切实严格执行生物安全措施　原则同"第一节　猪瘟"。因本病主要经消化道传播，则控制含有该病原体的粪便在场或群内散播尤为重要，但有时在场内是极难实施的，因为这关乎诸多养殖细节，包括：

（1）规范的场内人员管理，不随意流动很重要性。

（2）截断粪便传播的可能性　舍内传播、舍间传播、送粪车交叉的关键点控制；隔离或淘汰可疑病猪群。

（3）消毒很重要　保育箱消毒、下水道消毒、环境消毒、饮水消毒、上网前消毒、产后乳区及后躯消毒、返饲后消毒。

（4）降低免疫抑制性因素　包括霉菌毒素、冷应激；传染性因素包括猪瘟、圆环病毒病、蓝耳病等的控制。

3. 哺乳仔猪的治疗　最实用但有时难以实施到位的两个原则是保证仔猪不脱水和防止继发感染。

（1）保证仔猪不脱水　充足的饮水。

（2）保证仔猪吸收营养物质以维持生命　腹腔补液。

（3）使用中药组方　白头翁散、理中汤、乌梅散等灌服。

（4）使用抗菌药防止继发感染　如恩诺沙星、卡那霉素。

（5）强心、调节植物神经功能　安钠咖、维生素 B_1 等量混合颈部肌内注射。

（6）缓解肠道痉挛　使用阿托品、地酚诺酯。

（7）涩肠止泻　使用炒高粱面、活性炭、鞣酸蛋白、杨树花提取物，经消化道给药。

（8）寄养或断奶　将病猪寄养到无仔猪腹泻的母猪圈；15～18 日龄仔猪可实施早期断奶。

4. 免疫　当前国内使用的猪传染性胃肠炎、猪流行性腹泻灭活二联疫苗，含有经猪胚胎肾细胞传至 83 代转 PK15 细胞系传代后的传染性胃肠炎华毒株和猪流行性腹泻毒 CV777 毒株，是两种病毒的二联灭活疫苗。以下是该疫苗的简介：

猪传染性胃肠炎、猪流行性腹泻灭活二联疫苗推荐使用方法

（1）免疫途径　颈部肌内或后海穴位（即尾根与肛门中间凹陷的小窝部位）注射。

（2）用法与用量　后海穴接种疫苗时，进针深度按猪龄大小为 0.5～4.0 厘米，3 日龄仔猪 0.5 厘米，随猪龄增大而加深，成年猪 4.0 厘米，进针时保持与直肠平行或稍偏上。妊娠母猪于产仔前 20～30 日每头 4 毫升，其所生仔猪于断奶后 7 日内接种 1 毫升。体重 25 千克以下的仔猪 1 毫升，25～50 千克的育成猪 2 毫升，50 千克以上的成年猪每头 4 毫升。或春秋季节母猪 2 次普免。

第九节　猪流行性腹泻

猪流行性腹泻（Porcine epidemic diarrhea，PED）是由冠状病毒科、冠状病毒属猪流行性腹泻病毒引起的猪只的高度接触性肠道传染病，临床中以呕吐、严重腹泻、迅速脱水死亡为特征。

该病原体是近年来导致新生仔猪腹泻的主要病原体，与传染性胃肠炎在临床症状中难以区别，必要时应进行病原学的鉴别诊断。该病特征及防治要点如下：

一、猪流行性腹泻的诊断要点

（一）流行病学特征

1. 传染源　病猪、带毒猪。

2. 传播途径　水平传播，主要是消化道。

3. 易感动物　家猪、野猪。

4. 当前流行特点　多发生于冬季和春季等寒冷季节；在近年腹泻仔猪群中检出该病病原体概率较高，平均场阳性率可达74.07%、样品阳性率达46.97%。

（二）临床症状特征

本病的潜伏期很短，在某一特定场内有传遍全群的速度较缓慢。仔猪忽然发病，先呕吐，继而出现喷射状水样腹泻，粪便可为黄色、绿色或白色等，可含有未消化的凝乳块，后期粪便腥臭（图3-31）。病猪明显脱水，15日龄以内的仔猪多在出现腹泻后2～7

图3-31　病仔猪排出黄色、　　图3-32　病仔猪肠腔内充盈黄白色内容物
　　　　　腥臭的稀便

天内脱水死亡；3 周龄以上的猪如无继发感染可自行恢复，但生长发育不良；病后期常继发大肠杆菌等肠道条件性致病菌感染。

（三）病理剖检特征

胃内充满凝乳块，胃底黏膜充血、出血；肠内充满水样或奶样粪便（图 3-32），肠壁变薄呈半透明状，肠系膜充血，肠系膜淋巴结肿胀呈绳索样；病猪脱水，眼球凹陷。

（四）实验室检查

应用聚合酶链反应可检测到肠道组织、肠内容物中的病毒核酸。

二、防治要点

1. 强化饲养管理水平　原则同"第一节　猪瘟"。

2. 切实严格执行生物安全措施　原则同"第八节　猪传染性胃肠炎"。

3. 哺乳仔猪的治疗　原则同"第八节　猪传染性胃肠炎"。

4. 免疫　疫苗的使用及简介见"第八节　猪传染性胃肠炎"免疫部分。

第十节　猪 丹 毒

猪丹毒（Erysipelas suis）是猪丹毒杆菌引起的猪的一种急性热性传染病，其主要特征为高热、急性败血症、皮肤疹块（亚急性）、慢性疣状心内膜炎及皮肤坏死与多发性非化脓性关节炎（慢性）。该病特征及防治要点如下：

一、猪丹毒的诊断要点

（一）流行病学特征

1. 传染源　病猪、带毒猪和其他畜禽。

2. 传播途径　主要经消化道途径，昆虫叮咬皮肤损伤也可感染。

3. 易感动物　家猪、野猪、绵羊、牛、马、犬、小鼠、家蝇、鸭、鹅、鸽、蜱、螨、水生动物、野生动物等。

4. 当前流行特点　散发或地方流行，多发于夏秋炎热多雨季节，冬春寒冷季节较少发生。

(二)临床症状特征

1. 急性型

(1) 体温升高　病猪精神不振、高烧不退；不食、呕吐；结膜充血；粪便干硬，附有黏液。

(2) 皮肤充血　耳、颈、背皮肤红、紫。前腋下、股内、腹内有不规则鲜红色斑块，指压褪色后而融合在一起。

(3) 神经症状　哺乳仔猪和刚断乳的小猪发生猪丹毒时，一般突然发病，表现神经症状，抽搐，倒地而死，病程多不超过一天。

2. 亚急性型（疹块型）

(1) 皮肤疹块　病较轻，头一两天在身体不同部位，尤其胸侧、背部、颈部至全身出现界限明显，圆形、四边形，有热感的疹块，俗称"打火印"，指压退色。疹块突出皮肤2~3毫米，大小约一至数厘米，从几个到几十个不等，干枯后形成棕色痂皮。

(2) 耐过过程　病猪口渴、便秘、呕吐、体温高。疹块出现后，体温开始下降，病势减轻，经数日，病猪自行康复，疹块干燥、结痂、坏死、脱落。

(3) 败血症　病猪在发病过程中，恶化而转变为败血型而死，病程为1~2周。

3. 慢性型

(1) 关节炎　表现为四肢关节（腕、跗关节较膝、髋关节更为常见）的炎性肿胀，病腿僵硬、疼痛，以后急性症状消失，而以关节变形为主，呈现一肢或两肢的跛行或卧地不起。病猪生长缓慢，体质虚弱，消瘦。

（2）心内膜炎　溃疡性或椰菜样疣状赘生性心内膜炎症状，表现为消瘦、贫血、全身衰弱，喜卧，厌走动，强使行走，则举止缓慢；听诊心脏有杂音，心跳加速、亢进，心律不齐，呼吸急促，此种病猪不能治愈，常因心脏麻痹突然倒地死亡；再长病程猪病程数周至数月，心律不齐、呼吸困难、贫血。

（3）皮肤坏死　常发生于背、肩、耳、蹄和尾等部。局部皮肤肿胀、隆起、坏死、色黑、干硬、似皮革，逐渐与其下层新生组织分离，犹如一层甲壳。坏死区有时范围很大，可遍及整个背部皮肤；有时可在部分耳壳、尾巴、末梢、各蹄壳发生坏死。经2~3个月坏死皮肤脱落，遗留一片无毛、色淡的疤痕而愈。

（三）病理剖检特征

1. 急性型　胃底及幽门部薄膜发生弥漫性出血，小点出血；整个肠道都有不同程度的卡他性或出血性炎症；脾肿大，呈典型的败血脾；肾淤血、肿大，有"大紫肾"之称；淋巴结充血、肿大，切面外翻，多汁；肺脏淤血、水肿。

2. 亚急性型　充血斑中心可因水肿压迫呈苍白色。

3. 慢性型

（1）心内膜炎　在心脏可见到疣状心内膜炎的病变，二尖瓣和主动脉瓣出现菜花样增生物。

（2）关节炎　关节肿胀，有浆液性、纤维素性渗出物蓄积。

（四）实验室检查

细菌的分离与鉴定。

二、防治要点

1. 加强饲养管理水平　某些健康猪，体内带有猪丹毒杆菌，当抵抗力降低时，可引起发病，因此，提高猪体抵抗力是预防本病的重要措施。主要是加强猪的饲养管理，给予营养丰富的饲料。规模化养猪场，猪圈多为水泥地面，对防止因土壤传播而感染十分有利，但猪圈应勤打扫，保持圈舍清洁干燥。对猪舍、用具及环境应定期进行消毒。因该菌类可感染蚊、蝇等低等动物，应杜绝其他动物进入场区、消灭场内可能的寄生虫及其他虫类。

2. 治疗　应首选使用青霉素类药物。

3. 免疫　当前国内使用的猪丹毒病的活疫苗毒株有 GC42 株、G4T10 株，此外，养殖者还可选用猪瘟-猪丹毒-猪肺疫三联苗，猪丹毒弱毒菌株 GC42，为强毒株先经豚鼠 370 代传代，后又经鸡 42 代传代致弱得来。猪丹毒弱毒菌株 G4T10，为强毒株先经豚鼠 370 代传，后又在 0.01％～0.04％吖啶黄血液琼脂培养基上传代 10 代得来。在此提醒养殖者注意的是：在发病期使用猪丹毒活疫苗可能将加重病情，因此，猪群确诊为猪丹毒感染后，应依据相关法律法规进行妥善处置，而不应仅仅以疫苗免疫来控制病情。以下是疫苗简介：

（1）GC42 株活疫苗推荐使用方法

①免疫途径：皮下注射或口服免疫。注射后 7 日、口服后 9 日开始产生免疫力，免疫期为 6 个月。

②用法与用量：用 20％的铝胶生理盐水稀释，每头猪 1 毫升。口服时剂量加倍（口服时，在免疫前应停食 4 小时，将用冷水稀释好的疫苗，拌入少量新鲜凉饲料中，让猪自由采食）。

（2）G4T10 株弱毒疫苗推荐使用方法

①免疫途径：皮下注射。

②用法与用量：加入 20％氢氧化铝胶生理盐水溶解，使每毫升含活菌数不少于 5 亿个。振摇溶解后，不论体重或月龄大小，一律皮下或肌内注射 1 毫升。

4. 疫情处置　当发现可疑猪丹毒病猪、病例后，应按《中华人民共和国动物防疫法》及当地相关法律法规进行处置。

第十一节　猪　肺　疫

猪肺疫（Swine pasteurellosis）是由多杀性巴氏杆菌所引起

的猪的一种急性细菌性传染病，俗称"锁喉风"，"肿脖瘟"，呈急性或慢性经过，急性呈败血症变化，咽喉部肿胀，高度呼吸困难。该病特征及防治要点如下：

一、猪肺疫的诊断要点

（一）流行病学特征

1. 传染源 包括猪在内的带菌、发病的多种动物。

2. 传播途径 主要是消化道和呼吸道途径，吸血昆虫叮咬皮肤及黏膜伤口都可传染。

3. 易感动物 家猪、野猪及其他多种动物。

4. 当前流行特点 无明显的季节性，但以冷热交替、气候多变，高温季节多发，一般呈散发性或地方流行性。

（二）临床症状特征

1. 最急性型 体温升高到41～42℃，食欲废绝，呼吸困难，心跳急速，可视黏膜发绀，皮肤出现紫红斑；咽喉部和颈部发热、红肿、坚硬，严重者延至耳根、胸前；病猪呼吸极度困难，常呈犬坐姿势，伸长头颈，有时可发出喘鸣声，口鼻流出白色泡沫，有时带有血色。一旦出现严重的呼吸困难，病情往往迅速恶化，很快死亡。

2. 急性型 体温升高至40～41℃，初期为痉挛性干咳，呼吸困难，口鼻流出白沫，有时混有血液，后变为湿咳。随着病程发展，呼吸更加困难，常呈犬坐姿势，胸部触诊有痛感。精神不振，食欲不振或废绝，皮肤出现红斑，后期衰弱无力，卧地不起，多因窒息死亡。病程5～8天，耐过者转为慢性。

3. 慢性型 主要表现为肺炎和慢性胃肠炎。时有持续性咳嗽和呼吸困难，有少许浆液性或脓性鼻液；关节肿胀；常有腹泻，食欲不振，营养不良，发育停止，极度消瘦，病程2周以上，多数发生死亡。

（三）病理剖检特征

1. 最急性型 全身黏膜、浆膜和皮下组织有出血点，尤以喉头及其周围组织的出血性水肿为特征。颈部皮肤有大量胶冻样淡黄或灰青色纤维素性浆液。全身淋巴结肿胀、出血。心外膜及心包膜上有出血点。肺急性水肿。脾有出血。皮肤有出血斑。胃肠黏膜有出血性炎症。

2. 急性型 除具有最急性型的病变外，其特征性的病变是纤维素性肺炎。主要表现为气管、支气管内有大量泡沫黏液。肺有不同程度肝变区，伴有气肿和水肿。病程长的肺肝变区内常有坏死灶，肺小叶间浆液性浸润，肺切面呈大理石样外观，胸膜有纤维素性附着物，胸膜与病肺粘连，胸腔及心包积液。

3. 慢性型 尸体极度消瘦、贫血。肺脏有肝变区，并有黄色或灰色坏死灶，外面有结缔组织，内含干酪样物质；有的形成空洞，与支气管相通。心包与胸腔积液，胸腔积液有纤维素性沉着，肋膜肥厚，常常与病肺粘连。有时在肋间肌、支气管周围淋巴结、纵隔淋巴结及扁桃体、关节和皮下组织见有坏死灶。

（四）实验室检查

细菌的分离与鉴定。

二、防治要点

1. 加强饲养管理 消除可能降低抗病能力的因素和致病诱因，如圈舍拥挤、通风采光差、潮湿、受寒等。圈舍、环境定期消毒。新引进猪隔离观察一个月后健康方可合群。

2. 治疗 可依据药敏试验结果选择高敏感性抗细菌药物治疗，临床中常用的有氨基糖苷类、喹诺酮类药物。

3. 免疫 国内使用的猪肺疫活疫苗多源于猪荚膜 B 型（C44‑1）多杀性巴氏杆菌强毒株，接种于适宜的培养基培养，收获培养物获得的，疫苗菌体的免疫保护性抗原决定簇主要位于菌体细胞膜内层质膜和细胞表面的荚膜，具有很高的免疫特性。

当前疫苗种毒有 EO630 株、C20 株、TA53 株、679－230 株。此外，养殖者还可选用猪瘟-猪丹毒-猪肺疫三联苗。以下是疫苗简介：

（1）EO630 株猪肺疫弱毒疫苗推荐使用方法

①免疫途径：皮下或肌内注射。

②用法与用量：断奶后的猪，不论大小，每头皮下或肌内注射 5 毫升。

（2）C20 株猪肺疫弱毒疫苗推荐使用方法

①免疫途径：口服免疫。

②用法与用量：将疫苗用冷开水稀释，混于少量的饲料内，使其自服，不论大小猪只，一律口服 1 头份。临产母猪不能使用。不得与发酵饲料、酸碱性过强的饲料、含抗生素的饲料搅拌。使用本疫苗前后 3～5 天，猪只禁用抗生素与磺胺类药物。

（3）TA53 株猪肺疫弱毒疫苗推荐使用方法

①免疫途径：皮下或肌内注射。

②用法与用量：加入 20％铝胶生理盐水稀释，每头猪皮下或肌内注射 1 毫升（含 1 头份）。

（4）679－230 株猪肺疫弱毒疫苗推荐使用方法

①免疫途径：口服免疫。

②用法与用量：将疫苗用冷开水稀释，混于少量的饲料内，使其自服，不论大小猪只，一律口服 1 头份。临产母猪不能使用。不得与发酵饲料、酸碱性过强的饲料、含抗生素的饲料搅拌。

③注意事项：使用本疫苗前后 3～5 天，猪只禁用抗生素与磺胺类药物。

第十二节　猪沙门氏菌病

猪沙门氏菌病（Salmonellosis），又名仔猪副伤寒，是由沙门氏菌属细菌引起的仔猪的一种传染病，主要表现为败血症和坏死性肠炎，有时发生脑炎、脑膜炎、卡他性或干酪性肺炎。该病特征及防治要点如下：

一、猪沙门氏菌病的诊断要点

（一）流行病学特征

1. 传染源 病猪、带毒猪，鼠类也可传播。

2. 传播途径 主要经消化道、呼吸道、伤口、子宫内感染，内源性感染等途径传播。

3. 易感动物 各种年龄的动物均能感染，幼畜易感。

4. 当前流行特点 无明显季节性，多雨潮湿季节易发，在猪群中呈散发或呈地方流行。

（二）临床症状特征

1. 急性败血型 发烧至40℃左右，鼻端、耳和四肢末端皮肤发绀，营养情况良好，其他无特异症状。

2. 下痢型 消瘦，毛粗乱，下痢。粪便呈粥状或水样，黄褐、灰绿或黑褐色，恶臭；发生肺炎时有咳嗽和呼吸困难等症状。不死的猪发育停滞，成僵猪（图3-33）。

图3-33 患病仔猪　　图3-34 病猪肝脏实质的黄白色、针尖大小的伤寒结节

（三）病理剖检特征

1. 急性败血型 耳、蹄、尾部和腹侧皮肤发绀。脾肿大，色暗、偏带蓝，似橡皮样韧度，切面蓝红色；淋巴结肿大，切面

类似大理石状；肝、肾肿大、充血和出血；肝实质可见细小的灰黄色坏死点（图 3-34）；胃肠黏膜可见急性卡他性炎症。

2. 下痢型 盲肠、结肠、回肠肠壁增厚，黏膜上覆盖一层弥漫性、坏死性、腐乳状物质（图 3-35、图 3-36、图 3-37、图 3-38）。

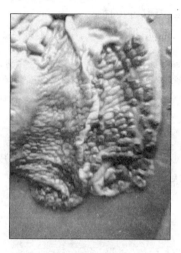

图 3-35 沙门氏菌感染早期的猪结肠黏膜上有干燥的粪便黏结

图 3-36 沙门氏菌感染晚期的猪结肠黏膜出现散在的黄豆粒大小溃疡灶

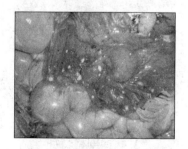

图 3-37 病猪结肠黏膜上附着黄绿色糠麸样炎性物质

图 3-38 病猪结肠黏膜上附着白色糠麸样炎性物质

（四）实验室检查

细菌的分离与鉴定。

二、防治要点

1. 加强饲养管理 消除发病原因，对常发本病的猪群，可在饲料中添加抗生素，但应注意地区抗药菌株的出现，发现对某种药物产生抗药性时，应改用另一种药物。

2. 定期消毒检疫 发现本病，立即隔离消毒。

3. 治疗 依据药敏试验结果选择高敏感性抗细菌药物治疗，常选用的有氨基糖苷类、喹诺酮类，在发病前期可经消化道途径给药，后期可配合肌内注射或静脉注射进行全身性治疗。

4. 免疫 当前国内使用的仔猪副伤寒疫苗为仔猪副伤寒弱毒疫苗（C500 株），1959 年起开始研究猪霍乱沙门氏菌弱毒C500 株，采用毒力较大的醋酸铊和电离辐射法对猪霍乱沙门氏强毒菌进行减毒选育试验，最后在醋酸铊肉汤连续培养 500 代时，从近 200 个菌落中选出一株 C500 号弱毒菌种。以下是 C500株弱毒疫苗推荐使用方法：

（1）免疫途径 口服或耳后肌内浅层注射。

（2）用法与用量 适用于 1 月龄以上哺乳或断乳健康仔猪，按疫苗要求的头份口服或注射，但注明限于口服者不得注射。

①口服法：用前用冷开水稀释，每头份 5～10 毫升，灌服或稀释后均匀地拌入少量新鲜冷饲料中，自由采食。

②注射法：用 20％的氢氧化铝胶生理盐水稀释，每头 1毫升。

第十三节 猪大肠杆菌病

猪大肠杆菌病（Colibacillosis）是由致病性大肠杆菌引起的

仔猪以肠道感染为主的细菌性传染性疾病。常见的有仔猪黄痢、仔猪白痢和仔猪水肿病三种，以发生肠炎、肠毒血症为特征。该病特征及防治要点如下：

一、猪大肠杆菌病的诊断要点

（一）流行病学特征

1. 传染源 病猪、带菌猪。

2. 传播途径 主要经消化道途径。

3. 易感动物 家猪、野猪及其他多种动物。

4. 当前流行特点 在世界各地均有流行，四季均有发生。

（二）临床症状特征

1. 仔猪黄痢 潜伏期短，仔猪多在生后 7 日龄内发病。最初排出稀薄如水样粪便，黄至灰黄色，混有小气泡并带腥臭，随后腹泻频率加快，以至数分钟即泻一次，病猪口渴、脱水，最后昏迷死亡。

2. 仔猪白痢 多在 14 日龄至断奶前后发生。病猪体温一般无明显变化，排出白、灰白以至黄色粥状有特殊腥臭的粪便，畏寒、脱水，吃奶减少或不吃，有时可见吐奶。除少数发病日龄较小的仔猪易死亡外，一般病猪病情较轻，易自愈，但多反复而形成僵猪。

3. 仔猪水肿病

（1）神经症状 盲目行走或转圈，共济失调，口吐白沫，叫声嘶哑，进而倒地抽搐，四肢呈游泳状，逐渐发生后躯麻痹，卧地不起，在昏迷状态中死亡。

（2）水肿 眼睑或结膜及其他部位水肿。病程数小时至1～2天。

（三）病理剖检特征

1. 仔猪黄痢 皮肤干燥，皮肤皱缩，黏膜、肌肉苍白。最主要的病变为肠道的急性卡他性炎症，以十二指肠最为严重，肠黏膜充血、水肿，肠壁变薄；胃膨胀，胃底部黏膜潮红；肠系膜淋巴结充血、肿大、出血。

2. 仔猪白痢　尸体脱水，消瘦，皮肤、肌肉苍白，肛门周围有白色稀粪。本病主要病变表现在胃和小肠前部，胃黏膜充血、水肿、出血，部分肠黏膜充血、出血，肠壁变薄半透明，肠系膜淋巴结水肿。

3. 仔猪水肿病　全身多处组织水肿、特别是胃大弯肌层和贲门部水肿是本病的特征病变，切面流出无色或混有血液而呈茶色的渗出液，或呈胶冻状；肠系膜水肿有胶冻状物质；腹腔脏器浆膜面有无色或白色纤维素性物质附着。此外，全身淋巴结、眼睑和头颈部皮下亦可出现不同程度的水肿。

（四）实验室检查
细菌的分离与鉴定。

二、防治要点

1. 仔猪黄痢　加强饲养管理，保持猪舍卫生、干燥，经常性消毒；母猪可用疫苗在产前4周左右进行免疫，使仔猪获得被动免疫。仔猪初生时尽早吃初乳，吃乳前应消毒乳头、乳房及附近皮肤。微生态制剂和抗菌药物作为仔猪初生时预防性用药，具有一定的预防效果。

2. 仔猪白痢　可以参照仔猪黄痢。还应注意的是，要为仔猪提供舒适的生长环境，避免各种不良应激，冬季的防寒保暖尤其重要。

3. 仔猪水肿病　在仔猪断奶前后强化饲养管理，保持经常性消毒；选用优质的全价饲料，切忌饲料单一和蛋白质含量过高。饲喂时，做到少量多餐，并在饮水中加入少量的食用醋，以改变仔猪胃肠道酸碱度，断奶、改变饲料和饲养方法要逐步过渡，不可突然变化其生长、生活环境以致应激的发生。

4. 大肠杆菌病的药物选择 常选用的有氨基糖苷类、喹诺酮类药物，必要时应依据药敏试验结果选择高敏感性抗细菌药物治疗。

5. 免疫 当前国内使用的仔猪大肠杆菌病三价灭活疫苗，含灭活的分别带有 K88、K99、987P 纤毛抗原的大肠杆菌，接种于适宜的培养基培养，将培养物经甲醛溶液灭活后作为抗原，制成氢氧化铝或油佐剂灭活苗；猪水肿病疫苗为多价灭活苗，该疫苗采用抗原性良好的多株不同血清型大肠杆菌培养灭活，经浓缩后加佐剂制成。以下是疫苗简介：

（1）仔猪大肠杆菌病三价灭活疫苗推荐使用方法

①免疫途径：肌内注射。

②用法与用量：怀孕母猪在产前 40 天和 15 天各注射 1 次，每次 2 毫升。

（2）猪水肿病灭活疫苗推荐使用方法

①免疫途径：颈部深层肌内注射。

②用法与用量：14～18 日龄仔猪每头 1 毫升。

第十四节　猪传染性萎缩性鼻炎

猪传染性萎缩性鼻炎（Swine infectious atrophic rhinitis）是由支气管败血波氏杆菌（Ⅰ相菌）或/和产毒素多杀性巴氏杆菌（A 型和 D 型）引起猪的一种慢性呼吸道传染病。该病特征及防治要点如下：

一、猪传染性萎缩性鼻炎的诊断要点

（一）流行病学特征

1. 传染源 病猪、带毒猪。

2. 传播途径 主要经消化道途径传播。

3. 易感动物 家猪、野猪。

4. 当前流行特点　本病在猪群中传播速度较慢，多为散发或呈地方流行性。

（二）临床症状特征

1. 鼻炎症状　打喷嚏，呈连续或断续性发生时，有小血管震破后鲜血流出，呼吸有鼾声。猪只常因鼻炎刺激黏膜表现不安定，用前肢搔抓鼻部，或鼻端拱地，或在猪圈墙壁、食槽边缘摩擦鼻部，并可留下血迹；从鼻部流出分泌物，分泌物先是透明黏液样，继之为黏液或脓性物，甚至流出血样分泌物，或引起不同程度的鼻出血。

2. 眼结膜炎　从眼角不断流泪。由于泪水与尘土沾积，常在眼眶下部的皮肤上，出现一个半月形的泪痕湿润区，呈褐色或黑色斑痕，故有"黑斑眼"之称。

3. 鼻甲骨萎缩　当鼻腔两侧的损害大致相等时，鼻腔的长度和直径减小，使鼻腔缩小，可见到病猪的鼻缩短，向上翘起，而且鼻背皮肤发生皱褶，下颌伸长，上下门齿错开，不能正常咬合；当一侧鼻腔病变较严重时，可造成鼻子歪向一侧。由于鼻甲骨萎缩，致使额窦不能以正常速度发育，以致两眼之间的宽度变小，头的外形发生改变。

4. 生长发育受阻　育肥时间延长，常伴有肺炎的发生。

（三）病理剖检特征

病变多局限于鼻腔和邻近组织。病的早期可见鼻黏膜及额窦有充血和水肿，有多量黏液性、脓性甚至干酪性渗出物蓄积。病情进一步发展，最具特征的病变是鼻腔的软骨和鼻甲骨的软化和萎缩，大多数病例，最常见的是下鼻甲骨的下卷曲受损害，鼻甲骨上下卷曲及鼻中隔失去原有的形状，弯曲或萎缩。鼻甲骨严重萎缩时，使腔隙增大，上下鼻道的界限消失，鼻甲骨结构完全消失，常形成空洞。

（四）实验室检查

细菌的分离与鉴定。

二、防治要点

1. 培育健康猪群 自繁自养，加强检疫工作，切实执行兽医卫生措施。自外部引进种猪时，应在购入后隔离观察 2～3 个月，确认无本病后再合群饲养。

2. 淘汰病猪 淘汰有症状病猪及可能潜在感染的猪群。

3. 改善饲养管理 断奶、网上培育及肥育猪均应采取全进全出；降低饲养密度，防止拥挤；改善通风条件，减少空气中有害气体；保持猪舍清洁、干燥、防寒保暖；防止各种应激的发生；做好清洁卫生工作，严格执行消毒卫生防疫制度。这些都是防止和减少发病的基本办法，应予以十分重视。

4. 药物治疗 常用氨基糖苷类、氟苯尼考等进行治疗，必要时可依据药敏试验结果选择高敏感性抗细菌药物治疗。

5. 免疫 当前国内使用的猪萎缩性鼻炎弱毒疫苗，以支气管败血波氏杆菌 833 株和 D 型多杀性巴氏杆菌 637 株坏死毒素的类毒素作为抗原。以下是猪萎缩性鼻炎弱毒疫苗推荐使用方法：

（1）免疫途径 颈部深部肌内注射。

（2）用法与用量 初产母猪和青年母猪，在进入猪场时进行首免，4～6 周后加强接种 1 次。然后根据农场中的免疫程序进行接种。每头每次接种 1 头份（2 毫升）。

免疫时，对所有经产母猪（怀孕和哺乳期的母猪）和所用种公猪接种疫苗 1 头份，间隔 4～6 周，进行第 2 次接种。在第 2 次接种 3 个月后，推荐对怀孕母猪再接种 1 次（在分娩前 30～40 天时进行）。对种公猪，每隔 6 个月接种 1 次。

6. 疫情处置 当发现可疑猪传染性萎缩性鼻炎病猪、病例后，应按《中华人民共和国动物防疫法》等相关法律法规进行处置。

第十五节　猪链球菌病

猪链球菌病（Streptococcus suis）是由溶血性链球菌感染引起的猪的多种病症的总称。该病急性型为出血性败血症和脑炎，慢性型以关节炎、心内膜炎及组织化脓性炎症为特征，是一种人畜共患病，其中猪是重要传染源。该病特征及防治要点如下：

一、猪链球菌病的诊断要点

（一）流行病学特征

1. 传染源　病猪、带毒猪，多种动物均可感染。

2. 传播途径　主要是经消化道、生殖道、呼吸道、开放性伤口传播。

3. 易感动物　家猪、野猪及其他多种动物。

4. 当前流行特点　一年四季均可发生，但春、秋多发，呈地方性流行。

（二）临床症状特征

1. 败血症型　一般发生在流行初期，突然发病，体温升至41～42℃，在数小时至1天内死亡。急性病例，常见精神沉郁，体温41℃左右，呈稽留热，减食或不食，心跳加快，眼结膜潮红、流泪，有浆液性鼻液，呼吸浅而快。部分病猪在发病的后期，耳尖、四肢下端、腹下可见紫红色或出血性红斑，有跛行，病程2～4天。

2. 脑膜炎型　多发于哺乳仔猪和保育仔猪，与水肿病的症状相似。发病初期患猪体温升高，食欲废绝，便秘，有浆液性或黏液性鼻液，继而出现神经症状，转圈，空嚼，磨牙，直至后躯麻痹，共济失调，侧卧于地，四肢做游泳状，颈部强直，角弓反张，甚至昏迷死亡。部分猪出现多发性关节炎、关节肿大，病程5～10天。

3. 关节炎型 患猪体温升高，被毛粗乱，呈现关节炎病状，表现一肢或肢关节肿胀，高度跛行，甚至不能起立。病程 2～3 周。小部分哺乳仔猪也可发生，常常因抢不上吃奶而逐渐消瘦。

4. 化脓性淋巴结炎型 病猪淋巴肿胀，坚硬，有热痛感，采食、咀嚼、吞咽和呼吸较为困难，多见于颌下淋巴结化脓性炎症，咽喉、耳下、颈部等淋巴结也可发生。一般不引起死亡，病程为 3～5 周。病猪经治疗后肿胀部分中央变软，皮肤坏死，破溃流脓，并逐渐痊愈。

(三) 病理剖检特征

急性病例表现为耳、胸、腹下部和四肢内侧皮肤有一定数量的出血点，皮下组织广泛出血。全身淋巴结肿胀、出血。心包内积有淡黄色液体，心内膜出血。脾、肾肿大、出血。胃和小肠黏膜充血、出血。关节腔和浆膜腔有纤维素性渗出物。脑膜脑炎型表现为脑膜充血、出血、溢血，个别病例出现脑膜下积液，脑组织切面有点状出血。慢性病例关节腔内有黄色胶冻样、纤维素性以及脓性渗出物，淋巴结脓肿。部分病例心瓣膜上出现菜花样赘生物。

(四) 实验室检查

细菌的分离与鉴定。

二、防治要点

1. 加强饲养管理 搞好环境卫生消毒。断尾、去齿和去势应严格消毒。猪只出现外伤应及时进行外科处理。坚持自繁自养和全进全出的饲养方式。引进种猪应严格执行检疫隔离制度。淘汰带菌母猪等措施对预防本病的发生具有重要的意义。

2. 注意人员的防护 饲养人员、兽医、屠宰工人及检疫人员，接触病猪时，应防止外伤发生，严格消毒，做好个人防护工作。禁止扑杀、屠宰、剖检、加工和贩卖病猪，以预防人的感染。病死猪深埋，作好无害化处理。

3. 治疗　应首选青霉素类药物，必要时可依据药敏试验结果选择高敏感性抗细菌药物治疗。

4. 免疫　猪链球菌疫苗可选用从疫区分离的毒力强、抗原性良好的猪链球菌菌株，当前国内使用的猪链球菌弱毒疫苗有猪败血性链球菌、马腺疫链球菌兽疫亚种猪源弱毒 ST171 株、G10‑S115 株、Ft117 及 S116 株等，免疫后可能出现体温升高（不超过常温 1℃）及厌食 1～2 天的轻微反应。以下是马腺疫链球菌兽疫亚种猪源弱毒 ST171 株活疫苗推荐使用方法：

（1）免疫途径　皮下注射或口服。

（2）用法与用量　按标签注明头份，加入 20％氢氧化铝胶生理盐水或生理盐水稀释疫苗。每头皮下注射 1.0 毫升（含 1 头份）或口服 4.0 毫升（含 1 头份）。疫苗免疫前后 10 天均不应饲喂含有任何抗菌药物的饲料和添加剂或注射任何抗菌药物（如抗生素及磺胺等）。

5. 疫情处置　当发现可疑猪链球菌病病猪、病例后，应按《中华人民共和国动物防疫法》及当地有关法律法规进行处置。

第十六节　猪支原体肺炎（气喘病）

猪支原体性肺炎（Mycoplasmal pneumonia of swine）是由猪肺炎支原体引发的一种慢性肺炎，又称猪地方流行性肺炎。该病特征及防治要点如下：

一、猪支原体肺炎的诊断要点

（一）流行病学特征

1. 传染源　病猪、隐性带菌猪，自然宿主是家猪、野猪。

2. 传播途径　病原体是经气雾或与病猪的呼吸道分泌物直接接触传播。

3. 易感动物　家猪、野猪。

4. 当前流行特点 本病一年四季均可发生，以冬春寒冷季节多发。

（二）临床症状特征

本病主要临床特征为咳嗽和气喘，根据病的经过可分为急性、慢性和隐性三种类型。

1. 急性型 病猪体温正常，伴有继发感染时可升至 40℃ 以上，精神不振，很少走动。呼吸频次加快，张口喘气，呈腹式呼吸或犬坐姿势，咳嗽次数少而低沉。

2. 慢性型 常见于老疫区的架子猪、育肥猪和后备母猪。早、晚吃食后或运动时发生咳嗽，严重的连续痉挛性咳嗽。咳嗽时，站立不动，背拱起，颈伸直，头下垂，直至咳出分泌物咽下为止。随着病程的发展，常出现不同程度的呼吸困难，表现呼吸次数增加和腹式呼吸。体温一般仍正常，体态消瘦，发育迟缓。

3. 隐性型 偶见咳嗽和气喘，生长发育几乎正常，但剖检时，可见肺炎病灶。

（三）病理剖检特征

本病的主要病变在肺、肺门淋巴结和纵隔淋巴结。肺心叶、尖叶、中间叶、膈叶的前下部，形成左右对称的淡红色或灰红色，半透明状，界限明显，似鲜嫩肌肉样的病变，俗称"肉变"（图 3-39、图 3-40）。随着病情加重，病变色泽变深，坚韧度增

 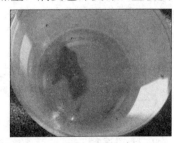

图 3-39　病猪肺脏心叶、尖叶、膈　　图 3-40　病猪肺脏切下的整块实
　　　　　叶出现对称性红色实变　　　　　　　　　变区在清水中下沉

加，外观不透明，俗称"胰变"或"虾肉样变"。肺门和纵隔淋巴结显著肿大。如无继发感染，其他内脏器官多无明显病变。

(四) 实验室检查

平板凝集试验检测血清抗体阳性。

二、防治要点

1. 封闭式管理　在没有发生猪气喘病的养猪场，要认真贯彻自繁自养的原则，尽量不从外部购入；猪群全进全出；出栏后空舍消毒。

2. 加强饲养管理　原则同"第一节　猪瘟"。

3. 治疗　可选用延胡索酸泰妙菌素、泰乐菌素等。

4. 免疫　当前国内使用的猪支原体肺炎疫苗主要以灭活疫苗为主，疫苗毒株来源有 J 株、BQ14 株、P 株等。以下是疫苗使用方法简介：

(1) J 株灭活疫苗推荐使用方法

①免疫途径：颈部肌内注射。

②用法与用量：颈部肌内注射，7 日龄以上的所有年龄、体重和性别的猪均接种疫苗 2 毫升（含 1 头份）。

地方性肺炎高发的地区 7～10 日龄接种疫苗 2 毫升（含 1 头份），15～20 日后进行第二次免疫，地方性肺炎低发的地区在 5 周龄时接种疫苗 2 毫升（含 1 头份）。

(2) BQ14 株灭活疫苗推荐使用方法

①免疫途径：肌内注射。

②用法与用量：用于 5 日龄以上的哺乳仔猪，断奶仔猪和育肥猪。每头猪 1 头份（2 毫升）。免疫程序可任选其一，2 次接种法：5 日龄时接种 1 次，间隔 3～4 周后再加强免疫 1 次。此外，可适时选用 1 次接种法，即 10 周龄时接种一次。在确定免疫程序时，应根据猪群受感染的风险（感染时间）来确定，免疫接种

必须在猪群受感染前进行，1次接种的免疫程序仅作为中晚期育肥阶段发生感染的猪群的紧急免疫接种用。

（3）P株灭活疫苗推荐使用方法

①免疫途径：肌内注射。

②用法与用量：用于2周龄或2周龄以上的猪，肌内注射，每头1头份（1毫升）。两次接种，间隔至少两周。首次注射应在10周龄前进行。建议接种首免在2周龄时进行，4周龄时进行2次接种。未免疫的猪与免疫过的猪混养时，应在2～3周内向未免疫的猪进行两次免疫接种。

第十七节　猪传染性胸膜肺炎

猪传染性胸膜肺炎（Porcine Contagious Pleuropneumonia）是由胸膜肺炎放线杆菌引起的猪的一种高度接触性呼吸道传染病，以肺炎和胸膜肺炎的症状和病变为主要特征。该病特征及防治要点如下：

一、猪染性胸膜肺炎的诊断要点

（一）流行病学特征

1. 传染源　病猪、带菌猪。

2. 传播途径　主要是空气传播，或直接接触传播。

3. 易感动物　家猪、野猪。

4. 当前流行特点　同年龄的猪均有易感性，但以3～5月龄的猪最易感。

（二）临床症状特征

根据病猪的临床经过不同，一般可分为最急性型、急性型、亚急性型和慢性型四种。

1. 最急性型　体温升高至41.5℃以上；病猪呼吸困难，张口喘息，从口鼻流出泡沫样带血色的分泌物，耳、鼻、四肢皮肤呈紫色，一般于发病 24～36 小时内死亡，有时因急性败血症而在发病后很快死亡。

2. 急性型　病猪体温升高，精神不振，食欲减退，有明显的呼吸困难、咳嗽、张口呼吸等较严重的呼吸障碍症状。病猪多卧地不起，常呈现犬坐姿势，全身皮肤淤血呈暗红色；如及时治疗，则症状较快缓和，逐渐康复或转为慢性，其后病猪体温不高，发生间歇性咳嗽，生长迟缓。

3. 亚急性型和慢性型　病猪的症状轻微，低热或不发热，有程度不等的间歇性咳嗽，腹式呼吸明显，食欲不振，生长缓慢；并常因其他病原体继发感染而使呼吸困难表现得更明显。

（三）病理剖检特征

1. 最急性型　患猪口鼻流有血色液体，气管和支气管腔内充满泡沫样血色分泌物；肺间质充血、水肿；肺炎病变多发生于肺的前下部，与周边组织可分的出血性实变区常见于肺的后上部，特别是靠近支气管周围。

2. 急性型　死亡的病例肺炎多为两侧性，常发生于心叶、尖叶及膈叶的一部分，病灶与周边组织界限清晰，肺炎区有呈紫红色的红色实变区和灰白色肝变区，切面见大理石样花纹，时见间质充满血色胶冻样液体；肋膜和肺炎区表面附着有纤维素物，胸腔有混浊的带有气泡的血色积液。

3. 亚急性型和慢性型　气管内常见大量的黄白色纤维素性假膜或痰液；肺脏可见干酪性病灶或空洞，肺表面被覆的纤维素性渗出物常与肋胸膜发生纤维素性粘连，长病程病例这种粘连不易人为分离，强行分离可破坏肺脏原形态，分离后胸壁也可见弥漫性的短毛发样的纤维素性物附着于上。

（四）实验室检查

细菌的分离与鉴定，分离时常用巧克力琼脂或含绵羊血和金黄色葡萄球菌的琼脂培养基，在 $5\%CO_2$、$37℃$ 恒温箱中培养。

二、防治要点

1. 强化饲养管理水平 搞好环境卫生，改善饲养管理，注意冬季防寒，消除多种诱因是控制该病发生的关键。尤其注意的是应控制猪舍内适宜的温度、湿度，同时做到保温与通风相结合，及时清除寒冷季节封闭猪舍后的有害气体。

2. 检疫隔离与消毒 由于本病的隐性感染率较高，在引进猪苗或种猪时，应注意隔离观察和检疫，以防引入带菌猪；发生本病后，应及时选用隔离治疗、淘汰阳性猪、药物预防和以空气消毒为主的环境消毒等措施。

3. 治疗 以药敏试验筛选高敏感性抗细菌药物治疗，临床中常用氟苯尼考、喹诺酮类、氨基糖苷类或土霉素类药物治疗。

4. 免疫 当前国内多以猪传染性胸膜肺炎放线杆菌（APP）1、3、7血清型强毒株作为制苗菌株，猪传染性胸膜肺炎放线杆菌三价灭活疫苗是由灭活的胸膜肺炎放线杆菌 QH - 1 株、HN - 3 株、WF - 7 株组成的。以下是猪接触传染性胸膜肺炎三价灭活疫苗推荐使用方法：

（1）免疫途径 耳后肌内注射。免疫期为 6 个月。

（2）用法与用量 体重 20 千克仔猪每头 2 毫升，体重 20 千克以上的猪每头 3 毫升。

第十八节 猪副嗜血杆菌病

猪副嗜血杆菌病（Haemophilus parasuis）又称多发性纤维素性浆膜炎和关节炎、格拉泽氏病，是由猪副猪嗜血杆菌引起的以体温升高、呼吸困难、关节肿大、运动障碍为特征的细菌性传染病。该病特征及防治要点如下：

一、猪副嗜血杆菌病的诊断要点

（一）流行病学特征

1. 传染源　病猪、带菌猪。

2. 传播途径　通过呼吸道、消化道传播。

3. 易感动物　家猪、野猪。

4. 当前流行特点　与猪体抵抗力、环境卫生、饲养密度有极大关系。

（二）临床症状特征

1. 急性型　病猪发热，体温升高至40.5～42.0℃，精神沉郁，反应迟钝，食欲下降或厌食不吃，咳嗽，呼吸困难，腹式呼吸，心跳加快，体表皮肤发红或苍白，耳梢发紫，部分病猪鼻流脓涕，行走缓慢或不愿站立，出现跛行或一侧性跛行，腕关节、跗关节肿胀，共济失调，临死前侧卧或四肢呈划水样。有时也会无明显症状而突然死亡，严重时母猪流产。在发生关节炎时，可见一个或几个关节肿胀、发热，初期疼痛，多见于腕关节、跗关节及趾关节等部位，起立困难，后肢不协调。

2. 慢性型　通常由急性型转化而来，病猪消瘦虚弱，被毛粗乱无光，皮肤发白，咳嗽，呈腹式呼吸，关节肿大，严重时皮肤发红，不能站立，耳发绀，少数病例突然死亡。

（三）病理剖检特征

可见全身性浆液性或纤维素性胸膜炎（图3-41、图3-42）、腹膜炎、心包炎（图3-43、图3-44）、关节炎（尤其是跗关节和腕关节）（图3-45、图3-46），有的还可见脑膜炎。在这些损伤部位可见数量不等的浆液性或纤维素性炎性渗出物，以致相邻的组织脏器出现粘连，在胸腔、腹腔、关节腔等部位可见有不等量的黄色或淡红色液体，有的呈胶冻状。

图 3-41　病猪肺脏附着黄白色
　　　　　纤维蛋白渗出物（1）

图 3-42　病猪肺脏附着
　　　　　黄白色纤维蛋
　　　　　白渗出物（2）

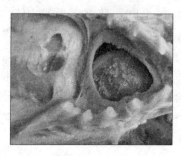

图 3-43　病猪心包炎、绒毛心、
　　　　　腹腔脏器浆膜炎等多
　　　　　发性浆膜炎的变化

图 3-44　病猪心房、心室附着
　　　　　大量血红色、绒毛样
　　　　　纤维蛋白渗出物

图 3-45　病猪跗关节内存在透明
　　　　　的胶冻样渗出物

图 3-46　病猪趾关节内存在黄
　　　　　白色干酪样渗出物

(四) 实验室检查

细菌的分离与鉴定。分离细菌常用巧克力琼脂平板或含有 NAD 和血清 TSA 的培养基。

二、防治要点

1. 加强饲养管理 原则同"第十七节 猪传染性胸膜肺炎"的管理，在本病的防治中，尤其应注意猪蓝耳病的防治，每个猪场都应制定切实可行的防治猪蓝耳病的计划，因猪副嗜血杆菌常并发、继发于猪蓝耳病，因此，科学防治猪蓝耳病尤其重要。

2. 治疗 以药敏试验筛选高敏感性抗细菌药物治疗，临床中常用氟苯尼考、喹诺酮类或氨基糖苷类药物治疗。

3. 免疫 猪副嗜血杆菌灭活疫苗本身为多价血清型疫苗，当前国内使用的猪副嗜血杆菌疫苗血清型有血清 4 型、血清 5 型、血清 1 型（SV-1 株）和血清 6 型（SV-6）等菌株。以下是疫苗简介：

（1）猪副嗜血杆菌 SV-1 株和猪副嗜血杆菌 SV-6 株灭活疫苗推荐使用方法

①免疫途径：颈部肌内注射。

②用法与用量：各种体重、年龄、性别的猪均适用，每头 2 毫升。大母猪需全部免疫，并在 3 周后再次免疫，以后每隔 6 个月加强免疫 1 次。仔猪及断奶仔猪 3～4 周龄进行首免，并在 3 周后再次免疫。（母猪生产后第 15 天同仔猪一起免疫效果佳）。

（2）猪副嗜血杆菌血清 4 型和 5 型灭活疫苗推荐使用方法

①免疫途径：颈部肌内注射。

②用法与用量：不论猪只大小，每次肌内注射 1 头份，2 毫升/头份。种公猪每半年接种一次；后备母猪在产前 8～9 周首免，3 周后二免，以后每胎产前 4～5 周免疫 1 次；仔猪在 2 周龄首免，3 周后二免。

附　推荐的生猪免疫程序

在进行疫苗免疫程序制定时应掌握四个原则:

(1) 最科学的免疫应是先建立严格的抗体监测制度,并依据监测结果制定免疫程序,且定期修正。

(2) 尽量避免怀孕期(尤其是孕后期)注射活疫苗。

(3) 不随意加大、改变既定的免疫剂量。

(4) 不随意引入各类新疫苗,必须引入时应先进行小规模试验,确证其安全性及免疫效果后再编入免疫程序。

后备母猪在体重 60 千克后开始免疫,并相隔 2 个月后再重复免疫一次,每次的免疫疫苗种类如下:

表 3-1　推荐的后备母猪群免疫程序

疫苗种类	免疫剂量(头份)	免疫方式
猪瘟弱毒疫苗	8	颈部肌内注射
猪伪狂犬病基因缺失活疫苗	2	颈部肌内注射
猪细小病毒灭活疫苗	2	颈部肌内注射
猪蓝耳病弱毒疫苗	1	颈部肌内注射
猪口蹄疫灭活疫苗	2	颈部肌内注射
猪传染性胃肠炎-流行性腹泻灭活疫苗	2	颈部肌内注射或后海穴注射
猪乙型脑炎灭活疫苗	2	颈部肌内注射
猪大肠杆菌三价灭活疫苗	2	颈部肌内注射
猪圆环病毒(Ⅱ型)灭活疫苗	1~2	颈部肌内注射
猪副嗜血杆菌灭活疫苗	1~2	颈部肌内注射

表 3 - 2 推荐的母猪群免疫程序

免疫时间	疫苗种类	剂量（头份）	免疫方式
产后 7～10 天	猪伪狂犬病基因缺失活疫苗	2	颈部肌内注射
产后 15～24 天	猪瘟弱毒疫苗	8	颈部肌内注射
产后 25～30 天	猪蓝耳病弱毒疫苗	1	颈部肌内注射
断奶前后至配种前后	猪细小病毒灭活疫苗	2	颈部肌内注射
每年春、秋各一次	猪口蹄疫灭活疫苗	2	颈部肌内注射
每年 10 月份后相隔 25～30 天，连续两次免疫	传染性胃肠炎-流行性腹泻灭活疫苗	2	颈部肌内注射或后海穴注射
每年蚊虫滋生前相隔20～40 天，连续两次免疫	猪乙型脑炎灭活疫苗	2	颈部肌内注射
预产期前 30～45 天	猪大肠杆菌三价灭活疫苗	2	颈部肌内注射
预产期前 30～45 天	猪伪狂犬病灭活疫苗	2	颈部肌内注射

表 3 - 3 推荐的公猪群免疫程序

疫苗种类	免疫时间	剂量（头份）	免疫方式
猪伪狂犬病基因缺失活疫苗	每年两次	2	颈部肌内注射
猪伪狂犬病灭活疫苗（与猪伪狂犬病基因缺失活疫苗同时进行）	每年两次	2	颈部肌内注射
猪瘟弱毒疫苗	每年两次	8	颈部肌内注射
猪蓝耳病弱毒疫苗	产后 25～30 天	1	颈部肌内注射
猪口蹄疫灭活疫苗	每季度一次	2	颈部肌内注射
传染性胃肠炎-流行性腹泻灭活疫苗	每年 10 月份后相隔25～30 天，连续两次免疫	2	颈部肌内注射或后海穴注射

（续）

疫苗种类	免疫时间	剂量（头份）	免疫方式
猪乙型脑炎灭活疫苗	每年蚊虫滋生前相隔20～40天，连续两次免疫	2	颈部肌内注射
猪气喘病灭活疫苗	每年两次	2	颈部肌内注射
猪圆环病毒（Ⅱ型）灭活疫苗	每年两次	1～2	颈部肌内注射
猪副嗜血杆菌灭活疫苗	每年两次	1～2	颈部肌内注射

表3-4　推荐的仔猪群-育肥猪群免疫程序

免疫时间	疫苗种类	剂量（头份）	免疫方式
7～10日龄	猪伪狂犬病基因缺失活疫苗	1	颈部肌内注射
12～15日龄	支原体灭活疫苗	1	颈部肌内注射
15～20日龄	猪链球菌弱毒疫苗	1	颈部肌内注射
15～24日龄	猪瘟弱毒疫苗	4	颈部肌内注射
24～45日龄	猪蓝耳病弱毒疫苗	1	颈部肌内注射
断奶后7～10天	仔猪副伤寒弱毒苗	2	湿拌料或饮水
断奶后15～25天	副嗜血杆菌灭活疫苗	2	颈部肌内注射
断奶后17～25天	猪口蹄疫灭活疫苗	2	颈部肌内注射
体重45～60千克	猪瘟弱毒疫苗	4	颈部肌内注射
体重75～100千克	猪瘟弱毒疫苗	4	颈部肌内注射
秋冬季节、体重20千克以上	猪伪狂犬病基因缺失活疫苗	1	颈部肌内注射（普免）
秋冬季节、体重20千克以上	猪瘟弱毒疫苗	1	颈部肌内注射（普免）
秋冬季节、体重20千克以上	支原体灭活疫苗	1	颈部肌内注射（普免）

（续）

免疫时间	疫苗种类	剂量（头份）	免疫方式
秋冬季节、体重 20 千克以上	副嗜血杆菌灭活疫苗	1	颈部肌内注射（普免）
秋冬季节、体重 20 千克以上	猪口蹄疫灭活疫苗	1	颈部肌内注射（普免）
秋冬季节、体重 20 千克以上	胃肠炎-腹泻二联灭活疫苗	1	后海穴或颈部肌内注射（普免）
秋冬季节、体重 20 千克以上	猪瘟-猪丹毒-肺疫三联苗	1	颈部肌内注射（普免）

　　针对以上免疫程序，猪场应根据本场、本地区疫病流行情况适当增减疫苗免疫种类，尤其是在秋冬疫病高发季节，应在正确判断本场猪群健康情况下选择普免疫苗种类，全部按以上程序免疫猪群是不现实、不经济、不科学的。

第四章 禽主要疫病的免疫技术

第一节 禽 流 感

禽流感（Avian influenza，AI）是由正黏病毒科流感病毒属A型流感病毒引起的以禽类感染为主的传染病。疾病的严重程度取决于病毒毒株的毒力、被感染的动物种类。流感病毒分为A、B、C三个血清型。所有的禽流感病毒均属于A型，能感染多种动物包括人。根据病毒对禽类致病力的不同，将禽流感病毒分为高致病性毒株、低致病性毒株和不致病毒株，历史上流行的高致病性禽流感病毒都是由 H_5 和 H_7 引起的。高致病性禽流感发病急剧、传播迅速、流行范围广，可引起禽类大批死亡，世界动物卫生组织（OIE）将其列为必须报告的动物传染病，我国将其列为一类动物疫病。

一、禽流感的诊断要点

（一）流行病学特征

1. 传染源 主要传染源为病禽（野鸟）和带毒禽（野鸟）。

2. 传播途径 水平传播，主要是呼吸道和消化道途径；垂直传播，经种蛋传播。

3. 易感动物 多种家禽、野禽和鸟类易感。

4. 当前流行特点 高致病性禽流感得到有效控制，低致病性禽流感时有发生。

（二）临床症状特征

1. 高致病性禽流感

（1）发病情况 急性发病死亡或不明原因死亡，潜伏期从几小时到数天，最长可达 21 天。

（2）体温变化　体温升高达 43℃以上。

（3）精神状态　精神高度沉郁，食欲废绝，羽毛松乱。

（4）头部变化　鸡冠出血或发绀、头部和面部水肿。

（5）脚鳞出血　见图 4 - 1。

（6）鸭、鹅等水禽症状　可见神经和腹泻症状，有时可见角膜炎症，甚至失明。

（7）产蛋　突然下降。

2. 低致病性禽流感

（1）发病情况　潜伏期长，发病缓和，发病率和死亡率较低。

（2）体温变化　高于正常体温。

（3）精神状态　精神不振，缩颈呆立。

（4）头部变化　鸡冠、肉髯发绀。

（5）呼吸道变化　鼻腔内有黏液，呼吸困难。

（6）腹泻　排出含有未消化饲料的稀便。

（7）产蛋下降　褪色蛋、畸形蛋增多。

（三）病理剖检特征

1. 高致病性禽流感

（1）消化道、呼吸道黏膜广泛充血、出血；腺胃黏液增多，可见腺胃乳头出血，腺胃和肌胃之间交界处黏膜可见带状出血。

（2）冠及腹部脂肪出血。卵管的中部可见乳白色分泌物或凝块；卵泡充血、出血、萎缩、破裂，有的可见卵黄性腹膜炎（图 4 - 2）。

（3）脑部出现坏死灶、血管周围淋巴细胞管套、神经胶质灶、血管增生等病变；胰腺和心肌组织局灶性坏死。

2. 低致病性禽流感

（1）喉头、气管黏膜充血、出血、水肿；肺充血、水肿。

（2）消化道黏膜出血；盲肠扁桃体出血。

（3）卵巢退化、卵泡变形、破裂（图4-2）。

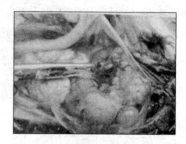

图4-1　脚鳞出血

（摘自《禽病彩色图谱》，

吕荣修主编）

图4-2　卵泡充血、出血、破裂

（摘自《兽医临床病理解剖学》，

郑明学主编）

（四）实验室检查

参照附录9　高致病性禽流感防治技术规范。特别需要强调的是临床疑似病例病原学诊断只允许在禽流感国家参考实验室进行。

二、防治要点

1. 做好免疫工作　按照高致病性禽流感免疫方案认真地做好高致病性禽流感的免疫工作，同时按程序做好低致病性禽流感的免疫。

2. 认真开展监测工作　加强养殖场、活禽交易市场和屠宰场的禽流感监测工作，及时掌握禽群的禽流感免疫状态和感染动态。

3. 严格执行防疫制度　养禽场坚持自繁自养和全进全出的饲养方式，在引进禽种及其产品时，一定要来自无禽流感的养禽场。严格执行和完善养禽场的生物安全措施，要制定和贯彻卫生防疫制度。定期对禽舍及周围环境进行消毒，定期消灭场内有害昆虫，做好禽类饲养管理，提高禽只的抗病力。

4. 加强饲养管理　首先必须做到避免家禽和野生鸟类的接

触，尤其避免与水禽，如鸭、鹅、野鸭等接触，远离水禽嬉戏的河道湖泊，防止水源和饲料被野生禽粪便污染，杜绝其他非生产人员进入，尽量减少应激发生，注意秋冬、冬春之交季节气候的变化，做好保暖防寒工作。

5. 免疫 我国对高致病性禽流感实行强制免疫制度，免疫密度必须达到100%，抗体合格率要达到70%以上。每年农业部制定禽流感免疫方案，要求规模养禽场按规定的程序进行免疫，散养户采取春秋两季集中免疫的政策。当突发疫情时，按应急预案要求对相关易感动物采取紧急免疫。所用疫苗必须采用农业部批准使用的产品，并由动物防疫监督机构统一组织、逐级供应。所有易感禽类饲养者必须按国家制定的免疫程序做好免疫接种，当地动物防疫监督机构负责监督指导。定期对免疫禽群进行免疫水平监测，根据群体抗体水平及时加强免疫。

禽流感疫苗包括高致病性禽流感疫苗和非高致病禽流感疫苗两种。

（1）高致病性禽流感疫苗 高致病性禽流感疫苗包括重组禽流感病毒 H5 亚型二价灭活疫苗（H5N1，Re-6 株＋Re-4 株）、重组禽流感病毒灭活疫苗（H5N1，Re-6 株）、禽流感二价灭活苗（H5N1，Re-6 株＋H9N2 Re-2 株）和禽流感-新城疫重组二联活疫苗（rLH5-6 株）。水禽仍使用重组禽流感病毒灭活疫苗（H5N1，Re-6 株）进行免疫。

①重组禽流感病毒 H5 亚型二价灭活疫苗（H5N1，Re-6 株＋Re-4 株）：

a. 免疫途径：胸部肌内或颈部皮下注射。

b. 用法与用量：2～5 周龄鸡，每只 0.3 毫升；5 周龄以上的鸡，每只 0.5 毫升。

c. 注意事项：屠宰前 28 天内禁止使用。

②重组禽流感病毒灭活疫苗（H5N1，Re-6 株）：

a. 免疫途径：胸部肌内或颈部皮下注射。

b. 用法与用量：2～5 周龄鸡，每只 0.3 毫升；5 周龄以上的鸡，每只 0.5 毫升；2～4 周龄鸭和鹅，每只 0.5 毫升；5 周龄以上的鸭，每只 1.0 毫升；5 周龄以上的鹅，每只 1.5 毫升。

c. 注意事项：屠宰前 28 日内禁止使用。

③禽流感-新城疫重组二联活疫苗（rLH5-6 株）：

a. 免疫途径：点眼、滴鼻、肌内注射或饮水免疫。

b. 用法与用量：首免建议点眼、滴鼻或肌内注射。每只点眼、滴鼻接种 0.05 毫升（含 1 羽份）或腿部肌内注射 0.2 毫升（含 1 羽份）。二免后加强免疫，如采用饮水免疫途径免疫，剂量应加倍。推荐的免疫程序为：母源抗体降至 1∶16 以下或 2～3 周龄时首免（肉雏鸡可提前至 10～14 天），首免 3 周后加强免疫。以后每隔 8～10 周或新城疫 HI 抗体滴度降至 1∶16 以下，肌内注射、点眼或饮水加强免疫一次。

c. 注意事项：本疫苗接种前及接种后 2 周内，应绝对避免其他任何形式新城疫疫苗的使用；与鸡传染性法氏囊病、传染性支气管炎等其他活疫苗的使用应间隔 5～7 天，以免影响免疫效果。

（2）非高致病性禽流感疫苗　非高致病性禽流感疫苗均为灭活疫苗，包括单苗和联苗两种。单苗主要包括禽流感灭活疫苗（H9 亚型，F 株）和（H9 亚型，SD696 株）；联苗主要包括新城疫、禽流感病毒二联灭活疫苗，新城疫、传染性支气管炎、禽流感病毒三联灭活疫苗和新城疫、传染性支气管炎、减蛋综合征、禽流感四联灭活疫苗等。

①禽流感灭活疫苗（H9 亚型，F 株）：F 株于 1998 年分离自上海。

a. 免疫途径：颈部皮下或肌内注射。

b. 用法与用量：14 日龄以内雏鸡，每只 0.2 毫升；14～60 日龄鸡，每只 0.3 毫升；60 日龄以上的鸡，每只 0.5 毫升；母鸡开产前 14～21 日，每只 0.5 毫升，可保护整个产蛋期。

c. 注意事项：用于肉鸡时，屠宰前 21 日禁止使用；用于其他鸡时，屠宰前 42 日内禁止使用。

②禽流感灭活疫苗（H9 亚型，SD696 株）：

a. 免疫途径：颈部皮下或肌内注射。

b. 用法与用量：2～5 周龄鸡每只 0.3 毫升；5 周龄以上鸡每只 0.5 毫升。

c. 注意事项：同前。

③鸡新城疫、禽流感病毒二联灭活疫苗（La Sota 株＋H9 亚型，HL 株）：

a. 免疫途径：肌内或皮下注射。

b. 用法与用量：2～4 周龄鸡，每只 0.3 毫升；成鸡每只 0.5 毫升。

④鸡新城疫（La Sota 株）、传染性支气管炎（M41 株）、禽流感病毒（H9 亚型，HL 株）三联灭活疫苗：

a. 免疫途径：肌内或皮下注射。

b. 用法与用量：2～5 周龄鸡，每只 0.3 毫升；5 周龄以上的鸡，每只 0.5 毫升。

⑤鸡新城疫（La Sota 株）、传染性支气管炎（M41 株）、减蛋综合征（AV127 株）、禽流感（H9 亚型，HL 株）四联灭活疫苗：

a. 免疫途径：肌内或皮下注射。

b. 用法与用量：开产前 2～4 周的蛋鸡及种鸡，每只 0.5 毫升。

6. 疫情处置

（1）疫情报告　任何单位和个人发现高致病性禽流感疑似疫情，及时向当地动物防疫监督机构报告。动物防疫监督机构及时开展诊断工作，同时按程序上报。

（2）疫情处置　对确诊的高致病性禽流感疫情或疑似疫情按《高致病性禽流感防治技术规范》及时处置。

（3）疫情监测　按照国家和地方制定的高致病性禽流感监测方案认真开展常规监测和紧急监测工作。

第二节　鸡新城疫

新城疫（Newcastle disease，ND），是由新城疫病毒引起的急性高度接触性禽类传染病。该病毒是副黏病毒科副黏病毒属病毒，有囊膜，对多种动物红细胞有凝集作用。根据致死鸡胚的平均时间（MDT）、1日龄雏鸡脑内接种致病指数（ICPI）、静脉内接种病原性指数（IVPI）、病毒凝集红细胞后解脱速率以及病毒血凝素对热稳定性的不同可将病毒分为弱毒株、中等毒力株和强毒株。本病多呈败血经过，表现为呼吸困难、腹泻下痢和神经症状。严重的死亡率很高，造成极大的经济损失，是危害养禽业的重要传染病之一。世界动物卫生组织（OIE）将其列为必须报告的动物疫病，我国将其列为一类动物疫病。

一、鸡新城疫的诊断要点

（一）流行病学特征

1. 传染源　病禽、带毒禽。

2. 传播途径　消化道、呼吸道以及眼结膜，也可经种蛋传播。

3. 易感动物　鸡、火鸡、鹌鹑、鸽、鸭、鹅等多种家禽及野禽。

4. 当前流行特点　最急性型、急性型发病少见，亚急性型、非典型发病多见。

（二）临床症状特征

1. 最急性型　突然发病，无明显症状，大量死亡，雏鸡多见。

2. 急性型　发病急、死亡率高。

①体温变化：体温升高到43～44℃。

②精神变化：精神极度沉郁、独自呆立，闭目缩颈，食欲

减退或废绝。

③呼吸困难、咳嗽。

④下痢：排除黄绿色或黄白色稀便。

⑤发病后期：可出现各种神经症状，多表现为扭颈、翅膀麻痹等。

⑥产蛋量：急剧下降，软壳蛋增多。

3. 亚急性型　与急性型相似，症状减轻。

4. 非典型　气喘咳嗽，发出呼噜声；病鸡歪头、扭颈；成鸡产蛋量下降、软壳蛋、畸形蛋增多。

（三）病理剖检特征

1. 全身黏膜和浆膜出血　以呼吸道和消化道最为严重。鼻道、喉、气管黏膜充血，偶有出血；肠黏膜充血、出血；脑膜充血或出血。

2. 腺胃　黏膜水肿，乳头和乳头间有出血点（图 4-3）。

3. 肠道淋巴滤泡　肿大、出血、溃疡（图 4-4）。

4. 肺　可见瘀血和水肿。

5. 卵巢　卵黄膜和输卵管显著充血，卵黄破裂导致卵黄性腹膜炎。

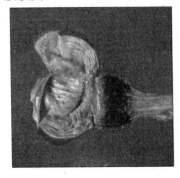

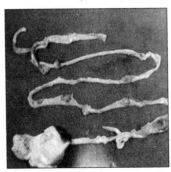

图 4-3　腺胃乳头出血
（摘自《禽病诊断彩色图谱》，
吕荣修编著）

图 4-4　肠道淋巴滤泡肿大、出血、溃疡
（摘自《禽病诊断彩色图谱》，
吕荣修编著）

(四) 实验室检查

参照附录 10 新城疫防治技术规范。

二、防治要点

1. 预防 以免疫为主，采取扑杀与免疫相结合的综合性防治措施。

（1）饲养管理与环境控制 饲养、生产、经营等场所必须符合《动物防疫条件审查办法》规定的动物防疫条件，并加强种禽调运检疫管理；饲养场实行全进全出的饲养方式，控制人员、车辆和相关物品出入，严格执行清洁和消毒程序；养禽场要设有防止外来禽鸟进入的设施，并有健全的灭鼠设施和措施。

（2）消毒 各饲养场、屠宰厂（场）、动物防疫监督检查站等要建立严格的卫生（消毒）管理制度。禽舍、禽场环境、用具、饮水等应进行定期严格消毒；养禽场出入口处应设置消毒池，内置有效消毒剂。

（3）监测 按照国家和地方制定的鸡新城疫监测方案认真开展监测工作。

2. 免疫 鸡新城疫弱毒疫苗可经滴鼻、点眼、饮水、气雾等途径对鸡群进行免疫。通常滴鼻、点眼的免疫效果好于饮水免疫。符合要求的气雾免疫比点眼、滴鼻免疫效果更好，但在支原体污染严重的鸡场应禁止使用，以避免暴发鸡支原体病。中等毒力活疫苗在发生疫情时对假定健康鸡群实行紧急接种可有效控制疫情传播。灭活疫苗具有免疫期长的特点，在新城疫污染鸡场，与弱毒疫苗联合应用，免疫效果更佳。

（1）鸡新城疫活疫苗 鸡新城疫疫苗分为活疫苗和灭活疫苗两种。鸡新城疫活疫苗包括低毒力活疫苗和中等毒力活疫苗。低毒力活疫苗如鸡新城疫活疫苗（La Sota 株、Clone30 株、N79株和 ZM10 株等）；中等毒力活疫苗如 Ⅰ 系。

①La Sota 株弱毒疫苗推荐的使用方法：La Sota 株系国际

通用、为低毒力疫苗株、嗜呼吸道毒株，主要是呼吸道局部黏膜免疫和体液免疫。

a. 免疫途径：滴鼻、点眼、饮水、喷雾免疫均可。

b. 用法与用量：用生理盐水或适宜的稀释液稀释。滴鼻或点眼免疫，每只鸡0.05毫升；饮水免疫剂量加倍，其饮水量根据鸡龄大小而定。

②Clone30株弱毒疫苗推荐的使用方法：Clone30株是La Sota株的克隆致弱毒株，毒力更低。

免疫途径和使用方法同上。

③N79株弱毒疫苗推荐的使用方法：克隆化N79株弱毒疫苗是从La Sota毒株，经空斑技术克隆后选育出的一种弱毒疫苗。该疫苗能突破母源抗体的干扰，可用于1日龄雏鸡的免疫。

a. 免疫途径：滴鼻或饮水。

b. 用法与用量：用生理盐水或适宜的稀释液稀释。可用于首免和加强免疫。滴鼻免疫，每只0.05毫升；饮水免疫剂量加倍，其饮水量根据鸡龄大小而定。7~12日龄首次接种，首免后25天进行二免。

④ZM10株弱毒疫苗推荐的使用方法：ZM10株分离自肉鸡肠道，经SPF鸡胚和SPF雏鸡交叉传代选育而成，毒力比La Sota株更弱，但免疫原性却与La Sota株相当。

a. 免疫途径：喷雾、滴鼻或饮水免疫。

b. 用法与用量：

喷雾免疫：用生理盐水适当稀释，将雾粒调至80微米，每只1~3日龄雏鸡免疫1羽份（约0.15毫升）。

饮水免疫：每只4日龄以上雏鸡2羽份。

滴鼻免疫：每只1~3日龄雏鸡滴鼻0.05毫升。饮水免疫剂量加倍。一般1~3日龄首免，10~14天后进行第二次免疫。

⑤鸡新城疫中等毒力活疫苗（Ⅰ系）推荐的使用方法：

a. 免疫途径：皮下或胸部肌内注射、点眼。

b. 用法与用量：用灭菌生理盐水或适宜的稀释液稀释，皮下或胸部肌内注射 1 毫升，点眼为 0.05～0.1 毫升。

c. 注意事项：疫苗系用中等毒力毒株制成，专供已经用鸡新城疫低毒力活疫苗免疫过的 2 月龄以上的鸡使用，不得用于初生雏鸡。

纯种鸡对本疫苗反应较强，产蛋鸡在接种后 2 周内产蛋可能减少或产软壳蛋，因此，最好在产蛋前或休产期进行免疫。

未经低毒力活疫苗免疫过的 2 月龄以上的地方品种鸡可以使用，但有时亦可引起少数鸡减食和个别鸡神经麻痹或死亡。

（2）新城疫灭活疫苗　鸡新城疫灭活疫苗包括单苗和联苗两种。常用的单苗为鸡新城疫灭活疫苗（La Sota 株）；常用的联苗包括新城疫-传染性支气管炎二联灭活疫苗；新城疫、减蛋综合征二联灭活疫苗；新城疫、禽流感病毒二联灭活疫苗（见第一节　禽流感）；新城疫、传染性支气管炎、减蛋综合征三联灭活疫苗；新城疫、传染性支气管炎、禽流感病毒三联灭活疫苗（见第一节　禽流感）和新城疫、传染性支气管炎、减蛋综合征、禽流感四联灭活疫苗（见第一节　禽流感）等。

①新城疫灭活疫苗（La Sota 株）推荐的使用方法：

a. 免疫途径：颈部皮下或肌内注射。

b. 用法与用量：14 日龄以内的雏鸡 0.2 毫升，60 日龄以上的鸡，每只 0.5 毫升。

②鸡新城疫、减蛋综合征二联灭活疫苗推荐的使用方法：

a. 免疫途径：肌内或皮下注射。

b. 用法与用量：在鸡群开产前 14～28 日进行免疫，每只 0.5 毫升。

③新城疫-传染性支气管炎二联灭活疫苗（La Sota 株＋M41 株）推荐的使用方法：

a. 免疫途径：肌内或皮下注射。

b. 用法与用量：2～4 周龄鸡，每只 0.3 毫升；成鸡每只 0.5 毫升。

④鸡新城疫（La Sota 株）、传染性支气管炎（M41 株）、减蛋综合征（AV127 株）三联灭活疫苗：

a. 免疫途径：肌内或皮下注射。

b. 用法与用量：开产前 2～4 周的蛋鸡及种鸡，每只鸡 0.5 毫升。

c. 注意事项：屠宰前 28 日内禁止使用。

3. 疫情处置

（1）疫情报告　任何单位和个人发现患有本病或疑似本病的禽类，都应当立即向当地动物防疫监督机构报告。动物防疫监督机构接到疫情报告后，及时开展诊断工作，同时按国家动物疫情报告管理的有关规定逐级上报。

（2）疫情处理　对于确认的新城疫疫情，严格按照《新城疫防治技术规范》进行处置。

第三节　鸡传染性法氏囊病

传染性法氏囊病（Infectious bursal disease，IBD）又称传染性腔上囊炎，是由传染性法氏囊炎病毒（IBDV）引起的鸡的一种以危害雏鸡为主的急性、免疫抑制性、高度接触性传染病，幼鸡感染后，可诱发多种疫病或多种疫苗免疫失败。发病率高、病程短。该病的特征及防治要点如下：

一、传染性法氏囊病的诊断要点

（一）流行病学特征

1. 传染源　病鸡、带毒鸡。

2. 传播途径　水平传播。主要通过呼吸道、消化道、眼结膜感染；被污染的饲料、饮水、吸血昆虫、鼠类等也可成为传播媒介。

3. 易感动物　鸡、火鸡、鸭、珍珠鸡、鸵鸟等，火鸡多呈隐性感染。

4. 发病日龄 主要发生于 2～15 周龄的鸡，以 3～6 周龄鸡最易感。

5. 流行特点 突然发病，传染性强，传播迅速，感染率高，发病率高，病程短，死亡曲线呈尖峰式。

6. 免疫抑制 病鸡常继发感染鸡新城疫、大肠杆菌病、球虫病等疾病。

（二）临床症状特征

1. 精神变化 委顿，采食下降，畏寒、挤堆，严重的病鸡头垂地，闭眼呈昏睡状（图 4-5）。急性者出现症状后 1～2 天内死亡，濒临死亡前拒食、羞明、震颤。病鸡耐过后出现贫血、消瘦、生长缓慢、饲料利用率低。

2. 自啄泄殖腔 典型病例的早期症状是有些鸡自啄泄殖腔。

3. 腹泻 排出白色黏稠或水样稀粪（图 4-6），泄殖腔周围的羽毛被粪便污染。

图 4-5 雏鸡精神沉郁，头下垂　　图 4-6 腹泻，排出白色的稀便

（三）病理剖检特征

1. 脱水。

2. 出血 胸部、腹部和腿部肌肉常有条状、斑点状出血（图 4-7）。

3. 肾脏功能障碍 死亡及病程后期的鸡肾脏苍白肿大，呈花斑状，肾小管和输尿管有白色尿酸盐沉积。

4. 法氏囊病变 具有特征性病变，法氏囊充血、水肿、变

大，体积和重量会增加至正常的1.5～4倍（图4-8），浆膜覆盖
有淡黄色胶冻样渗出物，偶尔可见整个法氏囊广泛出血，如紫色
葡萄。感染3～5天的法氏囊切开后，可见有多量黄色黏液或奶
油样物，黏膜充血、出血，并常见有坏死灶。感染5～7天后，
法氏囊会逐渐萎缩，重量为正常的1/3～1/5，颜色由淡粉红色
变为蜡黄色；法氏囊病毒变异株可在72小时内引起法氏囊的严
重萎缩。

 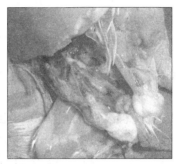

图4-7 患病鸡的腿部呈刷状出血　　图4-8 可见法氏囊水肿，
　　　　　　　　　　　　　　　　　　　　　切开后呈皱褶样

（四）实验室检查

包括病毒的分离鉴定、琼脂扩散试验、酶联免疫吸附试验、
RT-PCR及易感鸡感染试验等。

二、防治要点

1. 严格的卫生消毒措施　注意对环境的消毒，尤其是育雏
室。对环境、鸡舍、笼具（食、水槽等）、工具等喷洒有效的消
毒药，4～6小时后进行彻底清扫和冲洗，然后再消毒2～3次。
严格防止通过饲养人员、饲料、饮水等将传染性法氏囊炎病毒带
入鸡舍。

2. 提高种鸡的母源抗体　种鸡免疫后会产生高的抗体水平，
并可传递给子代。因此对种鸡进行IBD灭活苗的接种，可使雏

鸡获得整齐、高水平的母源抗体，防治雏鸡早期感染和免疫抑制。

3. 免疫 疫苗包括活苗和灭活苗两种。其中活疫苗可分为低毒力和中等毒力两种。低毒力活疫苗包括鸡传染性法氏囊病低毒力活疫苗（A80 株）、鸡传染性法氏囊病病毒火鸡疱疹病毒载体活疫苗（vHVT‑013‑69 株）；中等毒力活疫苗包括鸡传染性法氏囊病中等毒力活疫苗（B87 株）和（KS96 株）。灭活疫苗包括传染性法氏囊病灭活疫苗和新城疫-传染性法氏囊病二联灭活疫苗。

（1）鸡传染性法氏囊病低毒力活疫苗（A80 株）推荐的使用方法　A80 株毒力弱，对法氏囊无损伤，不会造成免疫抑制，可用于 1 日龄雏鸡 IBD 免疫，特别适用于母源抗体低或者母源抗体不均匀的鸡群的首免。

①免疫途径：滴口效果最佳，也可饮水免疫。

②用法与用量：可用于接种 1～5 日龄雏鸡，7～12 日龄第二次免疫，24～30 日龄第三次免疫。

（2）鸡传染性法氏囊病病毒火鸡疱疹病毒载体活疫苗（vHVT‑013‑69 株）推荐的使用方法　该疫苗是将传染性法氏囊病病毒基因中编码病毒蛋白 VP2 的基因片段插入到 HVT 病毒的载体疫苗。HVT 载体在复制过程中，VP2 基因被编码并产生 VP2 蛋白。由于 VP2 蛋白是传染性法氏囊病病毒免疫应答中最重要的蛋白质，它会与免疫系统中多种成分相互作用，诱导产生免疫保护力抵抗传染性法氏囊病病毒。

①免疫途径：18 日龄胚内注射或 1 日龄颈部皮下注射。

②用法与用量：用专用稀释液稀释，每只鸡 1 羽份。

③注意事项：液氮保存。

（3）鸡传染性法氏囊病中等毒力活疫苗（B87 株）推荐的使用方法　B87 株为经典中等偏弱毒株，遗传性稳定，免疫原性强，免疫后对法氏囊无损伤。

①免疫途径：滴口效果最佳，也可饮水免疫。

②用法与用量：滴口接种，每只 0.02 毫升（1 羽份）。饮水免疫剂量加倍。最佳免疫日龄取决于母源抗体水平，宜在 10 日龄以上使用。通常于 14 日龄首免，24～30 日龄进行二免。

（4）鸡传染性法氏囊病中等毒力活疫苗（KS96 株）推荐的使用方法　KS96 株是从肉鸡中分离的自然弱毒株，其毒力中等偏强。抗原性卓越，对鸡传染性法氏囊病变异株和超强毒株（vvIBDV）均可产生确实的保护效果。能有效突破母源抗体的干扰。

①免疫途径：滴口效果最佳，也可饮水免疫。

②用法与用量：同 B87 株。

（5）鸡传染性法氏囊病灭活疫苗推荐的使用方法

①免疫途径：颈背部皮下注射。

②用法与用量：18～20 周龄种母鸡，每羽 1.2 毫升。本疫苗应与鸡传染性法氏囊病活疫苗配套使用。种母鸡应在 5～10 日龄和 28～35 日龄时各进行一次鸡传染性法氏囊病活疫苗基础免疫。种母鸡经活疫苗 2 次基础免疫和 1 次灭活疫苗的加强免疫后，可使开产后 1 年内的种蛋孵化的雏鸡，在 14 日龄内能抵抗野毒感染。

4. 发病后的紧急治疗　发病后，通常采用鸡传染性法氏囊病卵黄抗体进行紧急治疗。

鸡传染性法氏囊病卵黄抗体推荐的使用方法：

（1）免疫途径　皮下或肌内注射。

（2）用法与用量　用前摇匀。治疗用量为仔鸡 1 毫升，成年鸡 2 毫升。必要时可以重复注射 2～3 次。

（3）注意事项

①卵黄抗体每次注射的被动免疫保护期为 5～7 天。

②可与头孢类抗生素、庆大霉素、卡那霉素、青链霉素混合注射。

③用后 5 日内不宜接种鸡传染性法氏囊病活疫苗。

11

第四节　鸡马立克氏病

马立克氏病（Marek's disease，MD）是鸡的一种淋巴组织增生性疾病，以外周神经、性腺、虹膜、各种内脏、肌肉和皮肤的单独或多发的单核细胞浸润为特征。马立克氏病由疱疹病毒引起，传染性强，在病原学上与鸡的其他淋巴肿瘤不同。马立克氏病病毒（Marek's disease virus，MDV）是一种细胞结合性病毒，共分为三个血清型：Ⅰ型为致瘤的 MDV；Ⅱ型为不致病的 MDV；Ⅲ型为火鸡疱疹病毒（HVT）。该病特征及防治要点如下：

一、鸡马立克氏病的诊断要点

（一）流行病学特征

1. 传染源　病鸡、带毒鸡。

2. 传播途径　主要通过直接或间接接触传染，其传播途径主要是经带毒的尘埃通过呼吸道感染，并可长距离传播。

3. 易感动物　鸡，多数以 2～3 月龄鸡发病最为严重。

4. 当前流行特点　其毒力在不断增强，大约每十几年发生一次毒力跃迁；各种环境因素如应激、并发感染、饲养管理因素使本病的发病率和死亡率升高。

（二）临床症状特征

依临床症状和病变发生部位，在临诊中可分为四种类型，即神经型、内脏型、皮肤型和眼型。以下是各类型的主要症状：

1. 神经型　主要侵害外周神经，以坐骨神经病变最为常见。表现为步态不稳，初期不全麻痹，后期则完全麻痹，不能站立，蹲伏或呈一腿伸向前方另一腿伸向后方，呈"大劈叉"的特征性姿态（图 4-9）；臂神经受损时则被侵侧翅膀下垂；当支配颈部肌肉的神经受侵时，病鸡发生头下垂或头颈歪斜。病鸡因运动障碍导致饮食困难，最后衰竭而死。

2. 内脏型　多呈急性暴发，以一种或多种内脏器官及性腺发生肿瘤为特征（图4-10）。病鸡早期无明显症状，呈进行性消瘦，冠髯萎缩、颜色变淡，而后精神委顿，极度消瘦，最后衰竭死亡。

3. 眼型　出现于单眼或双眼，视力减退或消失。表现为虹膜褪色，呈"鱼眼"样，瞳孔变小，边缘呈锯齿状。

4. 皮肤型　病鸡的皮肤毛囊形成结节样肿瘤。

图4-9　患鸡表现出神经症状，
呈"大劈叉"姿势。
（摘自《新编禽病快速诊治彩色图谱》，
孙桂芹主编）

图4-10　患鸡皮肤毛囊形成大小
不等的肿瘤结节
（摘自《新编禽病快速诊治彩色图谱》，
孙桂芹主编）

（三）病理剖检特征

1. 神经型　受害神经（以外周神经为主，如坐骨神经丛、腹腔神经丛、前肠系膜神经丛、臂神经丛和内脏大神经等）横纹消失，变粗，变为灰白色或黄白色，呈水肿样。

2. 内脏型　最常被侵害的为卵巢，其次为肾、脾、肝、心、肺、肠系膜、腺胃和肠道等，在上述器官和组织中可见大小不等、灰白色、质地坚硬的肿瘤结节或肿块（图4-11、图4-12）。

3. 眼型　虹膜褪色；瞳孔边缘不整。

4. 皮肤型　羽囊基部有淡白色肿瘤结节。

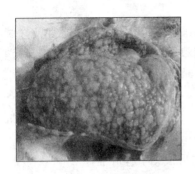

图 4 - 11　肝脏肿大，表面布满大
小不等的肿瘤结节
（摘自《新编禽病快速诊治彩色图谱》，
孙桂芹主编

图 4 - 12　患鸡肾脏上突出于肾脏
表面的灰白色、大小不
等的肿瘤结节和血肿
（摘自《新编禽病快速诊治彩色图谱》，
孙桂芹主编）

（四）实验室检查

包括病毒分离与血清型鉴定、琼脂扩散试验、荧光抗体实验、病毒中和试验、酶联免疫吸附试验、PCR 检测、DNA 探针检测等。

二、防治要点

1. 加强饲养管理　改善鸡群的生存环境，增强鸡体的抗病力。对鸡舍、笼具等加强消毒。孵化场应远离鸡舍，种蛋入孵前和雏鸡出壳后均应用福尔马林熏蒸。育雏舍应远离其他日龄的鸡舍，且不能饲养其他日龄的鸡。

2. 免疫　马立克疫苗均为活疫苗，保存方式分为 2～8℃ 和液氮保存两种。其中液氮马立克疫苗保护率通常高于其他疫苗，但储存条件苛刻，需专用容器液氮保存，并且需要定期检查液氮是否充足，确保疫苗瓶体完全浸泡在液氮中。

（1）鸡马立克氏病活疫苗（CVI988/Rispens 株）推荐的

使用方法　本疫苗含有马立克氏病病毒血清 1 型（Rispens株）。

①免疫途径：雏鸡颈背部皮下注射。

②用法与用量：用于接种 1 日龄雏鸡，预防鸡马立克氏病，使用方法如下：

每 1 000 羽份疫苗用 200 毫升无菌稀释液稀释；每次从液氮罐中取出 1 安瓿疫苗，置 27℃ 水中，使疫苗快速解冻；用无菌注射器将解冻的疫苗慢慢注入适量的稀释液中，通过旋转或倒转容器使疫苗液充分混匀，切勿剧烈振荡；每只 0.2 毫升，针头不可伤及颈部肌肉或骨头。

③注意事项：屠宰前 21 天内禁止使用；疫苗在液氮中保存，不可长时间暴露在空气中。

（2）鸡马立克氏病二价活疫苗（CVI988/Rispens 株＋HVT FC‑126 株）推荐使用方法　疫苗含有马立克氏病病毒血清 1 型（Rispens 株）和血清 3 型（HVT FC‑126 株），免疫途径、用法与用量和注意事项同上。

（3）鸡马立克氏病火鸡疱疹病毒活疫苗（HVT FC‑126 株）推荐的使用方法

①免疫途径：雏鸡颈背部皮下或腿部肌内注射。

②用法与用量：用于接种 1 日龄雏鸡，按瓶签注明的羽份用专用稀释液稀释疫苗，每只 1 羽份。

第五节　传染性支气管炎

鸡传染性支气管炎（Infectious bronchitis，IB）是由传染性支气管炎病毒引起的一种急性、高度接触传染性呼吸道疾病。该病呈世界性分布，在 20 世纪 40 年代主要表现为呼吸道症状，60 年代又出现肾病变型，近些年又出现腺胃型和肠型传染性支气管炎的报道，其中以肾型传染性支气管炎引起的死亡率最高。幼龄禽表现为气喘、产蛋鸡表现为产蛋下降和蛋质不佳。该病特征及防治要点如下：

一、鸡传染性支气管炎的诊断要点

（一）流行病学特征

1. 传染源 病鸡、带毒鸡。

2. 传播途径 水平传播。主要通过空气飞沫经呼吸道感染或通过污染的饲料、饮水、饲养用具等经消化道感染。

3. 易感动物 各日龄鸡均易感，一般以 40 日龄以内雏鸡多发，7～35 日龄雏鸡群发病死亡率可达 15%～19%。

4. 诱因 过热，严寒，拥挤，通风不良，维生素、矿物质等营养缺乏等促进本病的发生。

（二）临床症状特征

感染后潜伏期为 1～7 天，因病毒的血清型不同，病鸡表现的症状有所差异：

（1）呼吸型 常看不到前驱临诊症状，突然出现呼吸症状，并迅速波及全群。4 周龄以下鸡表现为伸颈、张口呼吸（图 4 - 13），喷嚏、咳嗽、啰音，全身衰弱，挤在一起，借以取暖。5 周龄以上的鸡，表现为啰音、气喘和微咳，伴有食欲下降、下痢等症状。成年鸡产蛋量下降 25%～50%，并产软壳蛋、畸形蛋、"鸽子蛋"。蛋的质量低劣，蛋白稀薄呈水样，且蛋黄与蛋白分离。

（2）肾型 呈一过性的呼吸道症状，随后出现缩颈、翅下垂，排出白色水样粪便。

（3）腺胃型 发育停滞，腹泻，消瘦，发病率为 30%～50%。

（4）生殖型

①1～3 周龄雏鸡感染，表现为输卵管不能正常发育、畸形，产蛋期不能产蛋。

②开产前感染，开产期推迟，产蛋率下降。

③开产后感染，出现软壳蛋、薄壳蛋、沙皮蛋、畸形蛋，蛋清稀薄如水。

（三）病理剖检特征

1. 呼吸型　气管、支气管、鼻腔和窦内有浆液性或干酪样物（图4-14、图4-15）。

图4-13　患鸡呼吸困难，
张口伸颈呼吸
（摘自《新编禽病快速诊治彩色图谱》，
孙桂芹主编）

图4-14　患鸡两侧的支气管中
均有干酪样物质
（摘自《新编禽病快速诊治彩色图谱》，
孙桂芹主编）

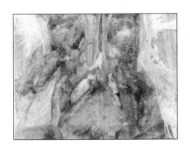

图4-15　患鸡两侧的支气管中
均有干酪样物质
（摘自《新编禽病快速诊治彩色图谱》，
孙桂芹主编）

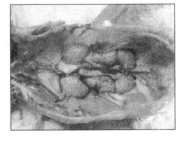

图4-16　肾脏肿大，呈"花斑"样
（摘自《新编禽病快速诊治彩色图谱》，
孙桂芹主编）

2. 肾型　肾脏肿大，呈"花斑"样，肾脏表面、输尿管内有多量尿酸盐（图 4-16、图 4-17）。

3. 腺胃型 腺胃显著肿大、胃壁增厚、胃黏膜水肿、充血、出血、坏死。

4. 生殖型 雏鸡时感染并耐过的部分病鸡（15 日龄前后）可见输卵管囊肿，内有清亮的液体，或见输卵管萎缩（图 4-18）。

图 4-17　肾脏肿大，呈"花斑"样。输
　　　　　尿管增粗，内有大量尿酸盐
（摘自《新编禽病快速诊治彩色图谱》，
　　　　　孙桂芹主编）

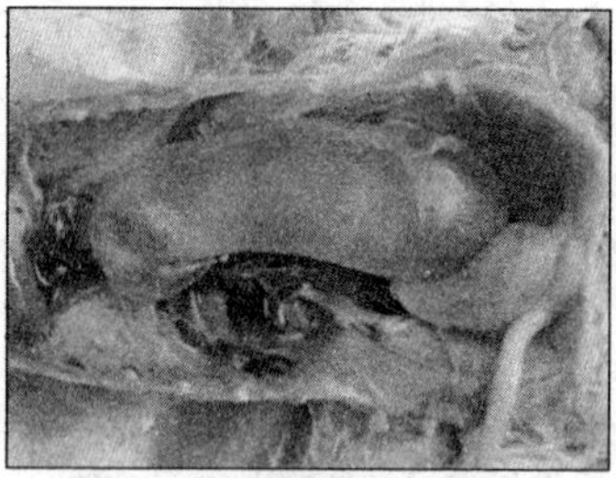

图 4-18　患鸡输卵管中形成
　　　　　浆液性囊肿
（摘自《新编禽病快速诊治彩色图谱》，
　　　　　孙桂芹主编）

（四）实验室检查

包括病毒的分离与鉴定、RT-PCR、中和试验、间接血凝试验、琼脂凝胶沉淀试验、酶联免疫吸附试验等。

二、防治要点

1. 防止病原体侵入鸡群 一旦发现有发病的鸡，应尽快进行隔离。

2. 减少诱发因素 减少昼夜温差，鸡舍要温暖舒适，夏季要做好防暑降温工作。另外，鸡舍氨气过多、疫苗接种的应激、缺乏维生素 A 等均可诱发呼吸道疾病的发生。饲料中蛋白质含量过高、服用磺胺类药物可增加肾脏的负担，对肾型传染性支气管炎有加剧作用。

3. 免疫　传染性支气管炎疫苗包括活苗和灭活疫苗两种。实际生产中，活疫苗多用二联疫苗进行免疫接种。

（1）鸡新城疫、传染性支气管炎二联活疫苗（La Sota 株＋H120 株）推荐的使用方法　H120 株毒力弱、抗原性极好，对鸡呼吸型、生殖型都有较好的预防效果，对肾传染性支气管炎也有一定的交叉保护作用。主要用于雏鸡的基础免疫。适用于 7 日龄以上的鸡。

①免疫途径：滴鼻、饮水均可。

②用法与用量：滴鼻免疫时每只鸡滴鼻 1 滴（约 0.03 毫升）。饮水免疫剂量加倍。

（2）鸡新城疫、传染性支气管炎二联活疫苗（La Sota 株＋H52 株）推荐的使用方法　H52 株毒力较强，对呼吸型和生殖型传染性支气管炎预防效果很好。适用于 21 日龄以上的鸡。主要用于雏鸡时经 H120 株疫苗基础免疫 20 天后的鸡群的加强免疫。

①免疫途径：滴鼻或饮水免疫。

②用法与用量：滴鼻免疫每只鸡滴鼻 1 滴（0.03 毫升）。饮水免疫剂量加倍。

（3）新城疫-传染性支气管炎二联灭活疫苗（La Sota 株＋M41 株）推荐的使用方法

①免疫途径：肌内或皮下注射。

②用法与用量：2～4 周龄鸡，每只 0.3 毫升；成鸡每只 0.5 毫升。

4. 治疗措施　没有特异疗法。鸡群发病后应使用抗病毒中药结合广谱抗菌药物，防止继发感染。

第六节　传染性喉气管炎

鸡传染性喉气管炎（Avian infectious laryngotracheitis,

AILT）是由传染性喉气管炎病毒（属禽疱疹病毒）引起的一种急性高度接触性呼吸道传染病。1925 年曾在美国首次被报道。该病以呼吸困难，咳嗽，咳出含有血液的渗出物、喉部和气管黏膜肿胀、出血并形成溃烂为特征。该病特征及防治要点如下：

一、鸡传染性喉气管炎的诊断要点

（一）流行病学特征

1. 传染源　病鸡、康复后的带毒鸡。

2. 传播途径　水平传播。主要经呼吸道及眼传播，也可经消化道传播。被呼吸系统分泌物污染的饲料、饮水、用具等均可成为传播媒介。

3. 易感动物　鸡、鹌鹑、孔雀。

4. 诱因　如拥挤、通风不良、饲养管理条件差、维生素缺乏、寄生虫感染等。

（二）临床症状特征

突然出现呼吸道症状，迅速波及全群；伸颈、吸气困难、咳嗽、有啰音、咳出带血的痰液；严重时因血凝块阻塞支气管而窒息死亡；产蛋下降，直到康复 1～2 个月后才逐渐恢复产蛋率。

（三）病理剖检特征

喉头、气管黏膜肿胀，有出血斑，并附有黏液性分泌物（图4-19），严重者喉头、气管内有大的血凝块堵塞（图4-20）；慢性病例仅可见喉头、气管内有黄褐色伴有血液的干酪样分泌物覆盖于黏膜上（图4-21、图4-22），结膜和眶下窦内上皮水肿、充血。

图 4 - 19　患鸡气管内严重
充血、出血
（摘自《新编禽病快速诊治彩色图谱》，
孙桂芹主编）

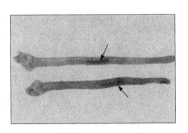

图 4 - 20　患鸡气管内有血栓堵塞
（摘自《新编禽病快速诊治彩色图谱》，
孙桂芹主编）

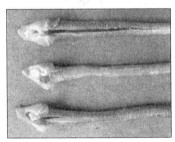

图 4 - 21　患鸡喉头部有黄白色
干酪样物质堵塞
（摘自《新编禽病快速诊治彩色图谱》，
孙桂芹主编）

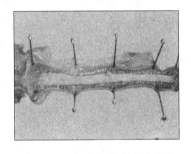

图 4 - 22　患鸡气管内有黄白色
干酪样物质堵塞
（摘自《新编禽病快速诊治彩色图谱》，
孙桂芹主编）

（四）实验室检查

包括病毒的分离与鉴定、动物接种、荧光抗体法、琼脂扩散试验、中和试验、核酸探针、PCR、ELISA、间接血凝试验、对流免疫电泳等方法。

二、防治要点

1. 加强饲养管理　使用营养均衡的全价饲料，确保鸡舍通风良好，坚持带鸡消毒，减少鸡的应激，适当降低饲养密度。病愈鸡不可和易感鸡混群，因耐过的康复鸡在一定时间内带毒、排毒，所以应严格控制易感鸡与病愈鸡接触。

2. 免疫　常用的疫苗包括鸡传染性喉气管炎活疫苗 K317 株和鸡传染性喉气管炎活疫苗 T20 株两种。

（1）鸡传染性喉气管炎活疫苗（K317 株）推荐的使用方法　K317 株与我国目前 ILTV 流行株基因同源率高达 93％，免疫原性良好。

①免疫途径：点眼免疫。

②用法与用量：适用于 35 日龄以上的鸡。免疫期为 6 个月。点眼 1 滴（0.03 毫升）。蛋鸡在 35 日龄第 1 次接种后，在产蛋前再接种 1 次。

③注意事项：对 35 日龄以下的鸡接种时，应先作小群实验，无严重反应时，再扩大使用。35 日龄以下的鸡用疫苗后效果较差，21 日后需进行第 2 次接种。

只限于在疫区使用。鸡群中发生严重呼吸道病，如传染性鼻炎，支原体感染等不宜使用疫苗。

（2）鸡传染性喉气管炎活疫苗（T20 株）推荐的使用方法

①免疫途径：点眼、滴鼻、饮水免疫。

②用法与用量：稀释后，每只鸡 1 羽份。种鸡和蛋鸡，初次免疫在 4 周龄或 4 周龄以上；加强免疫在 14～16 周龄。肉鸡，初次免疫在 15～20 日龄。

③注意事项：同一鸡场的所有鸡群必须在 24 小时内完成免疫接种；接种过的种鸡和蛋鸡须置于远离尚未接种过的父母代种鸡的鸡舍；免疫接种后，会观察到轻微的炎症反应，表现为眼结膜红肿，眼睑水肿或流泪，通常 2～3 天后就能恢复正常。请勿同时接种其他疫苗。

3. 治疗　当前尚无特异的治疗方法。可在发病后给予抗菌药物以防止继发感染。

第七节　传染性鼻炎

传染性鼻炎（Infectious coryza，CI）是由副鸡嗜血杆菌感染所引起的鸡的急性呼吸道疾病。主要以鼻腔与鼻窦发炎，颜面肿胀，流鼻涕和打喷嚏为特征。该病特征及防治要点如下：

一、传染性鼻炎的诊断要点

（一）流行病学特征

1. 传染源　病鸡、带菌鸡。

2. 传播途径　以呼吸道传染（飞沫、尘埃等）为主，其次经消化道（污染的饮水、饲料等）传播。

3. 易感动物　鸡，以产蛋鸡发生较多。

4. 当前流行特点　潜伏期短，传播迅速，短时间内便可波及全群，产蛋鸡产蛋率明显下降。

（二）临床症状特征

病鸡精神委顿，垂头缩颈，食欲下降。轻者可见鼻腔流出稀薄的水样液体，重者鼻窦腔发炎，流出黏稠的鼻液，在鼻孔周围凝固成黄色痂（图 4-23）。单侧或双侧颜面肿胀，呈"盆地"样（图 4-24）。育成鸡表现为生长不良，产蛋鸡产蛋明显下降。

（三）病理剖检特征

鼻腔、眶下窦发生急性卡他性炎症，黏膜充血、肿胀。面部和肉髯的皮下组织水肿。内脏器官一般不见明显变化。

（四）实验室检查

包括琼脂扩散试验、血清平板凝集试验、荧光抗体技术、ELISA、Dot-ELISA 等方法。

图 4-23 患鸡鼻窦腔发炎，流出　　图 4-24 患鸡眼周围浮肿，
　　　　浓稠的黏液，在鼻孔　　　　　　　　呈"盆地"样
　　　　周围凝固成黄色结痂　　（摘自《新编禽病快速诊治彩色图谱》，
（摘自《新编禽病快速诊治彩色图谱》，　　　　　孙桂芹主编）
　　　　孙桂芹主编）

二、防治要点

1. 加强饲养管理　确保鸡舍通风良好，降低鸡舍中的氨气含量；冬季气候干燥，鸡舍内空气污浊，尘土飞扬，应带鸡消毒，以降低空气中粉尘；加强鸡舍、饮水用具的清洗消毒和饮用水的消毒，鸡舍做到一清、二冲、三烧、四喷、五熏蒸。

2. 免疫　目前常用的疫苗为鸡传染性鼻炎灭活疫苗。

（1）免疫途径　肌内或颈背皮下注射。

（2）用法与用量　42 日龄以下的鸡，每只 0.25 毫升；42 日龄以上的鸡，每只 0.5 毫升。

（3）注意事项

①用于肉鸡时，屠宰前 21 日内禁止使用；

②用于其他鸡时，屠宰前 42 日内禁止使用。

3. 治疗　磺胺类药物和多种抗生素均有良好的治疗效果。

第八节 产蛋下降综合征

产蛋下降综合征（Egg drop syndrome 1976，EDS-76）是一种由禽腺病毒引起的能使蛋鸡产蛋率下降的病毒性传染病。病鸡无明显病症，以产蛋率突然大幅度下降，产软壳蛋、薄壳蛋、畸形蛋、浅色蛋的数量显著增多为特征。

一、产蛋下降综合征的诊断要点

（一）流行病学特征

1. 传染源 病鸡和带毒鸡。

2. 传播途径 水平传播、垂直传播。

3. 易感动物 鸡，尤其是24～35周龄的产蛋鸡，各品系鸡均可感染，但以产褐壳蛋鸡最易感，白壳蛋鸡品种患病率较低；鸭感染后不发病，但长期带毒。

4. 流行特点 病毒在性成熟之前侵入体内，一般不显示致病性。当进入产蛋期后，受应激因素影响，会使体内的病毒重新活化并致病。

（二）临床症状特征

突发性群体性产蛋下降，比正常下降20%～38%，可维持4～10周，产蛋率下降曲线呈典型的"双峰形"；病初蛋壳颜色变淡，接着产畸形蛋，蛋壳粗糙呈沙粒样，蛋壳薄而易碎，软壳蛋增多（图4-25）。青年鸡早期感染后在产蛋期不能达到产蛋高峰。

（三）病理解剖特征

无明显病理变化。卵巢变小、萎缩，输卵管水肿，内有大量白色黏稠的分泌物，黏膜肥厚、水肿，出现一圈一圈排列的、密密麻麻的小水泡（图4-26）。

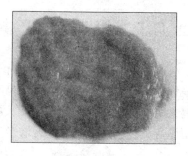

图 4-25 患鸡产畸形蛋，蛋壳
粗糙，皮薄易损

（摘自《新编禽病快速诊治彩色图谱》，
孙桂芹主编）

图 4-26 子宫体黏膜肥厚、水肿，出
现一圈圈排列的、密密麻麻
的、晶莹透亮的水泡

（摘自《新编禽病快速诊治彩色图谱》，
孙桂芹主编）

（四）实验室检查

包括病原的分离与鉴定、血凝和血凝抑制试验等。

二、防治要点

1. 加强饲养管理 饲喂营养平衡的混合饲料，特别要保证必需氨基酸、维生素和微量元素的平衡。

2. 杜绝病毒传入 本病经胚胎垂直传播，最好的防治办法是用未感染本病的鸡群留种蛋。如从外地引种，必须从无本病的鸡场引入，并进行隔离观察。

3. 严格执行兽医卫生措施 加强鸡舍和孵化室的消毒工作，对于发病的鸡舍，处理好粪便，防止饲养管理用具、运输工具等混用。

4. 免疫 见"第一节 禽流感"新城疫、传染性支气管炎、减蛋综合征、禽流感四联灭活疫苗和"第二节 新城疫"中新城疫、减蛋综合征二联灭活疫苗、新城疫、传染性支气管炎、减蛋综合征三联灭活疫苗的使用方法。

第九节　鸡　　痘

鸡痘（Fowl pox）是由禽痘病毒引起的禽类的一种急性接触性传染病。本病在家禽的皮肤出现痘疹或在口腔、咽喉部黏膜形成纤维素性坏死性假膜。该病特征及防治要点如下：

一、鸡痘的诊断要点

（一）流行病学特征

1. 传染源　病鸡脱落、碎散的痘痂。

2. 传播途径　皮肤或黏膜的伤口感染。

3. 易感动物　鸡和火鸡，以雏鸡和青年鸡最为易感。

4. 传播媒介　库蚊、疟蚊、蜱、虱等吸血昆虫。

（二）临床症状特征

1. 皮肤型　在鸡体的无毛或毛稀少部分，特别是在鸡冠、肉髯、眼睑、腿部、趾部等处发生痘疹（图4-27、图4-28、图4-29）。

图 4-27　患鸡鸡冠处发生痘疹

图 4-28　患鸡鸡冠、肉髯处呈黑褐色痘疹结痂

（摘自《新编禽病快速诊治彩色图谱》，孙桂芹主编）

 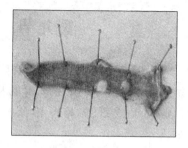

图 4-29 患鸡趾部痘疹呈黄色　　　图 4-30 患黏膜型鸡痘，其气管
　　　　　结痂　　　　　　　　　　　　　　　内形成黄白色假膜
（摘自《新编禽病快速诊治彩色图谱》，　（摘自《新编禽病快速诊治彩色图谱》，
　　　　孙桂芹主编）　　　　　　　　　　　　孙桂芹主编）

2. 黏膜型　又称"白喉型"，在口腔、咽喉和气管等处黏膜表面形成痘斑（图 4-30）。

3. 败血型　无明显痘斑，只表现为下痢、消瘦，后衰竭死亡。

4. 混合型　即皮肤型、黏膜型鸡痘同时发生。

（三）病理剖检特征

1. 皮肤型　皮肤上有白色粟粒大小的痘疹、坏死性痘痂及痂皮脱落的瘢痕。

2. 黏膜型　口腔、咽喉、气管等黏膜部位出现溃疡，表面黄白色纤维素性伪膜。

3. 败血型　内脏器官萎缩、肠道黏膜脱落。

（四）实验室诊断

包括病毒的分离与鉴定、中和试验、间接血凝试验、酶联免疫吸附试验、PCR 等。

二、防治要点

1. 加强饲养管理　加强鸡群的卫生、消毒管理及消灭吸血昆虫；在饲料中补充维生素 A、鱼肝油等，有利于组织和黏膜的新生、促进食欲、提高禽体对病毒的抵抗力。

2. 免疫 常用疫苗有鸡痘活疫苗（鹌鹑化弱毒株）与禽脑脊髓炎和鸡痘二联活疫苗两种。

（1）鸡痘活疫苗（鹌鹑化弱毒株）推荐的使用方法

①免疫途径：翅膀内侧无血管处皮下刺种。

②用法与用量：用生理盐水稀释，用鸡痘刺种针蘸取稀释的疫苗给 20～30 日龄雏鸡刺 1 针，30 日龄以上的鸡刺 2 针，6～20 日龄雏鸡用稀释 1 倍的疫苗刺 1 针。接种后 3～4 天，刺种部位出现轻微红肿、结痂，14～21 天痂块脱落。后备种鸡可于雏鸡免疫后 60 日再免疫 1 次。

③注意事项：鸡群刺种后 7 天应逐个检查，刺种部位无反应者，应重新补刺。

（2）禽脑脊髓炎和鸡痘二联活疫苗推荐的使用方法 本疫苗包含禽脑脊髓炎和鸡痘病毒，禽脑脊髓炎 Calnek 毒株和鸡痘病毒 HP2 毒株。用于蛋鸡或种鸡、后备鸡在 10 周龄到产蛋前 4 周之间的鸡翅穿刺接种。预防禽脑脊髓炎和鸡痘。

①免疫途径：鸡翅翼穿刺法。

②用法与用量：每只鸡至少刺种 1 羽份。

③注意事项：把全部的稀释液注入冻干疫苗瓶中，重新盖上橡皮塞，用力摇晃瓶子数次直到疫苗均匀地悬浮在溶液中。接种疫苗时，把双叉穿刺针浸入疫苗溶液中，然后从鸡翅下面刺入翼膜部分。避免通过羽毛刺入，因为羽毛可能会擦去疫苗。按设计双叉穿刺针的针头凹槽中可以携带适量的疫苗。针头应与疫苗瓶中的溶液短暂接触一下，然后取出。这样可以避免疫苗溶液从针头中滴出而浪费。每次刺种前都要用针头蘸一下疫苗。

④检查接种情况：接种后 7～10 天，对鸡群进行接种情况的检查。在接种伤口处皮肤肿起并结痂，表明这是一个良好的免疫反应，接种后 2～3 周，结痂会剥落。良好的鸡痘免

疫在接种后 2～3 周建立。对禽脑脊髓炎的免疫将在接种后
3～4 周建立。

⑤禁在屠宰前 21 天内接种。

3. 发病后的治疗 剥离痘痂，用碘酒涂擦；喉部痘病灶的
伪膜用镊子剥离并涂碘甘油；眼型痘病灶应将豆腐渣样物质清除
后以 2％硼酸冲洗；全群按 0.5％浓度饮用甲紫溶液，连续使用
5～7 天。

第十节 慢性呼吸道病

鸡慢性呼吸道病（Chronic respiratory disease，CRD）又称
鸡毒支原体感染，是由鸡败血支原体引起的一种慢性呼吸道疾
病，是养禽业重要的常见病和并发病。该病特征及防治要点
如下：

一、鸡慢性呼吸道病的诊断要点

（一）流行病学特征

1. 传染源 感染鸡，其呼吸道、口腔分泌物、泄殖腔排泄
物均含有感染性败血支原体。

2. 感染途径 水平传播、垂直传播。

3. 易感动物 鸡和火鸡，4～8 周龄的雏鸡最易感。

4. 当前流行特点 流行缓慢，病程长，可在鸡群中长期
蔓延。

（二）临床症状特征

食欲下降，生长迟缓；流泪，眼内有泡沫样液体（图 4-
31）；病程长者可见眼内有干酪样物质（图 4-32）；打喷嚏、流
浆液性或黏液性鼻液；咳嗽，呼吸有啰音；产蛋鸡群产蛋率下
降，有软壳蛋；种蛋孵化率低，弱雏多。

图 4-31　患鸡眼内有多量小气泡　图 4-32　病程长的患鸡，眼内有干酪
（摘自《新编禽病快速诊治彩色图谱》，　　　　　　样物质，呈"金鱼眼"样
　　　　　孙桂芹主编）　　　　　　　　　（摘自《新编禽病快速诊治彩色图谱》，
　　　　　　　　　　　　　　　　　　　　　　　孙桂芹主编）

（三）病理剖检特征

鼻道、气管、支气管和气囊内含有混浊的黏稠渗出物。气囊壁变厚和混浊，严重者可见有干酪样渗出物（图 4-33）。

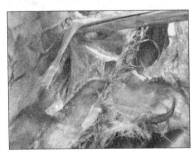 

图 4-33　患鸡气囊壁变厚，混浊

（四）实验室检查

包括禽支原体的分离和鉴定、平板凝集试验检测血清抗体。

二、防治要点

1. 加强饲养管理　确保鸡舍通风良好，鸡群密度合理，温度适宜，鸡舍无刺激性气味。

2. 消除种蛋内支原体 该病属于蛋传播性疾病，选用有效的药物浸泡种蛋，以减少蛋内的支原体感染。

3. 建立无支原体病的种鸡群

（1）选用对支原体有抑制作用的药物，降低种鸡群的带菌率和带菌的强度，降低种蛋的污染率。

（2）种蛋45℃处理14小时，或在5℃泰乐菌素药液中浸泡15分钟。

（3）雏鸡小群饲养，定期进行监测，如出现阳性，小群淘汰。

（4）做好孵化箱、孵化室等的消毒工作。

（5）产蛋前进行监测，为阴性方可留种用。

4. 免疫

常用疫苗为鸡毒支原体活疫苗，推荐的使用方法如下：

（1）免疫途径 点眼免疫。

（2）用法用量 用无菌生理盐水或专用稀释液稀释后用滴管吸取疫苗，每只鸡点眼1滴（约0.03毫升）。可用于11日龄鸡，免疫期为9个月。最早可在8～60日龄（最好在野毒感染前）接种效果最佳。

（3）注意事项

①不要同新城疫、传染性支气管炎弱毒疫苗一起使用，两者使用应间隔5天以上。但可以和灭活疫苗一起接种。

②免疫前2～3天、接种后至少5天应停用除青霉素以外的各种用于治疗鸡毒支原体的药物。

5. 发病后的治疗

可选用泰妙菌素、泰乐菌素等预防性给药或治疗性给药；发病期所产蛋不宜作为种蛋孵化。

第十一节　禽脑脊髓炎

禽脑脊髓炎（Avian encephalomyelitis，AE）又称"流行性震颤"，是由小 RNA 病毒科肠道病毒属禽脑脊髓炎病毒引起的以雏鸡共济失调、头颈震颤为主要症状的传染病，产蛋鸡发病后仅表现为产蛋急剧下降。该病于 1932 年在美国首次报道，随后世界各地陆续出现该病的报道。本病特征及防治要点如下：

一、禽脑脊髓炎的诊断要点

（一）流行病学特征

1. 传染源　患病雏鸡、隐性带毒鸡。

2. 传播途径　主要是垂直传播（经卵）、水平传播（如经孵化器、经口传播）。

3. 易感动物　主要感染鸡，雉、野鸭、鹌鹑和火鸡也可自然感染发病。

4. 当前流行特点　本病一年四季均可发生，特别是育雏高峰季节，发病率及死亡率随病原体的毒力高低、发病的日龄大小不同而有所不同。雏鸡发病率一般为 40%～60%，死亡率 10%～25%，也有报道死亡率可高达 81%～100%。

（二）临床症状特征

病雏最初表现为迟钝，精神沉郁，不愿走动而蹲坐在跗关节上，共济失调，随后出现腿、翼，尤其是颈部可见明显的音叉式震颤（图 4-34），尤其在受到刺激、惊扰后更加明显。幸存鸡在育成阶段出现眼球晶体混浊、变蓝或灰白色而失明（图 4-35）。产蛋鸡感染后不表现神经症状，只表现为产蛋下降，1～2 周之后恢复正常。孵化率可下降 10%～35%，蛋重减轻，畸形蛋多，但蛋壳颜色基本正常。

图 4 - 34　患鸡走路不稳，站立
　　　　　不起，受惊吓时，头、
　　　　　颈、腿、翼等出现明
　　　　　显的阵发性震颤
（摘自《新编禽病快速诊治彩色图谱》，
　　　孙桂芹主编）

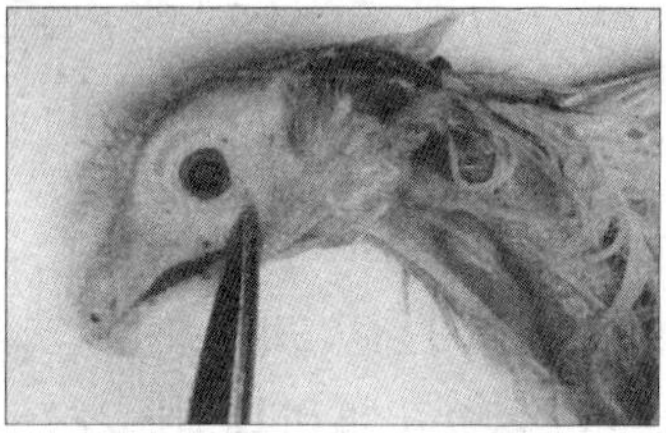

图 4 - 35　患鸡可见虹膜颜色变浅，
　　　　　瞳孔呈灰白色而造成失明
（摘自《新编禽病快速诊治彩色图谱》，
　　　孙桂芹主编）

（三）病理剖检特征

1. 脑组织水肿，在软脑膜下有水样透明感，脑膜上有出血点或出血斑。

2. 雏鸡肌胃的肌层有白色区域。

3. 成年鸡发病无上述病变。

（四）实验室检查

包括病毒的分离鉴定、血清学试验检测血清抗体等。

二、防治要点

1. 加强消毒与隔离措施，防止从疫区引进种苗和种蛋。

2. 鸡感染后一个月内的蛋不宜孵化。

3. 疫苗使用见"第九节　鸡痘"中"禽脑脊髓炎和鸡痘二联活疫苗推荐的使用方法"。

4. 特异性疗法可使用抗 AE 的卵黄抗体（康复鸡或免疫后抗体滴度较高的鸡群所产的蛋制成）肌内注射；抗细菌药物可减少细菌继发性感染的机会；鸡群一旦发病，必须隔离病鸡，淘汰重症鸡，对轻症鸡群在加强饲养管理的同时对症治疗，如使用维生素 E、维生素 B₁ 等。

第十二节 鸭　瘟

鸭瘟（Duck plaque）俗称"大头瘟"，病鸭因头颈部肿大而得名，是鸭、鹅和其他雁形目禽类的一种急性、热性、败血性传染病。鸭瘟病毒是疱疹病毒科疱疹病毒属病毒。我国各地所分离的鸭瘟病毒，其抗原性基本相同，均能交互免疫。该病流行广泛，传播迅速，发病率和死亡率较高，是对水禽危害最为严重的疫病之一。

一、鸭瘟的诊断要点

（一）流行病学特征

1. 传染源　病鸭、带毒鸭、野生雁形目候鸟。

2. 传播途径　主要经消化道途径，也可经生殖道、呼吸道、眼结膜及吸血昆虫传播。

3. 易感动物　鸭、鹅、天鹅、大雁等易感，成年鸭的易感性高于雏鸭。

4. 当前流行特点　鸭群稳定，鹅群发病率上升。

（二）临床症状特征

1. 鸭　自然感染的潜伏期 2～5 天，人工感染的潜伏期为 1～4 天。

（1）**体温变化**　病初体温升高达 43℃ 以上，高热稽留，后期体温降低。

（2）**精神变化**　病鸭精神委顿，羽毛松乱，翅膀下垂，厌食、两脚麻痹无力，伏坐地上不愿移动。

（3）**特征性症状**　病鸭头部肿大，触之有波动感。眼流泪、眼睑水肿、粘连、甚至外翻，眼结膜充血或小点出血，甚至形成小溃疡。

（4）呼吸道变化　鼻中流出大量分泌物，咳嗽、呼吸困难。

（5）消化道变化　肛门肿胀，排出绿色或灰白色稀粪。

2. 鹅　鹅群自然感染时症状与鸭群基本相同，也存在差异，具体如下：

（1）病鹅没有明显的临床症状，出现症状后很快死亡。

（2）多数病鹅死前从口中流出有臭味的液体。

（3）部分病鹅临死出现神经症状，头颈向背部扭转。

（三）病理剖检特征

鸭和鹅病理变化基本相同。

1. 头颈、下颌部　皮下组织常有黄色胶冻样物浸润。

2. 肠道黏膜　食道黏膜有纵行排列灰黄色假膜覆盖，假膜易剥离后，留下溃疡斑痕（图4-36）。肠道环状出血（图4-37）。泄殖腔黏膜表面有灰褐色或绿色坏死痂，不易刮落，下面为出血斑点和溃疡。

3. 肝脏　表面分布大小不等的灰黄色坏死灶，有的坏死灶中央有出血点，或其周围有红色出血环。

4. 产蛋期　母鸭卵泡膜充血、出血、卵泡变形。

5. 心包膜　脏面呈刷状出血。

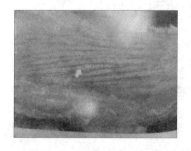

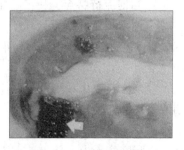

图4-36　食道条纹状溃疡
（摘自《鸭病诊断彩色图说》，
郭玉璞编著）

图4-37　肠道环状出血
（摘自《鸭病诊断彩色图说》，
郭玉璞编著）

(四) 实验室检查

1. 病毒的分离与鉴定 无菌采取病鸭的肝、脾，分别接种于鸡胚和鸭胚。鸡胚未发生任何变化，鸭胚在接种后 4～10 天死亡，胚体肝脏有典型坏死病灶即可诊断为鸭瘟。

2. 其他实验室方法 琼脂凝胶扩散试验、反向间接血凝试验、酶联免疫吸附试验、中和试验、PCR 等方法可以用于该病的特异诊断。

二、防治要点

1. 加强卫生防疫，搞好环境卫生，提高鸭群抵抗力 种苗、种蛋及种群均来自安全地区，购入 2 周后才能混群。不到污染水域放牧。孵化场及栏舍保持清洁卫生，定期用 10%～20% 新鲜石灰水、30% 草木灰水或 2% 氢氧化钠溶液消毒。

2. 免疫接种 目前，生产中常用的鸭瘟疫苗多为活疫苗，包括鸭瘟活疫苗和鸭瘟-鸭病毒性肝炎二联活疫苗。应用鸭源鸭瘟疫苗接种鹅群，只有增大 5～10 倍注射剂量才能收到较好的免疫效果。

（1）鸭瘟活疫苗推荐的使用方法

①免疫途径：肌内注射。

②用法与用量：对初生鸭也可接种，免疫期为 1 个月。成鸭 1 毫升；雏鸭每只 0.25 毫升，均含 1 羽份。

（2）鸭瘟-鸭病毒性肝炎二联活疫苗推荐的使用方法

①免疫途径：雏鸭腿部肌内或颈部皮下注射；成鸭、产蛋前种鸭腿部肌内注射。

②用法与用量：雏鸭 0.5 毫升；成鸭、产蛋前种鸭 1 毫升（1 羽份）。

3. 治疗措施

（1）发病初期及时将病鸭隔离，病死鸭就地扑杀焚烧或深埋。

（2）对疫区内尚未发病鸭群进行紧急接种，肌内注射鸭瘟疫苗。

第十三节　鸭传染性浆膜炎

鸭传染性浆膜炎（Infectious Serositis of Duck）是由鸭疫里氏杆菌引起的主要侵害雏鸭（鹅）的一种接触性传染病。鸭疫里氏杆菌血清型众多，目前世界上确认的有 21 个，彼此无交叉反应。本病能引起雏鸭大批死亡和发育迟缓，造成巨大的经济损失，是危害养鸭业的主要传染病之一。

一、鸭传染性浆膜炎的诊断要点

（一）流行病学特征

1. 传染源　病鸭、带毒鸭。

2. 传播途径　呼吸道、消化道和破损皮肤。

3. 易感动物　鸭、鹅、火鸡等多种禽类。

4. 当前流行特点　最急性型少见，急性型和慢性型多发。

（二）临床症状特征

本病潜伏期一般为 1～3 天，有时可长达 7 天。

1. 最急性型　常见于初期发病，病鸭无任何症状，突然死亡。

2. 急性型

（1）精神状态　嗜睡、以喙触地、不愿走动、共济失调、食欲减退。

（2）眼　分泌浆液性黏液，眼眶周围羽毛湿润、粘连。眼窝下窦炎（图 4-38）。

（3）鼻　流黏液、咳嗽。

（4）鸭腹部　膨胀、粪便稀薄。

（5）病鸭头、尾摇摆，痉挛，角弓反张，不久抽搐而死。

3. 慢性型

（1）精神沉郁、困乏、身体左右摇摆难以维持平衡。

（2）瘦，发育不良。

（3）颈歪斜。

（4）跗关节肿胀、跛行

（三）病理剖检特征

1. 最急性型　肝脏肿大、充血，脑膜充血。

2. 急性型　心包膜增厚，心包液增多；肝脏肿大，表面有灰黄色纤维素膜，易于剥离（图4-39）；脾脏肿大；气囊炎，有纤维素膜。

3. 慢性型　心包膜与心外膜粘连，肝表面渗出物呈淡黄色干酪样，脑膜充血、出血和水肿，关节有乳白色黏稠积液。

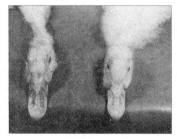

图4-38　眼窝下窦炎　　　　图4-39　心包炎和肝周炎
（摘自《禽病彩色图谱》，吕荣修主编）（摘自《鸭病诊治彩色图说》，郭玉璞编著）

（四）实验室检查

1. 涂片镜检　取血液、肝脏、脾脏或脑直接涂片，瑞氏染色，镜检，菌体呈两极浓染的小杆菌，多单个存在，无芽孢，有荚膜。革兰氏染色为阴性。

2. 细菌分离与鉴定　无菌采取病鸭的肝、心血、脑、气囊和病变中的渗出液，接种于血液琼脂培养基或巧克力琼脂培养基上，置于5%的二氧化碳培养箱内，培养24～48小时。本菌在巧克力琼脂上长成圆形，表面光滑透明，稍有突起的奶油状菌落，在血琼脂平板上不溶血。用标准分型血清，做玻板凝集试验或琼脂扩散试验可进行血清型的鉴定。

3. 荧光抗体试验 取鼻腔分泌物、肝、脑组织作涂片、火焰固定，用特异性荧光抗体染色。用荧光显微镜观察，鸭疫里氏杆菌为黄绿色环状结构，单个散在，个别呈短链排列。

二、防治要点

1. 加强饲养管理 采用全进全出的饲养方式，便于彻底消毒和防止交叉感染；特别要控制鸭群饲养密度，避免过于拥挤；关注鸭舍的通风及温湿度变化，及时采取措施；为减少应激发生，可在饲料和饮水中适当添加抗应激药物。

2. 落实卫生消毒工作 及时清除粪便，垫料尽量保持干燥，对用具定期进行彻底清洗和消毒。

3. 免疫 可使用鸭传染性浆膜炎灭活疫苗，推荐的使用方法如下。

（1）免疫途径 颈部皮下注射。

（2）用法与用量 3～7日龄鸭，每只0.25毫升；8～30日龄鸭，每只0.5毫升。

（3）注意事项 本疫苗在疫区和非疫区均可使用。

4. 治疗措施 药物治疗不能滥用药物，必须建立在药敏实验基础上，根据实验结果筛选出敏感药物，才能有效降低发病率和死亡率。

第十四节　鸭病毒性肝炎

鸭病毒性肝炎（Duck Viral Hepatitis）是由鸭肝炎病毒引起的雏鸭的一种急性高度致死性传染病。该病毒有3个血清型。Ⅰ型和Ⅲ属于微RNA病毒科，Ⅱ型属于星状病毒，三种血清型之间无抗原相关性，没有交叉保护作用。其特征为发病急、病程短、死亡率高，病雏出现特异性神经症状。在新疫区，本病的死亡率很高，可达90%以上。

一、鸭病毒性肝炎的诊断要点

（一）流行病学特征

1. 传染源　病鸭和带毒鸭是主要传染源。

2. 传播途径　水平传播，主要经消化道和呼吸道途径。

3. 易感动物　自然暴发仅发生于雏鸭，成年鸭有抵抗力，感染不发病。

4. 当前流行特点　育雏高峰期发病率高，发病日龄延迟，发病率和死亡率逐渐降低。

（二）临床症状特征

本病的潜伏期为 2～4 天。

1. 发病情况　发病突然、病程进展快速。

2. 精神变化　病初精神沉郁、厌食、眼半闭呈昏睡状，发病 1 日内病鸭全身抽搐、身体倾向一侧、仰脖、头向后弯呈角弓反张（图 4 - 40），呈现本病死亡时的典型体征。

（三）病理剖检特征

1. 肝脏　肿大、质脆，色暗发黄，表面有大小不等的出血点和出血斑（图 4 - 41）。

图 4 - 40　病鸭角弓反张
（摘自《禽病诊断彩色图谱》，
吕荣修编著）

图 4 - 41　雏鸭肝脏出血斑点
（摘自《禽病争端彩色图谱》，
吕荣修编著）

2. 胆囊　肿大，充满胆汁，胆汁呈褐色、淡茶色。

3. 脾脏 有时肿大，呈斑驳状。

（四）实验室检查

无菌采取病鸭的肝脏，用生理盐水制成 10%悬液，加 5%～10%氯仿，搅拌、离心后取上清。接种 10～14 日龄鸭胚，接种后 24～72 小时死亡，鸭胚皮下出血、水肿，肝肿胀呈灰绿色；接种 1～7 日龄雏鸭，接种后 24 小时出现典型临床症状，30～48 小时死亡，并能从肝脏中分离到病毒。用 PCR、中和试验鉴定即可确认。

二、防治要点

1. 加强卫生防疫，消除传染源 不从感染区引进种蛋、鸭苗和种鸭。本病的暴发主要是因为购进带毒鸭所致，因此，坚持自繁自养是预防该病的重要措施。必须引进时，要从确无疫情地区，经检疫合格后才能引进。运回的种蛋应彻底清洗消毒，鸭苗和种鸭隔离饲养，观察 2 周。

2. 加强饲养管理 严格执行日常卫生消毒工作。给鸭群提供营养丰富、新鲜的饲料，饮用无污染的自来水或地下水，严禁用有水禽栖息的露天水池中的水和水中鱼虾喂食鸭群。用具要定期清洗、消毒。在每批鸭苗到来前，鸭舍经熏蒸后才可使用。

3. 免疫接种 常用疫苗为鸭瘟-鸭病毒性肝炎二联活疫苗。免疫途径与用法用量见"第十二节 鸭瘟"。

4. 治疗措施

（1）雏鸭群发病后立即注射鸭病毒性肝炎卵黄抗体，皮下或肌内注射，1～4 日龄雏鸭每只 0.5～1 毫升，可降低死亡率。

（2）对受威胁鸭群进行紧急接种，可迅速降低死亡率，控制疾病的流行。

第十五节 小 鹅 瘟

小鹅瘟（Gosling plague）是由鹅细小病毒引起的雏鹅和雏番

鸭的一种急性或亚急性败血性传染病。该病毒对鹅有特异性致病作用，在 37℃ 的孵化器内，经 1 个月后病毒仍存活，经试验证明我国境内的小鹅瘟病毒株具有相同的抗原性。本病主要侵害 3 周龄以内的雏鹅，常引起急性死亡，是严重危害养殖业的重要疾病。

一、小鹅瘟的诊断要点

(一)流行病学特征

1. 传染源　自然宿主是鹅、番鸭。传染源是患病的雏鹅。

2. 传播途径　水平传播主要经消化道传播，还能经种蛋垂直传播。

3. 易感动物　雏鹅、雏番鸭。

4. 当前流行特点　最急性型发病少见，急性型最为多见，亚急性型多发生于流行后期。

(二)临床症状特征

自然感染的潜伏期 3～5 天，人工感染的潜伏期在 12 小时到 3 天。

1. 最急性型

（1）发病日龄　多见于 1 周龄以内的雏鹅或雏番鸭。

（2）精神变化　精神沉郁，常见不到任何明显症状，突然死亡。

2. 急性型

（1）发病日龄　常见于 15 日龄左右的雏鹅或雏番鸭。

（2）精神变化　病鹅精神委顿，离群呆立，闭目缩颈，行动迟缓。部分病鹅临死前出现头颈扭转。

（3）采食情况　食欲减少直至废绝，饮欲大增。

（4）肠道变化　排出黄白色稀粪，中间夹杂纤维碎片和未消化饲料。

（5）呼吸道变化　鼻孔有浆液性分泌物流出，周围污秽不净，呼吸困难。喙前端发绀。

（6）腿部症状　两腿麻痹，脚蹼色泽发暗。

3. 亚急性型

（1）发病日龄　2 周龄以上，尤其是 3～4 周龄的雏鹅和番鸭。

（2）整体状况　消瘦。

（3）粪便异常　粪便中夹杂大量气泡和未消化的饲料以及灰白色纤维碎片。

（三）病理剖检特征

1. 最急性型　由于病程短，病变不明显。只有小肠前段黏膜肿胀、充血、出血，表面有淡黄色黏液附着，呈现急性卡他性出血性炎症。

2. 急性型　肠道出现较为明显和典型的病理变化，特别是小肠的中、下段靠近卵黄柄处肠管膨大，是正常肠管的 2～3 倍，肠腔内充塞着由纤维素性渗出物形成的栓子，质地坚硬，将肠腔完全堵塞（图 4-42、图 4-43）。栓子中心为干燥的肠内容物，外表包裹着纤维素性渗出物和坏死物凝固而成的假膜。肝脏肿大，质地变脆。

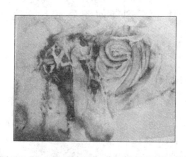 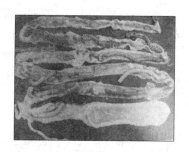

图 4-42　肠道肿胀、内充满凝固性栓子　图 4-43　肠道内栓子、肠黏膜出血
　　（摘自《禽病诊断彩色图谱》，　　　　　　（摘自《禽病诊断彩色图谱》，
　　　　吕荣修编著）　　　　　　　　　　　　　　吕荣修编著）

3. 亚急性型　雏鹅肠道病变更加典型。

（四）实验室检查

1. 病毒的分离与鉴定　取病鹅的肝、脾、肾、脑等器官剪碎、磨细，用 PBS 或 Hank's 液做 10% 稀释，离心后取上清加入抗生素，混匀。接种 12～14 日龄无母源抗体的鹅胚，收集 72 小时以后死亡的鹅胚及尿囊液，胚体皮肤充血、出血、水肿，肝脏变性或坏死，绒毛尿囊膜水肿。尿囊液接种 5～10 日龄雏鹅，观察 10 天，死亡雏鹅出现典型病理变化。分离到病毒后用中和试验、免疫荧光技术、琼脂扩散试验、PCR 进行鉴定。

2. 琼脂扩散试验　用已知琼扩抗原检测抗血清的效价和病愈鹅的血清；或用已知抗血清检测琼扩抗原效价和被检病料抗原。

二、防治要点

1. 加强卫生防疫制度　禁止从疫区购进种鹅、雏鹅和种蛋，对购进的种蛋应严格地冲洗和消毒，防止病毒通过种蛋传播。孵化场必须定期彻底消毒，一旦感染，应立即停止生产，对种蛋、孵化器、出雏器及用具进行彻底清洗和熏蒸消毒，以切断传播途径。

2. 免疫　小鹅瘟活疫苗推荐的使用方法如下：

（1）免疫途径　供产蛋前的母鹅注射，肌内注射。

（2）用法与用量　在母鹅产蛋前 20～30 日，每只 1 毫升。

（3）注意事项　本疫苗雏鹅禁用。

3. 治疗措施　雏鹅群发病后迅速隔离，尽早注射小鹅瘟高免血清或高免卵黄液，每只 1～1.5 毫升，同时加入干扰素，效果会更好。必要时 5～7 天后再注射一次。

第十六节　鹅副黏病毒病

鹅副黏病毒病（Paramyxovirus disease of goose）是由鹅副黏病毒引起的，以消化道病理变化为特征的急性传染病。该病毒是副黏病毒科腮腺炎病毒属禽副黏病毒Ⅰ型鹅副黏病毒，广泛存在于病鹅的脾脏、肝脏、肠管等内脏器官，在干燥、日光、高温条件下容易丧失活性，在0℃环境下，可存活1年。近年来，该病在我国流行区域不断扩大，给养鹅业造成了极大的经济损失。

一、鹅副黏病毒病的诊断要点

（一）流行病学特征

1. 传染源　鹅和鸡可感染发病。病鹅的唾液、鼻液及粪便污染的饲料、饮水、垫料和用具等均可成为本病的污染来源，处理不当的鹅尸体、内脏及羽毛等是最重要的传染源。

2. 传播途径　通过消化道和呼吸道水平传播。

3. 易感动物　各种年龄的鹅都具有较强的易感性，日龄越小发病率、死亡率越高。疫区内的鸡也可以感染发病而死亡。

4. 当前流行特点　流行范围逐渐增大、雏鹅发病率和死亡率极高。

（二）临床症状特征

鹅自然感染的潜伏期为3～5天，病程一般为2～5天。

1. 早期变化　病鹅初期大多表现精神不振，食欲减退、饮水增加，有时勉强采食或饮水又随即甩头吐下，排白色稀粪或水样腹泻，部分病鹅时常甩头，并发出"咕咕"的咳嗽声。

2. 中期变化　病情加重后，病鹅双腿无力，蹲伏在地上，不愿行走。

3. 后期变化　病鹅极度衰弱，眼睛流泪、咳嗽、呼吸困难，头颈颤抖，部分患鹅呈现阵发性扭转、转圈等神经症状。病鹅相互拥挤在一起，体重迅速下降，逐渐衰竭而死，重症病鹅及病死鹅泄殖腔周围羽毛常沾污大量白色粪便。

（三）病理剖检特征

1. 肝脏　肿大、质地较硬，表面有数量不等、大小不一的灰黄色坏死灶，有的融合成坏死斑。

2. 肠道　小肠、结肠和盲肠黏膜有散在或弥漫性、淡黄色或灰白色纤维素性结痂，结肠黏膜有弥漫性、淡黄色或灰白色大小不一的纤维素性结痂，剥离后呈现出血面或溃疡灶（图4-44、图4-45），盲肠扁桃体肿大，明显出血。

 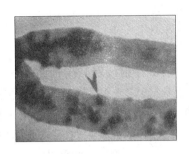

图4-44　肠道坏死性溃疡灶　　　图4-45　肠道黏膜坏死性溃疡灶
（摘自《鹅病诊断与策略防治》，　　　　（摘自《鹅病诊断与策略防治》，
陈伯伦主编）　　　　　　　　　　陈伯伦主编）

3. 胰腺、脾脏　表现严重的坏死病变，在表面和切面上可见大量大小不等，呈点状、条状或块状的白色坏死灶，个别病例整个胰腺严重坏死。

4. 腺胃、肌胃　充血、出血。

5. 食道　黏膜下端有散在的芝麻大小、灰白色或淡黄色结痂，易剥离，剥离后可见斑或溃疡。

6. 其他脏器　病变胸腺偶见出血；大脑、小脑有时充血、水肿；肾脏肿大、色淡；输尿管扩张，充满白色尿酸盐。

（四）实验室检查

取疑似病例的新鲜病变组织，用生理盐水制成10%悬液，离心后取上清，加青霉素1 000单位/毫升、链霉素1 000单位/毫升，混匀后接种9~10日龄无新城疫抗体的鸡胚或SPF鸡胚，收集24~96小时死亡的鸡胚及尿囊液，传代鹅胚，典型病例可在48小时内致死。取尿囊液做血凝和血凝抑制试验，能被已知阳性抗血清抑制者，即可确认。

二、防治要点

1. 加强管理，严格执行卫生防疫制度　鹅副黏病毒对鸡和鹅均有致病力，因此，鸡群必须与鹅群严格分开饲养，避免疫病相互传播。同时要避免从疫区引进种鹅和雏鹅，加强消毒工作，做好卫生安全措施。

2. 免疫接种　对体内有母源抗体的雏鹅，初次免疫应在7~10日龄注射鹅副黏病毒油乳剂灭活苗，无母源抗体的雏鹅首免应提前至2~7日龄，2个月后再加强免疫一次。

3. 治疗

（1）鹅群发病时应立即隔离病鹅，同时使用干扰素能取得较好效果。免疫注射过程中应注意针头的消毒和更换。

（2）饲料中应添加抗生素、B族维生素和维生素C，可控制并发症或继发症的发生，增强鹅群的抗病能力。

附　推荐的禽类免疫程序

表4-1　推荐的蛋种鸡免疫程序

龄期	疫苗种类	免疫剂量	接种途径	备注
1日龄	马立克氏病疫苗CVI-988	1羽份	皮下或肌内注射	
7~10日龄	新城疫-传染性支气管炎-肾型传染性支气管炎	1羽份	滴鼻、点眼	
10日龄	鸡传染性法氏囊中等毒力疫苗	1羽份（2羽份）	滴鼻、点眼（饮水）	

（续）

龄期	疫苗种类	免疫剂量	接种途径	备注
14日龄	禽流感 H5＋H9 灭活苗	1羽份	皮下注射	
21日龄	新城疫-传染性支气管炎（H52）	1羽份	滴鼻、点眼	
28日龄	鸡传染性法氏囊中等毒力活疫苗	2羽份	饮水	
	禽流感 H5＋H9 灭活苗	1羽份	皮下注射	
35日龄	鸡传染性喉气管炎疫苗	1羽份	点眼	发病区
60日龄	鸡新城疫Ⅰ系苗	1羽份	肌内注射	
90日龄	鸡传染性喉气管炎疫苗	1羽份	点眼	发病区
100～110日龄	禽流感 H5＋H9 灭活苗	1羽份	皮下或肌内注射	
	新城疫-传染性支气管炎-减蛋综合征	1羽份	肌内注射	
	禽脑脊髓炎灭活疫苗	1羽份	肌内注射	
	鸡传染性法氏囊灭活苗	1羽份	肌内注射	
每隔2个月	新城疫-传染性支气管炎（H52）	2羽份	饮水	
每隔3个月	禽流感 H5＋H9 灭活苗	1羽份	肌内注射	
280日龄	鸡传染性法氏囊灭活苗	1羽份	肌内注射	

说明：鸡痘疫苗的免疫应根据当地气候条件，在蚊虫出现前3周进行防疫。蚊虫严重地区，需加强免疫一次。

表 4-2 推荐的蛋鸡免疫程序

龄期	疫苗种类	免疫剂量	接种途径	备注
1 日龄	马立克氏病疫苗 CVI-988	1 羽份	皮下或肌内注射	
7~10 日龄	新城疫-传染性支气管炎-肾型传染性支气管炎	1 羽份	滴鼻、点眼	
10 日龄	鸡传染性法氏囊中等毒力疫苗	1 羽份（2 羽份）	滴鼻、点眼（饮水）	
14 日龄	禽流感 H5+H9 灭活苗	1 羽份	皮下注射	
21 日龄	新城疫-传染性支气管炎（H52）	1 羽份	滴鼻、点眼	
28 日龄	鸡传染性法氏囊中等毒力活疫苗	2 羽份	饮水	
	禽流感 H5+H9 灭活苗	1 羽份	皮下注射	
35 日龄	鸡传染性喉气管炎疫苗	1 羽份	点眼	发病区
60 日龄	鸡新城疫 I 系苗	1 羽份	肌内注射	
90 日龄	鸡传染性喉气管炎疫苗	1 羽份	点眼	发病区
100~110 日龄	禽流感 H5+H9 灭活苗	1 羽份	皮下或肌内注射	
	新城疫-传染性支气管炎-减蛋综合征	1 羽份	肌内注射	
每隔 2 个月	新城疫-传染性支气管炎	2 羽份	饮水	
每隔 3 个月	禽流感 H5+H9 灭活苗	1 羽份	肌内注射	

说明：鸡痘疫苗的免疫应根据当地气候条件，在蚊虫出现前 3 周进行防疫。蚊虫严重地区，需加强免疫一次。

表 4-3　推荐的肉种鸡免疫程序

龄期	疫苗种类	免疫剂量	接种途径	备注
1 日龄	马立克氏病疫苗 CVI-988	1 羽份	皮下或肌内注射	
7～10 日龄	新城疫-传染性支气管炎-肾型传染性支气管炎	1 羽份	滴鼻、点眼	
	新城疫-传染性支气管炎灭活苗	1 羽份	皮下注射	
	病毒性关节炎活疫苗	1 羽份	皮下注射	
10 日龄	鸡传染性法氏囊中等毒力疫苗	1 羽份（2 羽份）	滴鼻、点眼（饮水）	
14 日龄	禽流感 H5＋H9 灭活苗	1 羽份	皮下注射	
21 日龄	新城疫-传染性支气管炎（H52）	1 羽份	滴鼻、点眼	
28 日龄	鸡传染性法氏囊中等毒力活疫苗	2 羽份	饮水	
	禽流感 H5＋H9 灭活苗	1 羽份	皮下注射	
35 日龄	鸡传染性喉气管炎疫苗	1 羽份	点眼	发病区
	病毒性关节炎活疫苗	1 羽份	皮下注射	
90 日龄	鸡传染性喉气管炎疫苗	1 羽份	点眼	发病区
100～110 日龄	禽流感 H5＋H9 灭活苗	1 羽份	皮下或肌内注射	
	新城疫-传染性支气管炎-减蛋综合征	1 羽份	肌内注射	

（续）

龄期	疫苗种类	免疫剂量	接种途径	备注
	鸡传染性法氏囊炎灭活苗	1羽份	肌内注射	
140日龄	病毒性关节炎灭活苗	1羽份	肌内注射	
280日龄	鸡传染性法氏囊炎灭活苗	1羽份	肌内注射	
每隔2个月	新城疫-传染性支气管炎活疫苗（H52）	2羽份	饮水	
每隔3个月	禽流感H5+H9灭活苗	1羽份	肌内注射	

表4-4 推荐的肉仔鸡免疫程序

龄期	疫苗种类	免疫剂量	接种途径	备注
7~10日龄	新城疫-传染性支气管炎-肾型传染性支气管炎	1羽份	滴鼻、点眼	
10日龄	鸡传染性法氏囊中等毒力疫苗	1羽份（2羽份）	滴鼻、点眼（饮水）	
14日龄	禽流感-新城疫重组二联苗	1羽份	滴鼻、点眼	
21日龄	新城疫-传染性支气管炎（H52）	1羽份	滴鼻、点眼	
28日龄	鸡传染性法氏囊中等毒力活疫苗	2羽份	饮水	
35日龄	禽流感-新城疫重组二联苗	2羽份	饮水	

表 4 - 5 推荐的三黄鸡免疫程序

龄期	疫苗种类	免疫剂量	接种途径	备注
1 日龄	马立克氏病疫苗 CVI - 988	1 羽份	皮下或肌内注射	
7～10 日龄	新城疫-传染性支气管炎-肾型传染性支气管炎	1 羽份	滴鼻、点眼	
	鸡传染性法氏囊中等毒力疫苗	1 羽份（2 羽份）	滴鼻、点眼（饮水）	
14 日龄	禽流感-新城疫二联活苗	1 羽份	滴鼻、点眼	
21 日龄	新城疫-传染性支气管炎（H52）	1 羽份	滴鼻、点眼	
28 日龄	鸡传染性法氏囊中等毒力活疫苗	2 羽份	饮水	
35 日龄	禽流感-新城疫二联活苗	2 羽份	饮水	
	鸡传染性喉气管炎疫苗	1 羽份	点眼	发病区
60 日龄	鸡新城疫Ⅰ系苗	1 羽份	肌内注射	
90 日龄	鸡传染性喉气管炎疫苗	1 羽份	点眼	发病区
100～110 日龄	禽流感（RE - 6＋RE - 4）灭活苗	1 羽份	皮下或肌内注射	
	新城疫-传染性支气管炎-减蛋综合征	1 羽份	肌内注射	
每隔 2 个月	新城疫-传染性支气管炎	2 羽份	饮水	
每隔 3 个月	禽流感（RE - 6＋RE - 4）灭活苗	1 羽份	肌内注射	

表 4-6 推荐的种鸭免疫程序

龄期	疫苗种类	免疫剂量	接种途径	备注
1 日龄	鸭病毒性肝炎弱毒疫苗	1 羽份	皮下注射	也可接种高免血清
14 日龄	禽流感 H5N1（Re-6+Re-4）灭活疫苗	1 羽份	皮下注射	
15～20 日龄	鸭瘟弱毒疫苗	1 羽份	皮下注射	
30 日龄	禽流感 H5N1（Re-6+Re-4）灭活疫苗	1 羽份	皮下注射	
开产前	禽流感 H5N1（Re-6+Re-4）灭活疫苗	1 羽份	皮下或肌内注射	
	鸭病毒性肝炎弱毒疫苗	1 羽份	肌内注射	
	鸭瘟弱毒疫苗	1 羽份	肌内注射	
每隔 3 个月	禽流感 H5N1（Re-6+Re-4）灭活疫苗	1 羽份		
每隔 6 个月	鸭病毒性肝炎弱毒疫苗	1 羽份	肌内注射	
	鸭瘟弱毒疫苗	1 羽份	肌内注射	

表 4-7 推荐的肉鸭免疫程序

龄期	疫苗种类	剂量	接种途径	备注
1 日龄	鸭病毒性肝炎弱毒疫苗	1 羽份	皮下注射	也可接种高免血清
14 日龄	禽流感 H5N1（Re-6+Re-4）灭活疫苗	1 羽份	皮下接种	
20 日龄	鸭瘟弱毒疫苗	1 羽份	皮下接种	
30 日龄	禽流感 H5N1（Re-6+Re-4）灭活疫苗	1 羽份	皮下接种	

表4-8 推荐的种鹅免疫程序

龄期	疫苗种类	剂量	免疫途径	备注
1～2日龄	小鹅瘟弱毒疫苗	1羽份	皮下或肌内注射	也可接种高免血清
10～14日龄	鹅副黏病毒灭活苗	1羽份	颈部皮下注射	
	禽流感-新城疫二联活疫苗		滴鼻、点眼	
15～20日龄	鸭瘟弱毒疫苗	5羽份	肌内注射	
30～35日龄	禽流感-新城疫二联活疫苗	2羽份	饮水	
	鸭瘟弱毒疫苗	10羽份	肌内注射	
60日龄	鹅副黏病毒灭活苗	1羽份	肌内注射	
开产前	小鹅瘟弱毒疫苗	1羽份	肌内注射	
	禽流感H5N1（Re-6＋Re-4）灭活疫苗	1羽份	皮下或肌内注射	
	鹅副黏病毒灭活苗	1羽份	皮下或肌内注射	
	鸭瘟弱毒疫苗	20羽份	肌内注射	
每隔3个月	禽流感H5N1（Re-6＋Re-4）灭活疫苗	1羽份	皮下或肌内注射	
每隔4个月	小鹅瘟弱毒疫苗	1羽份	肌内注射	
	鹅副黏病毒灭活苗	1羽份	皮下或肌内注射	
	鸭瘟弱毒疫苗	20羽份	肌内注射	

表 4-9 推荐的商品肉鹅免疫程序

龄期	疫苗种类	剂量	免疫途径	备注
1~2 日龄	小鹅瘟弱毒疫苗	1 羽份	皮下或肌内注射	也可接种高免血清
10~14 日龄	鹅副黏病毒灭活苗	1 羽份	皮下注射	
	禽流感-新城疫二联活疫苗		滴鼻、点眼	
15~20 日龄	鸭瘟弱毒疫苗	5 羽份	肌内注射	
30~35 日龄	禽流感-新城疫二联活疫苗	2 羽份	饮水	
	鸭瘟弱毒疫苗	10 羽份	肌内注射	

第五章 牛羊主要疫病免疫技术

第一节 口 蹄 疫

口蹄疫（Foot and mouth disease，FMD）是由口蹄疫病毒引起的偶蹄兽的一种急性、热性、高度接触性传染病。已发现的口蹄疫病毒有 A、O、C、SAT1、SAT2、SAT3 和 ASIA1 7 个血清型。各型的抗原不同，之间无交叉保护反应。每个类型内又有多个亚型，目前共有 65 个亚型。本病被世界动物卫生组织列为 A 类动物疫病，是我国规定的一类动物疫病。该病特征及防治要点如下：

一、牛羊口蹄疫的诊断要点

（一）流行病学特征

1. 传染源 带毒动物及发病动物。

2. 传播途径 消化道、呼吸道、损伤的皮肤和黏膜。

3. 易感动物 黄牛、牦牛和水牛、骆驼、绵羊、山羊、猪、野猪、大象和人。

4. 当前流行特点 本病的发生没有严格的季节性，但其流行却有明显的季节规律。往往在不同的地区，口蹄疫流行于不同季节。有的国家和地区以春、秋两季为主。一般冬、春较易发生大流行，夏季减缓或平息。

（二）临床症状特征

体温 40～41℃，口腔黏膜发炎，口腔、舌及蹄部出现水疱，水疱呈蚕豆至核桃大小，内含透明的液体。1～2 天后水疱破裂，表皮剥脱，形成浅表的边缘整齐的红色糜烂（图 5-1、图 5-2、

图5-3、图5-4）。病牛体重减轻和泌乳量显著减少。1周即可痊愈，但有蹄部病变时病程可延长至2～3周。病死率为3％以下，但也有些患牛可能在恢复过程中突然恶化，表现为全身虚弱，肌肉震颤，心脏麻痹而突然死亡。

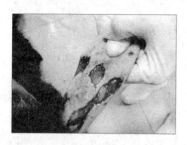

图5-1　舌黏膜上的水疱破裂形成烂斑
（摘自《家畜病理学》第四版，
马学恩编著）

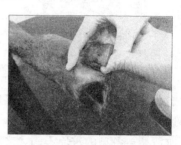

图5-2　趾间形成水疱
（摘自《家畜病理学》第四版，
马学恩编著）

图5-3　趾间水疱破裂形成烂斑
（摘自《家畜病理学》第四版，马学恩编著）

图5-4　口鼻处形成水疱

（三）病理剖检特征

真胃和小肠黏膜可见出血性炎症。心包膜有弥漫性及点状出血，心室肌色淡、变性、坏死，切面有灰白色或淡黄色的斑点或条纹，似老虎身上的条纹，称为虎斑心。

（四）实验室检查

参照附录11　口蹄疫防治技术规范。

二、防治要点

1. 培育无强毒感染牛群、羊群　原则同"第三章　第一节　猪瘟"。

2. 强化饲养管理水平　原则同"第三章　第一节　猪瘟"。

3. 切实严格执行生物安全措施　原则同"第三章　第一节　猪瘟"。

4. 免疫　疫苗接种是特异性预防 FMD 的可靠和有效手段，安全有效的疫苗是成功地预防、控制乃至最终消灭 FMD 的先决条件。近年来，随着分子生物学技术的飞速发展，FM-DV 基因工程疫苗如亚单位疫苗、可饲疫苗、合成肽疫苗、蛋白质载体疫苗、基因缺失疫苗、活载体疫苗、核酸疫苗等不断涌现。

当前国内牛羊口蹄疫疫苗种类及抗原来源为：牛羊口蹄疫 O-Ⅰ型灭活疫苗（O 型 OJMS 株＋亚洲Ⅰ型 JSL 株）、牛羊口蹄疫 O-Ⅰ型灭活疫苗（O 型 OHM/02 株＋亚洲Ⅰ型 JSL 株）；牛口蹄疫 A 型灭活疫苗（A 型 AF/72 株）；牛口蹄疫 O-Ⅰ-A 三价灭活苗（O 型/MYA98/BY/2010＋亚洲Ⅰ型 JSL 株＋A 型 Re-A/WH/09 株）。

（1）O 型 OJMS 株＋亚洲Ⅰ型 JSL 株灭活疫苗推荐使用方法　JMS 株为佳木斯毒株，属于 O 型泛亚毒株，与马妮萨属同源毒株；JSL 株 85 年发现，为江苏系列毒株。

①免疫途径：肌内注射。

②用法与用量：牛每头 2 毫升，羊每只 1 毫升。

（2）O 型 OHM/02 株＋亚洲Ⅰ型 JSL 株灭活疫苗推荐使用方法　OHM/02 株于 2002 年被发现，新疆哈密毒株。

①免疫途径：颈部肌内注射。

②用法与用量：牛每头 2 毫升，羊每只 1 毫升。

（3）A 型 AF/72 株灭活疫苗推荐使用方法　AF/72 株于

1972 年被发现，山东肥城毒株。

①免疫途径：肌内注射。

②用法与用量：6 月龄以上成年牛每头 2 毫升，6 月龄以下犊牛每头 1 毫升。

（4） O 型/MYA98/BY/2010＋亚洲 I 型 JSL 株＋A 型 Re - A/WH/09 株灭活疫苗推荐使用方法　O 型/MYA98/BY/2010 株于 2010 年被发现，缅甸 98 毒株；Re - A/WH/09 株于 2009 年发现，武汉毒株。

①免疫途径：肌内注射。

②用法与用量：每头注射 1 毫升。

5. 疫情处置　当发现疑似牛羊口蹄疫病猪、病例后，应按《中华人民共和国动物防疫法》、《口蹄疫防治技术规范》、《重大动物疫病条例》及当地有关的相关法律法规进行处置。

第二节　布鲁氏菌病

布鲁氏菌病（Brucellosis）是由布鲁氏菌属的细菌引起的一种人畜共患传染病。家畜中羊牛和猪最易感。本病广泛分布于世界各地，我国目前在人畜间仍有发生，给畜牧业和人类健康带来了严重危害。布鲁氏菌属有 6 个种。即马耳他布鲁氏菌（B. melitensis）、流产布鲁氏菌（B. abortus）、猪布鲁氏菌（B. suis），绵羊布鲁氏菌（B. ovis），犬布鲁氏菌（B. canis）和沙林鼠布鲁氏菌（B. neotomae）。不同种类的布鲁氏菌大多具有不同宿主间交叉感染的能力，并具有极为明显的宿主危害倾向性。人和羊对马耳他布鲁氏菌高度易感，引起的危害也最为严重，而流产布鲁氏菌对人的易感性及危害相对较轻，对牛则高度易感，危害严重；猪布鲁氏菌对猪和人均表现出高度易感性，危害也较为严重，对牛尽管能感染，但几乎不形成危害。其中马耳他布鲁氏菌有 3 个生物型；流产布鲁氏菌有 8 个；猪布鲁氏菌有

4个。这6个种及其生物型的特征相互间有些差别。习惯上称马耳他布鲁氏菌为羊布鲁氏菌，流产布鲁氏菌为牛布鲁氏菌。各个种与生物型菌株之间，形态及染色特性方面无明显差别。20世纪90年代，人们陆续从海洋动物包括海豹、海豚、鲸及水獭中分离到了第7种布鲁氏菌，并且证明从海洋动物中分离到的布鲁氏菌的致病性和分子特征与上述6种布鲁氏菌不同。世界卫生组织将布鲁氏菌病列为B类疫病，我国农业部将其列为二类疫病。该病特征及防治要点如下：

一、牛羊布鲁氏菌病的诊断要点

（一）流行病学特性

1. 传染源　病畜及带菌的羊、牛、犬、野生动物。

2. 传播途径　消化道、呼吸道、生殖系统黏膜、损伤甚至未损伤的皮肤和蜱叮咬。

3. 易感动物　家畜牛、羊、猪最常发生，且可由牛、羊、猪传染给人和其他家畜。

4. 当前流行特点　本病无明显的季节性，一年四季均可发生。

（二）临床症状特征

牛流产前体温升高、食欲减退，有的长卧不起，由阴道流出黏液或带血样分泌物等。

羊公羊引起睾丸炎、绵羊还可引起附睾炎；母羊胎盘炎、非习惯性流产、产期死亡率增高。乳房炎、支气管炎、关节炎和滑液囊炎引起的跛行。

（三）病理学特征

牛、绵羊、山羊大致相同：胎衣呈黄色胶冻样浸润，有些部位覆盖有纤维样蛋白絮片和脓液，有的增厚而夹杂有出血点。子宫阜部分或全部贫血呈苍白色，或覆有灰色或黄绿色纤维蛋白或脓液絮片或有脂肪状渗出物。胎儿胃特别是第四胃中有淡黄色或白色黏液絮状物，肠胃和膀胱的浆膜下可能见有点状或线状出血。皮下呈出血性浆液浸润。淋巴结、脾脏、肾脏及肝脏有程度不等的肿胀（图 5-5、图 5-6），有的散在炎性坏死灶。脐带常呈黏液性浸润、肥厚。胎儿和新生犊牛可有肺炎。公畜生殖器可能有出血点或坏死灶，睾丸和附睾可能有炎性坏死灶和化脓灶。

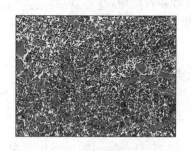 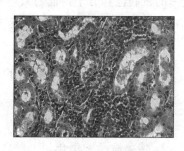

图 5-5　增生性淋巴结炎　　　图 5-6　肾脏间质淋巴细胞和上皮样
（摘自《家畜病理学》第四版，　　　　　　细胞增生，形成布鲁氏菌病
马学恩编著）　　　　　　　　　　　　结节

（摘自《家畜病理学》第四版，
马学恩编著）

（四）实验室检查

根据临床症状和病理变化可初步怀疑本病。确诊必须依赖实验室诊断。包括细菌涂片检查与分离、血清凝集试验、补体结合试验和 PCR 方法。

二、防治要点

1. 着重体现"预防为主"的原则　　在未感染畜群中，控制本病传入的最好办法是自繁自养，必须引进畜种或补充畜群时，要严格执行检疫。将动物隔离饲养 2 个月，同时进行布鲁氏菌的检测，全群两次免疫生物学检查阴性者，才可以与原有动物接触。清洁的畜群还应定期检疫（至少一年一次），一经发现应淘汰。

2. 做好个人防护　处理可疑病例时做好保护，防止经皮肤、黏膜和呼吸道感染本病。

3. 免疫　当前国内使用的布鲁氏菌疫苗均为弱毒活疫苗。毒株来源有 S2 株和 A19 株等。我国主要使用的是布鲁氏菌 S2 株疫苗、牛布鲁氏菌 A19 株疫苗等，以下是当前国内常用疫苗简介：

（1）布鲁菌 S2 株疫苗推荐使用方法

①免疫途径：口服接种，亦可注射。

②用法与用量：口服，无论年龄大小，羊每只 4 头份；牛每头 20 头份；猪每头 8 头份，间隔 1 个月，再口服一次。皮下或肌内注射：山羊每只 1 头份；绵羊每只 2 头份；猪接种 2 次，每次每头 8 头份，间隔 1 个月。

③注意事项：注射法不能用于孕畜、牛和小尾寒羊。

拌料饮水或灌服时，应注意用凉水。若拌入饲料中，应避免使用添加抗生素的饲料、发酵饲料或热饲料。在接种前后 3 日，应停止使用含有抗生素的饲料和发酵饲料。

本品对人有一定的致病力，使用时应注意个人防护。

（2）牛布鲁氏菌 A19 株疫苗推荐使用方法

①免疫途径：皮下注射免疫。

②用法与用量：一般对 3～8 月龄牛接种 1 次标准剂量，必要时可在 18～20 月龄（即第 1 次配种前）再接种 1 次低剂量，以后可根据牛群布鲁氏菌病流行情况确定是否再进行接种。

4. 疫情处理　当发现疑似病牛、病羊后，应按《中华人民共和国动物防疫法》或本地的相关法规进行处置，同时做好消毒工作，以切断传播途径。

第三节　炭　疽

炭疽（Anthrax）是由炭疽杆菌引起的一种人畜共患的急性、热性、败血性传染病。一年四季均可发生，夏季多雨、洪水泛滥、吸血昆虫多时常见。世界卫生组织（OIE）将炭疽列为 B 类疫病，我国农业部将其列为二类疫病。该病特征及防治要点如下：

一、炭疽的诊断要点

（一）流行病学特性

1. 传染源　主要是患病动物，病原体形成芽孢可长期存活而成为长久的疫源地。

2. 传播途径　采食被污染的饲料、饲草、饮水和肉类通过消化道感染；通过昆虫吸血感染；附着在尘埃中的炭疽芽孢通过呼吸道感染。

3. 易感动物　草食动物最敏感，其次是肉食动物，家禽一般不感染，人易感。

4. 当前流行特点　本病呈地方性流行，印度、巴基斯坦、非洲、南美洲等热带、亚热带地区多发。虽然一年四季均可发生，但干旱或多雨、洪水涝积、吸血昆虫等是炭疽暴发的季节性因素。此外，从疫区输入病畜产品，例如骨粉、皮革、羊毛等也常引起本病暴发。

（二）临床症状特征

1. 最急性型　多见于牛、绵羊和鹿。个别动物可能突然昏迷、全身痉挛、很快倒地死亡。病程稍缓者，体温升高，精神不振或兴奋不安、食欲不振、反刍停止、全身抽搐、呼吸困难、可视黏膜发绀，呈蓝紫色或有小出血点。随即体温下降、气喘、昏迷、虚脱而死。死后可见血液凝固不良，口腔、鼻孔、肛门、阴门流血，胃肠迅速膨胀，尸僵不全。

2. 急性型　见于牛、马等动物。病牛可能在喉部、颈部、腹下、肩胛、乳房、直肠或口腔等处出现局限性炎性水肿，初期硬固有热痛，后变冷而无痛，中央部可发生坏死，有时可形成溃疡呈炭疽痈，经数日或数周可能痊愈，也可能恶化死亡。

3. 亚急性型　多发于猪等杂食动物。

(三)病理剖检特征

尸体腹胀明显，尸僵不全，天然孔有黑色血液流出，黏膜发绀，血液呈煤焦油样。全身多发性出血，皮下、肌间、浆膜下胶冻性水肿。脾肿大软化如糊状、切面呈樱桃红色，有出血。局部炭疽常见于肠、咽及肺等处。肠炭疽为出血性肠炎，有局部的水肿；咽炭疽多见于猪，扁桃体肿胀、出血、坏死并有黄色痂皮覆盖，周围有胶冻样液体浸润，其附近淋巴结出血；肺炭疽局部呈出血性肝变，周围有水肿。

(四)实验室检查

血涂片经美蓝染色可见大量带有荚膜的芽孢杆菌，即可确诊。另可进行血清学试验和超敏变态反应试验，目前主要的方法是酶联免疫吸附试验（ELISA）。

二、防治要点

1. 发生炭疽时，应立即上报疫情并按规定严格处理。对死亡动物尸体进行焚烧或覆盖生石灰、20%漂白粉后深埋。全场进行彻底消毒。可疑动物可用药物治疗。

2. 免疫　当前国内使用的炭疽疫苗均为甘油苗，毒株来源有 C40-202 株和 C40-205 株。

国内主要使用的有炭疽杆菌弱毒 C40-202 株疫苗、无荚膜炭疽杆菌弱毒 C40-205 株疫苗。以下是当前国内常用疫苗简介：

（1）炭疽杆菌弱毒 C40-202 株疫苗（Ⅱ号炭疽芽孢疫苗）推荐使用方法

①免疫途径：皮内注射。

②用法与用量：山羊，每只 0.2 毫升；其他动物，每头（只）0.2 毫升或皮下注射 1.0 毫升。

（2）无荚膜炭疽杆菌弱毒 C40-205 株疫苗（无荚膜炭疽芽

孢疫苗）推荐使用方法

①免疫途径：皮下注射。

②用法与用量：1 岁以上牛、马每头（匹）1.0 毫升，1 岁以下牛、马每头（匹）0.5 毫升，绵羊、猪每只 0.5 毫升。

3. 疫情处理　当发现炭疽病例后，应按《中华人民共和国动物防疫法》、《重大动物疫情应急条例》《国家突发重大动物疫情应急预案》《炭疽防治技术规范》等相关法律法规进行处置。

第四节　羊梭菌性疾病

羊梭菌性疾病是由梭状芽孢杆菌属（*Clostridium*）中的致病菌所引起的一类疾病，包括羊快疫及羊猝狙、羊肠毒血症、羊黑疫、羔羊痢疾等。这一类疾病在临床上有不少相似之处，容易混淆。这些疾病都能造成急性死亡，对养羊业危害很大。

一、羊快疫及羊猝狙

羊快疫及羊猝狙是梭状芽孢杆菌属中两种不同病原体引起的最急性传染病。根据毒素-抗毒素中和试验，将本菌分为 A、B、C、D、E 五型，产生四种毒素，即 α、β、γ、ι。羊快疫系由腐败梭菌引起，以真胃（第四胃）呈出血性炎症为特征；羊猝狙是由 C 型魏氏梭菌的毒素所引起，以溃疡性肠炎和腹膜炎为特征，二者可发生混合感染。羊猝狙最先发现于英国，在美国和苏联也曾发生过。1953 年春夏期间，我国内蒙古东部地区羊快疫及羊猝狙的混合感染造成流行。在我国其他地区也曾发生过类似疫情，但相比之下以羊快疫单发居多。

（一）羊快疫及羊猝狙的诊断要点

1. 流行病学特性

（1）传染源　主要是患病动物。

（2）传播途径　采食被细菌污染的饲料、饲草、饮水通过消化道感染。

（3）易感动物　绵羊对羊快疫最易感，山羊和鹿也可感染本病。成年绵羊对羊猝狙易感。

（4）当前流行特点　常见于低洼沼泽地区，多发生于冬春季节。常呈地方性流行。羊快疫发病羊的营养水平多在中等以上，年龄多为 6～18 月龄。许多羊的消化道平时就有病原菌存在，但并不发病。当存在不良的外界诱因，特别是在秋冬和初春气候骤变、阴雨连绵之际，羊只受寒感冒或采食了冰冻带霜的草料，机体遭受刺激，抵抗力减弱时发病。羊猝狙以 1～2 岁绵羊发病较多。

2. 临床症状特征

（1）羊快疫　病发突然，来不及表现出临床症状，就突然死亡。病羊表现虚弱和运动失调。腹部膨胀，有疝痛症状。体温表现不一，最后极度衰竭、昏迷，通常于数小时至 1 天内死亡，极少数病例可达 2～3 天，罕有痊愈者。

（2）羊猝狙　病程短促，常未及见到症状即突然死亡。有时发现病羊掉群，表现不安、衰弱，痉挛，眼球突出，在数小时内死亡。

3. 病理剖检特征

（1）羊快疫　真胃出血性炎症变化显著。胸腔、腹腔、心包有大量积液，暴露于空气后易凝固。心内膜下（特别是左心室）和心外膜下有多数点状出血。肠道和肺脏的浆膜下也可见到出血。胆囊多肿胀。如病羊死后未及时剖检，则尸体因迅速腐败而出现其他死后变化。

（2）羊猝狙　十二指肠和空肠黏膜严重充血、糜烂，有的区段可见大小不等的溃疡。胸腔、腹腔和心包大量积液。浆膜上有小点状出血。

4. 实验室检查　进行细菌的分离培养和动物实验。荧光抗体技术可用于本病的快速诊断。

（二）防治要点

1. 加强平时的饲养管理和防疫措施。

2. 每年应定期接种羊三联四防疫苗。当前国内使用的羊梭菌病多联疫苗均为灭活疫苗，分为油乳剂疫苗和干粉苗。毒株有腐败梭菌 C55 - 1 株，产气荚膜 B 型 C58 - 2 株，产气荚膜梭菌 D 型 C60 - 2 菌株。

（1）羊三联四防灭活疫苗（油乳剂）

①免疫途径：肌内或皮下注射。

②用法与用量：不论羊年龄大小一律 5 毫升。

（2）羊梭菌病多联灭活疫苗（干粉）

①免疫途径：肌内或皮下注射。

②用法与用量：临用时以 20% 氢氧化铝胶生理盐水溶液溶解，充分摇匀后，不论羊年龄大小，每只均接种 1.0 毫升。

二、羊肠毒血症

羊肠毒血症是由 D 型产气荚膜梭菌引起的一种急性毒血症疾病。

（一）羊肠毒血症的诊断要点

1. 流行病学特性

（1）传染源　被 D 型产气荚膜梭菌污染的饲料和饮水。

（2）传播途径　通过消化道感染。

（3）易感动物　绵羊、山羊均可感染。

（4）当前流行特点　表现出明显的季节性和条件性。在牧区，多发生于春末夏初青草萌发和秋季牧草结籽后的一段时期；在农区，则常常是在收获季节，羊吃了多量菜根菜叶，或收了庄稼后羊群吃了大量谷类的时候发生此病。本病多呈散发，绵羊发生较多，山羊较少。2～12 月龄的羊最易感。发病的羊均为膘情较好的。

2. 临床症状特征　多发病突然，往往在出现临床症状后便

很快死亡。一类以搐搦为其特征，另一类以昏迷和静静地死去为其特征。搐搦型和昏迷型在临床诊断症状上的差别是吸收的毒素多少不一导致的。

3. 病理剖检特征 真胃含有未消化的饲料；回肠的某些区段呈急性出血性炎症变化，重症病例整个肠段变为红色；心包常扩大，内含灰黄色液体和纤维素絮块，左心室的心内外膜下有多数小点出血；肺脏出血和水肿；胸腺常发生出血；肾脏易软化似脑髓状，称软肾病，肾皮质坏死；脑和脑膜血管周围水肿，脑膜出血，脑组织液化性坏死。

4. 实验室检查 毒素的检查可用豚鼠和小鼠做中和试验。取肠内稀粪，按照1：2加入生理盐水稀释，离心后取上清液分为两份，一份不经任何处理直接给5只小白鼠尾静脉注射，每只0.3毫升，另一份经高温处理30分钟后，以同等量注射5只小白鼠，在相同的环境下饲养管理，结果注射未经高温处理上清液的小白鼠在20分钟内先后昏迷死亡，而另一组小白鼠无异常变化，最终可确诊为羊肠毒血症。

（二）防治要点

1. 饲养管理 当羊群中出现本病时可立即搬圈，转移到高燥的地区放牧；加强羊只的饲养管理，加强羊只运动。

2. 免疫 每年应定期接种羊三联四防疫苗。参考羊快疫、羊猝狙免疫。

3. 疫情处理 当发现羊肠毒血症病例后，可立即搬圈，转移到高燥的地区放牧。并应按《中华人民共和国动物防疫法》或本地相关法规进行处置。

三、羊黑疫

羊黑疫又称传染性坏死性肝炎，是由诺维氏梭菌引起的绵羊和山羊的一种急性高度致死性毒血症。

（一）羊黑疫的诊断要点

1. 流行病学特性

（1）传染源　患病动物。

（2）传播途径　消化道感染，主要经被污染的草料、河沟等低洼地带的脏水进入消化道。

（3）易感动物　1 岁以上的绵羊，以 2～4 岁的绵羊发生最多，山羊也可感染，牛偶可感染。

（4）当前流行特点　本病主要是在春夏发生于肝片吸虫流行的低洼潮湿地区。

2. 临床症状特征　本病在临床上与羊快疫、肠毒血症等极其类似。病程十分急促，绝大多数未见有病而突然死亡。少数病例病程稍长，但也不超过 3 天。病畜掉群，不食、呼吸困难，体温 41.5℃左右，呈昏睡，俯卧，并保持这种状态毫无痛苦地突然死去。

3. 病理剖检特征　尸体皮下静脉显著充血，其皮肤呈暗黑色外观。胸部皮下组织水肿。浆膜腔有液体渗出，常呈黄色，腹腔液略带血色。左心室心内膜下常出血。真胃幽门部和小肠充血、出血。肝脏充血肿胀，从表面可见一个到十多个凝固性坏死灶，周围常为一鲜红色的充血带围绕。

4. 实验室检查　可做细菌性检查和毒素检查，毒素检查可用卵磷脂酶试验。

（二）防治要点

1. 预防　首先在于控制肝片吸虫的感染，在有肝片吸虫存在的疫区应定期对牛（羊）群驱虫。发生本病时，应将羊群移牧于高燥地区。

2. 免疫　暂无疫苗。

3. 治疗　对病羊使用抗诺维氏梭菌血清治疗效果较佳，但难以及时寻求到该类生物制品，因此在某种程度来讲无特异性治疗方法，经消化道途径使用抗细菌药物可抑制病原体及条件性病原体的增殖。

4. 疫情处理　当发现羊肠毒血症病例后，可立即搬圈，转移到高燥的地区放牧。并应按《中华人民共和国动物防疫法》或本地相关法规进行处置。

四、羔羊痢疾

羔羊痢疾是由 B 型产气荚膜梭菌所引起的初生羔羊的一种急性毒血症。本病常可使羔羊大批死亡，给养羊业带来了重大的损失。

（一）羔羊痢疾的诊断要点

1. 流行病学特性

（1）传染源　患病动物。

（2）传播途径　经消化道、脐带或创伤感染。

（3）易感动物　7 日龄以内的羔羊。

（4）当前流行特点　表现出一系列明显的规律性。草差而又没有搞好补饲的年份，常易发生；气候最冷和变化较大的月份，发病最为严重；纯种细毛羊的适应性差，发病和死亡率最高；杂种羊则介于纯种羊与本地土羊之间，其中杂交代数越高者，发病率和病死率也越高。

2. 临床症状特征　潜伏期为 1～2 天。病初精神委顿，低头拱背。不久腹泻，粪便恶臭，呈糊状或稀薄如水，后期含有血液。卧地不起，不及时治疗常在 1～2 天内死亡。有的羔羊四肢瘫软，呼吸急促，头向后仰，最后昏迷，体温降至常温以下，常在数小时到十几小时死亡。

3. 病理剖检特征　小肠黏膜充血，可见溃疡，溃疡周围有血带环绕，有的肠内容物呈血色。肠系膜淋巴结肿胀、充血、出血。心包积液，心内膜有时有出血点。肺脏常有充血或瘀血区域。

（二）防治要点

1. 本病发病因素复杂，应结合实施抓膘保暖、合理哺乳、消毒隔离、预防接种和药物防治等措施才能有效地防控。

2. 免疫　每年应定期接种羊三联四防疫苗。参考羊快疫、羊猝狙免疫。

3. 疫情处理　当发现羔羊痢疾病例后，应按《中华人民共和国动物防疫法》或本地相关法规进行处置。

第五节　绵羊痘和山羊痘

绵羊痘和山羊痘是由痘病毒引起的一种急性、热性、共患性传染病。

一、绵羊痘和山羊痘的诊断要点

（一）流行病学特性

1. 传染源　患病动物。

2. 传播途径　经呼吸道、损伤的皮肤或黏膜感染。

3. 易感动物　绵羊、山羊。

4. 当前流行特点　本病主要发生于冬末春初，气候严寒、饲草缺乏和饲养管理不良等因素都可促使发病和加重病情。

（二）临床症状特征

被毛逆立，在眼周围、唇、鼻、颊、四肢、尾内面及阴唇、乳房、阴囊和包皮上形成可见的、黄豆粒大小的、突出于皮肤表面的圆形痘疹（图 5-7）。

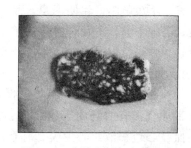

图 5-7　皮肤上的灰白色丘疹
（摘自《家畜病理学》第四版，马学恩编著）

（三）病理剖检特征

病羊的前胃或第四胃黏

膜上也常出现大小不等的结节、糜烂或溃疡，有时发现咽部和支气管黏膜表面亦有痘疹，肺脏表面散布灰白色丘疹（图5-8、图5-9）。

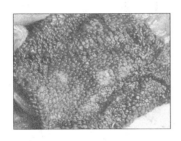

图5-8　瘤胃黏膜的丘疹　　图5-9　肺脏表面散布的灰白色丘疹
（摘自《家畜病理学》第四版，马学恩编著）（摘自《家畜病理学》第四版，马学恩编著）

（四）实验室检查

通过病料样品的分离培养、荧光抗体检测或电镜观察进行病原学检测；另可用病毒中和试验（特异性最强的血清学试验）检测。

二、防治要点

1. 加强饲养管理　抓好秋膘。特别是在冬春季适当补饲，注意防寒过冬。

2. 免疫　每年定期接种羊痘疫苗。

当前我国使用的山羊痘活疫苗是山羊痘鸡胚化弱毒株，在此提醒养殖者注意的是应尽量避免孕期免疫弱毒苗。以下是疫苗的推荐使用方法：

（1）免疫途径　尾根内侧或股内侧皮内注射。

（2）用量　不论羊只大小，每只0.5毫升。

3. 疫情处理　发病后对病羊及其同群羊只及时扑杀销毁，并对污染场所进行严格消毒，防止病毒扩散。未发病羊只或受威胁羊群使用疫苗进行紧急接种。

第六节　蓝舌病

蓝舌病是由蓝舌病病毒引起的、以昆虫为传播媒介的反刍动物的一种病毒性传染病。主要发生于绵羊。蓝舌病病毒属于肠孤病毒科、环状病毒属。为一种双股 RNA 病毒，呈 20 面体对称。

一、蓝舌病的诊断要点

(一)流行病学特性

1. 传染源　病畜和带毒畜。

2. 传播途径　库蠓、带毒精液、胎盘。

3. 易感动物　各种反刍动物。

4. 当前流行特点　本病发生有严格的季节性，它的发生和分布与库蠓的分布、习性和生活史密切相关，多发生在湿热的夏季和早秋，特别是池塘、河流较多的低洼地区。

(二)临床症状特征

潜伏期为 3～10 天。病初体温升高、稽留热，厌食，精神委顿，流涎，口唇水肿、口腔黏膜充血、发绀、呈青紫色，严重者口腔连同唇、齿龈、颊和舌黏膜糜烂，吞咽困难，随着病情发展口腔溃疡部位渗出血液，唾液呈红色，口腔发臭味；鼻腔流出炎性、黏性分泌物，鼻孔周围结痂，能引起呼吸困难和鼾声；有蹄叶发生炎症，呈不同程度跛行，甚至膝行或卧地不动；病羊消瘦、便秘、腹泻。病死率 2%～3%。

(三)病理剖检特征

口腔水肿，有的绵羊舌发绀，真皮充血、出血和水肿；瘤胃有暗红色区，表面有空泡变性和坏死；心脏肌肉、心内外膜均有小出血点；肌肉出血；肺动脉基部有时可见明显出血斑。

(四)实验室检查

病毒分离培养，血清学试验，琼脂扩散试验、补体结合反应、免疫荧光抗体技术、中和试验等。

二、防治要点

1. 饲养管理 定期进行药浴、驱虫,控制和消灭本病的媒介昆虫,做好牧场的排水工作。为了防止本病的传入严禁从有本病的国家和地区引进牛羊或冷冻精液。

2. 疫情处理 当发现疑似病牛、病例后,应按《中华人民共和国动物防疫法》或本地相关法规进行处置。

第七节 绵羊痒病

绵羊痒病是由朊病毒引起的成年绵羊的一种缓慢发展的致死性中枢神经系统变性疾病。世界动物卫生组织将本病列为 B 类疾病,我国农业部将本病列为二类疫病。

一、绵羊痒病的诊断要点

(一)流行病学特性

1. 传染源 患病的绵羊以及带毒羊。

2. 传播途径 关于痒病的传播途径还不完全清楚,但已知可垂直和水平传播。绵羊与山羊之间可以接触传播。

3. 易感动物 不同性别、品种的羊均可发生痒病。

4. 当前流行特点 本病最早发生于英格兰,随后传播到世界许多地区。

(二)临床症状特征

共济失调、痉挛、麻痹、衰弱和严重的皮肤瘙痒。

(三)病理剖检特征

内脏无肉眼可见的病变,仅见于脑干和脊髓,特征性的病变包括神经元的空泡变性与皱缩,灰质的海绵状疏松,星形胶质细胞增生等(图 5 - 10),没有发现病毒性脑炎的病变。

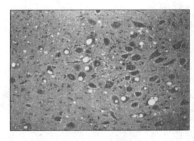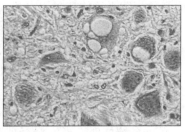

图 5 - 10 脑干部位的阳性病变（绵羊痒病）

（摘自《家畜病理学》第四版，马学恩编著）

（四）实验室检查

实验室检查有动物感染试验、PrP^{sc}（致病性朊病毒）的免疫学检测和痒病相关纤维（SAF）检查等。其中 PrP^{sc} 的免疫学检测和 SAF 检查是本病的特异诊断方法。

二、防治要点

1. 防治 由于本病的特殊性（潜伏期长，发展缓慢，无免疫应答），一般无防治措施；严禁从发病国家和地区引进牛或牛的肉骨粉、内脏、副产品等。

2. 免疫 暂无疫苗。

3. 疫情处理 在没有发生过本病的国家和地区，如输入种羊后发现本病有必要全部淘汰销毁（焚化或深埋）。如有的种羊已分至另一些羊群，应将这些羊群封锁隔离，观察三年半，观察期间如发现病羊，可作同样处理。羊舍消毒可用次氯酸钠，有效氯浓度应不低于 0.05%，作用时间不少于 1 小时。

当发现疑似病羊、病例后，应按《中华人民共和国动物防疫法》或本地相关法规进行处置。

第八节　牛海绵状脑病

牛海绵状脑病俗称疯牛病，是由朊病毒引起的以脑组织发生慢性海绵状（空泡）变性，功能退化，神经错乱，死亡率高为特征。

一、牛海绵状脑病的诊断要点

（一）流行病学特性

1. 传染源 带毒牛及患痒病的绵羊。

2. 传播途径 消化道。

3. 易感动物 牛。

4. 当前流行特点 本病首次发现于英格兰（1985），以后美国、加拿大、瑞士、葡萄牙、法国和德国等也有发生。英国本病的流行最为严重。

（二）临床症状特征

表现为恐惧，烦躁不安，有攻击性；肌肉抽搐，步态不稳，痴呆，衰竭死亡，病死率100％。

（三）病理剖检特征

中枢神经细胞皱缩、形成大小空泡，呈海绵样变性（图5-11、图5-12）。

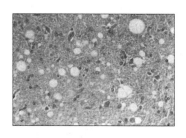

图5-11 牛延脑正常的孤束核 图5-12 患病牛脑干部位阳性病变
（摘自《家畜病理学》第四版，马学恩编著）（摘自《家畜病理学》第四版，马学恩编著）

（四）实验室检查

取患牛大、小脑组织，进行切片和染色，发现海绵状（空泡）变性即可确诊。

二、防治要点

1. 防治 由于本病的特殊性（潜伏期长，发展缓慢，无免疫应答），一般无防治措施；严禁从发病国家和地区引进牛或牛的肉骨粉、内脏、副产品等。

2. 免疫 暂无疫苗。

3. 疫情处理 发病地区扑杀和销毁全部患牛和可疑患病牛。当发现疑似病牛、病例后，应按《中华人民共和国动物防疫法》或本地相关法规进行处置。

第九节 巴贝斯虫病

牛羊巴贝斯虫病是由巴贝斯科巴贝斯属的多种虫体寄生于牛、羊的血液引起的严重寄生性原虫病。其中牛的巴贝斯虫主要包括双芽巴贝斯虫、牛巴贝斯虫和卵形巴贝斯虫，羊的巴贝斯虫为莫氏巴贝斯虫。牛巴贝斯虫防治要点见表 5-1。

表 5-1 牛巴贝斯虫的防治要点

项目	要　点
病原体	牛双芽巴贝斯虫、牛巴贝斯虫、卵形巴贝斯虫和羊莫氏巴贝斯虫
主要流行地区	牛双芽巴贝斯虫、牛巴贝斯虫在我国流行广泛，危害较大。卵形巴贝斯虫只在河南局部地区发现，危害较小。莫氏巴贝斯虫只在四川甘孜藏族自治州等地发现
寄生部位	家畜的红细胞内
发育过程	通过硬蜱媒介进行传播。当蜱在患牛体上吸血时，把含有虫体的红细胞吸入体内，虫体在蜱体内发育繁殖一段时间后，经蜱卵传递或经期间（变态过程）传递，将虫体延续到蜱的下一世代或下一个发育阶段，再叮咬易感动物时，造成感染
易感动物	1~7 月龄的犊牛
传播途径	蜱叮咬健康动物时，将虫体注入健康动物体内而引起感染

（续）

项目	要　点
发病季节	与传播媒介的活动季节基本一致，在南方为7～9月
症状	高热，稽留热；消瘦、贫血、黏膜苍白、黄疸；血红蛋白尿
病变	尸体消瘦，尸僵明显，可见黏膜苍白或黄染，血液稀薄如水。各内脏器官均被黄染。肝脏、脾脏、肾脏肿大；肺脏淤血，水肿；膀胱肿大，积存有多量红色尿液，黏膜上有点状出血
诊断	根据流行病学调查、症状观察、血检虫体和免疫学试验（如间接荧光抗体试验和酶联免疫吸附试验）诊断
防治	预防：消灭动物体和周围环境中的蜱，发病季节进行药物预防注射 治疗：早确诊、早治疗。杀灭虫体、配合对症治疗法并加强护理。常用特效药有三氮脒（贝尼尔、血虫净）、锥黄素、喹啉脲等

第十节　牛羊泰勒虫病

牛、羊泰勒虫病是泰勒科泰勒属的各种原虫寄生于牛羊和其他野生动物巨噬细胞、淋巴细胞和红细胞内所引起的疾病的总称。牛、羊泰勒虫病的防治要点见表5-2。

表5-2　牛、羊泰勒虫病的防治要点

项目	要　点
病原体	寄生于牛的环形泰勒虫和瑟氏泰勒虫；寄生于羊的绵羊泰勒虫和山羊泰勒虫
主要流行地区	牛泰勒虫病主要流行于我国西北、华北和东北地区，危害较大。羊泰勒虫病在我国四川、甘肃和青海陆续被发现，呈地方性流行，可引起羊只大批死亡。有的地区发病率高达36%～100%，病死率达13.3%～92.3%
发育过程	发育过程经裂殖生殖、配子生殖和孢子生殖三个阶段
传染源	患病动物和带虫者
感染途径	经节肢动物传播

（续）

项目	要　　点
发病季节	与璃眼蜱属的蜱侵袭动物的规律完全一致，在内蒙古及西北地区为5～8月
症状	高热、稽留热或间歇热，精神不振，食欲减退，贫血，黏膜苍白、黄疸；浅表淋巴结肿胀、疼痛
病变	共同病变：淋巴结肿胀明显、广泛出血，尸僵明显，可视黏膜苍白或黄染，血液稀薄，各内脏器官均被黄染
防治	预防：灭蜱，经常清理动物皮肤上的蜱虫 治疗：三氮脒、硫酸伯氨喹啉等

第十一节　牛羊球虫病

一、牛球虫病

　　牛球虫病的病原体种类较多，9种为艾美耳属球虫，还有一种为阿沙卡等孢球虫。以邱氏艾美尔球虫致病力最强，牛艾美尔球虫致病力较强。牛球虫病以出血性肠炎为特征，主要发生于犊牛。牛球虫病的防治要点见表5-3。

表5-3　牛球虫病的防治要点

项目	要　　点
病原体	邱氏艾美耳球虫、牛艾美耳球虫
寄生部位	小肠、结肠、盲肠和直肠
发育过程	基本上同鸡艾美耳球虫相似。邱氏艾美耳球虫的潜隐期（即从感染到排出卵囊的期间）为15～17天
主要流行特点	在潮湿、多沼泽的牧场上放牧时易造成本病的流行；冬季舍饲期也能发生本病
易感动物	各品种的牛均可感染

（续）

项目	要　点
感染途径	经口感染
发病季节	多发生于在温暖、潮湿的季节
诱发因素	由舍饲改为放牧，由放牧改为舍饲，饲料的突然改变及患某种传染病使机体抵抗力下降，牛群拥挤及卫生条件差时，容易诱发该病
症状	渐进性贫血、消瘦、血痢
病变	直肠出血性肠炎及溃疡病变
鉴别诊断	牛球虫病与牛大肠杆菌病的区别是：前者多发生于1月龄以上犊牛，脾不肿大；后者多发生于出生后数日内的犊牛，脾肿大
防治	预防：在流行地区采取隔离、治疗、消毒等综合性措施 治疗：常用药物有磺胺二甲嘧啶钠、氨丙啉、莫能霉素等

二、羊球虫病

羊球虫病是由艾美耳属球虫寄生于绵羊或山羊肠道引起的以下痢、消瘦、贫血、发育不良为特征的疾病。羊球虫病的防治要点见表5-4。

表5-4　羊球虫病的防治要点

项目	要　点
病原体	病原体为艾美耳属球虫，其中阿氏艾美耳球虫对绵羊致病力最强，雅氏艾美耳球虫对山羊致病力最强
寄生部位	阿氏艾美耳球虫寄生于宿主小肠，雅氏艾美耳球虫寄生于宿主小肠后段、盲肠和结肠
主要流行特点	温暖潮湿的环境易造成本病的流行。冬季气温低时，发病率较低
发育过程	发育史和致病作用与其他艾美耳虫属球虫相似。在羊体的肠上皮细胞内进行裂殖生殖和配子生殖，在外界环境中进行孢子生殖
易感动物	各个品种的绵羊、山羊对球虫病均易感

（续）

项目	要　点
感染途径	经口感染
发病季节	本病多发于春、夏、秋三季，温暖潮湿的环境易造成本病的流行。冬季气温低时，发病率较低
症状	渐进性贫血、消瘦、血痢
病变	小肠黏膜上有淡黄白色、圆形或卵圆形的结节，粟粒或绿豆大，常常成簇分布。十二指肠和回肠段卡他性炎症，有点状或带状出血
诊断	粪检时根据动物的年龄、发病季节、饲养管理条件、症状、病理剖检等加以综合判定
防治	预防：同牛球虫病 治疗：磺胺二甲基嘧啶钠、氨丙啉、莫能霉素、磺胺喹噁啉和拉沙里菌素

第十二节　牛胎儿毛滴虫病

牛胎儿毛滴虫病是三毛滴虫属的胎儿三毛滴虫寄生于牛生殖器官所引起的一种原虫性疾病。牛胎儿毛滴虫病的防治要点见表5-5。

表5-5　牛胎儿毛滴虫病的防治要点

项目	要　点
病原体	胎儿三毛滴虫
寄生部位	牛的生殖器。患病母牛怀孕后虫体寄生于胎儿的胃、体腔以及胎盘和胎液中
发育过程	以纵分裂方式繁殖，以内渗方式吸收营养或以胞口摄入黏液、黏膜碎片、微生物等为食物
主要流行特点	该病呈世界性分布，我国亦有发生
传染源	病牛和带虫者
传播途径	交配和人工授精

（续）

项目	要点
发病季节	配种季节
症状	成群出现不孕、流产及生殖道炎症；公牛性机能下降，不愿交配或交配时不射精。母牛体温升高泌乳量明显下降，从阴道内流出灰白色混有絮状物的黏性分泌物，最后出现不发情、不妊娠或妊娠1~3个月发生死胎或流产
病变	公牛包皮炎症，黏膜上出现粟粒大的结节；母牛发生阴道炎、子宫颈炎及子宫内膜炎等，探诊阴道时，感觉黏膜粗糙
诊断	从阴道分泌物或流产的胎儿、胎盘、胎儿的胸腹腔及真胃内容物中查到虫体
防治	预防：严禁母牛与来历不明的公牛自然交配，发现新病例时应淘汰病畜 治疗：用0.2%碘液、8%鱼石脂甘油溶液、0.1%黄色素、甲硝唑等药液冲洗患畜的生殖道

第十三节　片形吸虫病

片形吸虫病是牛、羊、骆驼的主要寄生虫病之一。片形吸虫病的防治要点见表5-6。

表5-6　片形吸虫病的防治要点

项目	要点
病原体	片形科、片形属的肝片形吸虫和大片形吸虫
发育过程	成虫在终末宿主的胆管内排出大量虫卵，卵随胆汁进入宿主消化道，由粪便排出体外，在适宜的条件下孵出毛蚴，进入水中，遇中间宿主——淡水螺类时，则钻入其体内，经无性繁殖发育为胞蚴、雷蚴和尾蚴。尾蚴自螺体逸出后，附着在水生植物上形成囊蚴。家畜在吃草或饮水时吞食囊蚴即可被感染，幼虫从囊内出来后到寄生部位，经2~4个月发育为成虫
寄生部位	成虫寄生于各种反刍动物的肝脏胆管中

（续）

项目	要　点		
主要流行特点	呈世界性分布		
易感动物	牛、羊等反刍动物		
感染途径	经口感染		
发病季节	春末、夏季、秋季		
流行地区	多见于低洼、沼泽或有河流、湖泊的放牧地区		
症状	羊	急性型	多见于绵羊，夏末和秋季多发。可视黏膜苍白、红细胞数和血红蛋白含量显著降低，体温升高，肝区有触痛
		慢性型	多发于冬春季。渐进性消瘦、贫血、食欲不振、眼睑水肿，胸腹下部水肿，腹水
	牛	多呈慢性经过，同羊	
病变	急性型	肠壁和肝组织出血，肝肿大；黏膜苍白，血液稀薄，血中嗜酸性粒细胞增多	
	慢性型	初期肝肿大，后期萎缩、硬化；胆管增粗，凸出于肝脏表面；胆管壁增厚、发炎	
诊断	根据粪便虫卵检查，病理剖检及流行病学进行综合判定。虫卵检查可用沉淀法和绵纶筛集卵法		
防治	预防：定期驱虫、防控中间宿主和加强饲养卫生管理 治疗：驱虫时注意对症治疗。药物有丙硫苯咪唑、三氯苯唑等		

第十四节　歧腔吸虫病

本病是歧腔吸虫寄生于牛、羊等反刍动物的肝脏胆管和胆囊内所引起的寄生虫病。歧腔吸虫病的防治要点见表 5-7。

表 5-7　歧腔吸虫病的防治要点

项目	要　点
病原体	歧腔科歧腔属的矛形双腔吸虫、中华双腔吸虫

（续）

项目	要　点
发育过程	歧腔吸虫在其发育过程中需要两个中间宿主：第一中间宿主为陆地螺（蜗牛），第二中间宿主为蚂蚁，但两种歧腔吸虫的中间宿主蜗牛和蚂蚁的种类并不完全一致。虫卵随终末宿主粪便排至体外，被第一中间宿主蜗牛吞食后，在其体内孵出毛蚴，进而发育为母胞蚴、子胞蚴和尾蚴。当含尾蚴黏性球从螺体排出后，被第二中间宿主蚂蚁吞食，尾蚴在其体内形成囊蚴。动物吃草时吞食了含囊蚴的蚂蚁而感染。虫体经十二指肠到达胆管内寄生
易感动物	牛、羊等哺乳动物
流行地区	多呈地方性流行
感染途径	经口感染
感染季节	南方全年可感染，北方春、秋季感染
症状	精神沉郁，逐渐消瘦，黏膜黄染，颌下和胸下水肿，腹泻
病变	胆管壁增厚，胆管周围组织纤维化，肝脏肿大
诊断	用沉淀法从粪便中检出虫卵或死后剖检发现虫体可确诊
防治	预防：定期驱虫、灭螺、灭蚁、加强饲养管理 治疗：有效药物如阿苯达唑、吡喹酮和三氯苯丙酰嗪

第十五节　东毕吸虫病

东毕吸虫病是东毕属的几种吸虫寄生于牛、羊、骆驼等哺乳动物的门静脉和肠系膜静脉内引起的。在我国分布极其广泛，尤其以内蒙古和西北地区为重，可引起牛羊尤其羊只的大批死亡。东毕吸虫病的防治要点见表5-8。

表5-8　东毕吸虫病的防治要点

项目	要　点
病原体	东毕属东毕吸虫
宿主	牛、羊、骆驼、马属动物等哺乳动物，中间宿主为椎实螺科萝卜螺属的多种淡水螺蛳

（续）

项目	要　点
寄生部位	宿主的门静脉和肠系膜静脉内
主要流行地区	在我国分布极其广泛，尤其以内蒙古和西北地区为重
发育过程	雌虫在终末宿主肠系膜静脉内寄生产卵。卵从破溃的肠黏膜下末梢血管落入肠腔，含有毛蚴的虫卵随粪便排出，在适宜的条件下孵出毛蚴，毛蚴在水中遇到中间宿主——椎实螺科萝卜螺属的数种淡水螺蛳，即钻入螺体内，经母胞蚴、子胞蚴发育成尾蚴。尾蚴自螺体逸出，进入水中，易感动物在有水的地方吃草或饮水时感染
易感动物	成年牛、羊的感染比幼龄动物高
感染途径	经皮肤或口感染
感染季节	南方多在5～10月份，北方6～9月份
症状	消瘦、腹泻、贫血、黄疸、发育不良，腹下水肿，母畜流产或不孕
病变	尸体消瘦，贫血；腹腔内有大量腹水；肝表面凹凸不平，变硬
诊断	生前诊断方法：结合流行病学、临床症状，采用毛蚴孵化法作出诊断
防治	预防：驱虫、灭螺、加强易感动物的粪便管理 治疗：药物有硝硫氰胺和吡喹酮

第十六节　牛羊消化道绦虫病

　　牛羊绦虫病由裸头科的莫尼茨属、曲子宫绦属及无卵黄腺绦属的数种绦虫寄生于小肠中引起，对羔羊和犊牛危害严重。主要包括莫尼茨绦虫、曲子宫绦虫和无卵黄腺绦虫。

一、莫尼茨绦虫病

　　莫尼茨绦虫病系裸头科莫尼茨属的扩展莫尼茨绦虫和贝氏莫尼茨绦虫寄生于绵羊、山羊、黄牛和水牛的小肠内引起的一种寄生虫病。本病在我国分布很广，有时呈地方性流行，对羔羊和犊牛危害严重，可造成大批死亡。莫尼茨绦虫病的防治要点见表5-9。

表 5-9　莫尼茨绦虫病的防治要点

项目	要点
病原体	裸头科扩展莫尼茨绦虫、贝氏莫尼茨绦虫
中间宿主	甲螨
发育过程	终末宿主将孕节和虫卵随粪便排至体外，被中间宿主——甲螨（地螨、土壤螨）吞食后，六钩蚴从虫卵内出来，逐渐发育为具有感染性的似囊尾蚴。反刍兽吃草时吞食了含似囊尾蚴的甲螨而感染，虫体经45～60天发育为成虫
寄生部位	反刍动物的小肠
主要流行地区	呈世界性分布，我国各地均有报道，我国北方尤其是广大牧区广泛流行
易感动物	5～8月龄羔羊和当年出生的犊牛，成年动物为带虫者
感染途径	经口感染
发病季节	南方4～6月份，北方5～9月份
流行特点	多见于在阴湿牧地放牧或在阴雨天及早晚放牧的牛羊
症状	幼龄动物表现食欲减退，饮欲增加；精神不振，消瘦，生长迟缓，贫血，离群；腹泻，粪便有时可见孕节，后期有些出现回旋等神经症状
病变	尸体消瘦，肌肉色淡，肠系膜淋巴结肿大。胸、腹及心包腔渗出液增多，肠黏膜出血，肠内有大量莫尼茨绦虫
诊断	采用漂浮法或沉淀法检查粪便中虫卵，结合临床症状和流行病学进行确诊
防治	预防：成虫期前驱虫，动物转移牧场，适时放牧 治疗：药物有丙硫咪唑、吡喹酮、氯硝柳胺等

二、曲子宫绦虫病和无卵黄腺绦虫病

曲子宫绦虫常见的虫种为盖氏曲子宫绦虫，无卵黄腺绦虫常见虫种为中点无卵黄腺绦虫。两者常与莫尼茨绦虫混合感染，亦寄生于反刍兽的小肠。曲子宫绦虫病的防治要点见表 5-10。

表 5-10　曲子宫绦虫病的防治要点

项目	要　点
病原体	盖氏曲子宫绦虫和中点无卵黄腺绦虫
发育过程	同莫尼茨绦虫
流行特点	多发生成年动物，其他同莫尼茨绦虫
症状与病变	同莫尼茨绦虫
诊断	同莫尼茨绦虫
防治	同莫尼茨绦虫

第十七节　脑多头蚴病

脑多头蚴又叫脑包虫，是多头带绦虫。由主要传播源为犬。脑多头蚴病的防治要点见表 5-11。

表 5-11　脑多头蚴病的防治要点

项目	要　点
病原体	多头带绦虫的中绦期幼虫（脑多头蚴）
发育过程	孕节随终末宿主粪便排出体外，虫卵污染草、饲料和饮水，中间宿主——牛、羊等吞食后，六钩蚴逸出，钻入肠壁血管，随血流到达脑和脊髓中，经 2～3 个月发育为脑多头蚴。犬等食肉动物（终末宿主）吞食了含多头蚴的脑、脊髓而感染，原头蚴附着于小肠壁上发育，经 45～75 天虫体成熟
寄生部位	幼虫寄生于宿主的大脑内，成虫寄生于终末宿主小肠
传播途径	经口感染
发病季节	一年四季
症状	感染初期，体温升高，精神沉郁或现无规则的强制运动等脑炎及脑膜炎症状，重度感染常发生死亡。后期，动物出现异常运动或异常姿势，如回旋运动等
病变	患畜脑部及脊髓中可找到 1 个或多个囊体，虫体接触的头骨变薄变软，甚至穿孔

（续）

项目	要　点
诊断	根据临床症状、病史作出初步诊断，有些病例需剖检时确诊
防治	预防：定期驱虫，排出的犬粪和虫体深埋或烧毁 治疗：试用吡喹酮和阿苯达唑治疗

第十八节　牛羊消化道线虫病

牛、羊消化道线虫病主要包括犊新蛔虫病、毛圆科线虫病、食道口线虫病及仰口线虫病等。

一、犊新蛔虫病

犊新蛔虫病是新蛔属的牛新蛔虫寄生于犊牛小肠内引起的。犊新蛔虫病的防治要点见表5-12。

表5-12　犊新蛔虫病的防治要点

项目	要　点
病原体	新蛔属的牛新蛔虫
发育过程	生活史特殊，成虫只寄生于犊牛小肠内，卵随粪便排出后，在适宜条件下，变为感染性虫卵（内含第2期幼虫）。牛吞食感染性虫卵后，幼虫在小肠内逸出，穿过肠壁，移行至肝、肺、肾等器官组织，发育为第3期幼虫。待母牛妊娠8.5个月左右时，幼虫便移行至子宫，进入胎盘羊膜液中，变为第4期幼虫，被胎牛吞入肠中发育。小牛出生后，幼虫在小肠内进行蜕化，后经25～31天发育为成虫。也有人认为，犊牛初生时肠内已有发育良好的成虫。还有报道幼虫在母牛体内移行时，除一部分到子宫外，还有一部分幼虫经循环系统到达乳腺，犊牛可以因食母乳而获得感染，在小肠内发育为成虫。另有一条途径是幼虫从胎盘移行到胎儿的肝和肺，以后沿一般蛔虫的移行途径（肺→气管→口→食道→小肠）转入小肠，发育为成虫
寄生部位	小肠内

(续)

项　目	要　　点
主要流行地区	该病分布广泛，遍及世界各地，在我国多见于南方各省
易感动物	各品种的牛均可感染，多见于 6 月龄以内的犊牛
传播途径	经胎盘或母乳感染。幼虫存在于母牛的组织器官中，通过胎盘和乳汁传播给犊牛；犊牛体排出的虫卵污染饲料和饮水而引起母牛感染
流行特点	在饲养管理条件差、饲料单一等环境下易发生本病
症状	精神沉郁，吮乳无力或不食，虚弱，腹泻，粪呈灰白色糊状、有腥臭味，腹痛，大量虫体感染可引起穿孔而导致动物死亡
病变	肝、肺点状出血，肠黏膜出血、溃疡，血液和组织中嗜酸性粒细胞显著增多
诊断	确诊可采用直接涂片法或饱和盐水漂浮法检查粪便中有无虫卵
防治	预防：对 15～30 日龄的犊牛驱虫，清理粪便、堆积发酵杀死虫卵；母牛临产前 2 个月驱虫 治疗：药物有左咪唑、阿苯达唑、阿维菌素或伊维菌素类药物、哌嗪和精制敌百虫

二、毛圆科线虫病

　　毛圆科线虫寄生于牛、羊、骆驼和其他反刍兽胃和小肠，往往呈多种毛圆科线虫混合感染。毛圆科线虫病的防治要点见表 5-13。

表 5-13　毛圆科线虫病的防治要点

项　目	要　　点
病原体	毛圆科、血毛属捻转血矛线虫等
寄生部位	反刍兽胃，少见于小肠
宿主	反刍兽
主要流行地区	遍及全国各地

（续）

项目	要　点
发育过程	直接发育毛圆科线虫主要寄生于反刍家畜胃肠道内，发育史和流行病学基本类似。一般是雌虫产卵后，卵随粪便排出宿主体外，经孵化，逐渐发育到感染性幼虫（第3期幼虫），再经口感染易感动物，然后到达寄生部位，逐渐发育为成虫。如捻转血矛线虫虫卵随粪排入外界大约1周，发育为感染性幼虫，感染宿主并到达真胃寄生部位后约经20天，即可发育为成虫
感染期幼虫特性	第三期幼虫有向植物茎叶爬行的习性及对弱光的趋向性，温暖时活动力增强
感染途径	经口感染
流行特点	低洼、潮湿的牧地有利该病流行；早上、傍晚及雨后放牧易感染
症状	贫血、衰弱，以羊症状典型。急性型表现为高度贫血，羔羊短期内突然死亡；亚急性表现为黏膜苍白，下颌及腹部水肿，衰弱；慢性型表现为发育不良，渐进性消瘦，贫血
病变	各器官颜色变淡，胃黏膜广泛损伤、出血、溃疡，胃中可见淡红色的大量虫体
诊断	生前诊断采用饱和食盐水漂浮法检查虫卵，进一步鉴别需做幼虫培养，对第三期幼虫进行鉴定死后剖检找虫体，根据寄生部位和各属种虫体的特点确诊
防治	预防：定期驱虫，不在低湿地带放牧，粪便发酵处理 治疗：药物有阿苯达唑、左咪唑、伊维菌素和甲苯咪唑

三、食道口线虫病

食道口线虫病是毛圆食道口科食道口属的几种线虫寄生于牛、羊等反刍兽的大肠所引起的。食道口线虫病的防治要点见表5-14。

表5-14　食道口线虫病的防治要点

项目	要　点
病原体	食道口科食道口属的食道口线虫
寄生部位	大肠内

（续）

项目	要 点
发育过程	卵随宿主粪便排出后，发育为感染性幼虫，经口感染易感动物。某些种类的食道口线虫幼虫进入宿主体内后，钻入肠壁，导致肠壁形成结节，一部分虫体在其内蜕皮两次后，返回肠腔，发育为成虫
感染途径	经口感染
流行特点	春末夏秋季节易感
症状	重度感染的羔羊持续性腹泻，粪便呈暗绿色，含有多量黏液，有时带血，严重时引起死亡。慢性病例腹泻便秘相交替，渐进性消瘦
病变	主要表现为肠的结节病变
诊断	生前诊断粪检虫卵，幼虫培养鉴别。剖检检查虫体观察结节
治疗	同捻转血矛线虫

四、仰口线虫病

仰口线虫病又称钩虫病，是钩口科仰口属的牛仰口线虫和羊仰口线虫引起的以贫血为主要特征的寄生虫病。钩虫病的防治要点见表 5 - 15。

表 5 - 15　钩虫病的防治要点

项目	要 点
病原体	钩口斜仰口属钩虫
寄生部位	小肠
发育过程	卵随宿主粪便排除后，发育为感染性幼虫，经口或皮肤感染宿主，其中经皮肤感染为主要途径。感染性幼虫钻入宿主皮肤血管后，随血流进入肺，再通过支气管、气管进入口腔，被咽下后，到宿主小肠发育成为成虫，从感染到成熟需 30～50 天
感染途径	卵随宿主粪便排除后，发育为感染性幼虫，经口或皮肤感染宿主
流行特点	秋季感染，春季发病，该病广泛流行于我国各地
症状	成畜顽固性下痢，有时带有血液，粪便发黑，渐进性贫血、消瘦。幼畜还可能有神经症状，发育受阻

（续）

项目	要点
诊断	粪便检查虫卵。剖检可在寄生部位找虫体
防治	预防：定期驱虫，轮牧，粪便发酵处理 治疗：药物有阿苯达唑、左咪唑、伊维菌素和甲苯咪唑

五、牛、羊肺线虫病

牛、羊肺线虫病是网尾科网尾属和原圆科原圆属及缪勒属的线虫寄生于牛、羊呼吸器官而引起的疾病。网尾科的虫体较大，引起的疾病又叫大型肺线虫病。原圆科的虫体较小，引起的疾病又叫小型肺线虫病。牛、羊肺线虫病的防治要点见表5-16。

表5-16　牛、羊肺线虫病的防治要点

项目		要点
病原体		网尾科和原圆科线虫，分大型肺线虫和小型肺线虫
寄生部位		肺脏
宿主		终末宿主为牛羊；储藏宿主为蚯蚓
发育过程	大型肺线虫	发育不需中间宿主。虫卵产出后随着宿主咳嗽，经支气管、气管进入口腔，后被咽下，进入消化道，虫卵多在大肠中孵化，幼虫随粪便排出；经过1周，第1期幼虫发育为感染性幼虫，经口感染终末宿主。幼虫进入肠系膜淋巴结，随淋巴循环进入心脏，再随血流到肺脏，约经18天发育为成虫
	小型肺线虫	发育需要中间宿主。第1期幼虫随粪排出后，钻入中间宿主体内，经18～49天发育为感染性幼虫，可自行逸出或仍留在中间宿主体内，被终末宿主吞食后感染。在终末宿主体内的移行路径同大型肺线虫，感染后35～60天发育成熟
感染途径	大型肺线虫	经口感染
	小型肺线虫	经口感染

（续）

项目	要　　点
发病季节	春季
症状与病变	消瘦，体温升高，咳嗽（夜间和清晨出圈时明显），呼吸困难。剖检出现气管和细支气管炎症、肺萎缩、气肿和广泛性肺炎；气管内有大量黏液和虫体
诊断	根据临床症状和发病季节可怀疑为肺线虫病。确诊需检查粪便中的虫卵或幼虫。必要时进行寄生虫学剖检
治疗	预防：夏秋季定期驱虫，及时清扫粪便并堆积发酵，避免到潮湿和中间宿主多的地方放牧 治疗：药物有氯乙酰肼、丙硫咪唑

第十九节　牛皮蝇蛆病

牛皮蝇蛆病是皮蝇属的纹皮蝇和牛皮蝇等的幼虫寄生于牛的背部皮下组织而引起的一种慢性外寄生虫病。牛皮蝇蛆病的防治要点见表5-17。

表5-17　牛皮蝇蛆病的防治要点

项目	要　　点
病原体	皮蝇属的纹皮蝇、牛皮蝇
宿主	牛
寄生部位	纹皮蝇的1期幼虫寄生于宿主皮下；2期幼虫到达咽、食管、瘤胃周围结缔组织，最后移行至牛前段背部皮下；3期幼虫在皮下成熟长大
主要流行地区	在我国西北、东北和内蒙古地区广泛流行
发育过程	完全变态，整个生活史需经卵、幼虫（分3期）、蛹和成虫4个阶段。成蝇产卵于牛体表，孵出1期幼虫，经皮肤毛囊钻入牛皮下，不断在皮下移行发育，经过2期幼虫后发育为3期幼虫；3期幼虫成熟后，落入土壤中化蛹，最后羽化成蝇
流行季节	牛皮蝇蛆见于6～8月份，纹皮蝇蛆见于4～6月份

（续）

项目	要　点
症状与病变	牛狂躁不安，贫血，消瘦，生产力下降。皮下结缔组织增生及皮下蜂窝织炎；皮下肿块内可见蝇蛆
诊断	幼虫出现于牛皮背皮下时挤出虫体确诊
治疗	预防：逢皮蝇活动季节，用敌百虫或拟除虫菊酯类喷洒牛体，杀死产卵的雌蝇或孵出的幼虫 治疗：消灭幼虫可以用机械挤出的方法。治疗药物有伊维菌素、倍硫磷

第二十节　羊鼻蝇蛆病

羊鼻蝇蛆病是羊狂蝇的幼虫寄生于羊的鼻腔及其附近的腔窦中引起的，呈现慢性鼻炎症状。羊鼻蝇蛆病的防治要点见表5-18。

表5-18　羊鼻蝇蛆病的防治要点

项目	要　点
病原体	羊狂蝇
发育过程	完全变态，整个生活史包括幼虫（分3期）、蛹和成虫3个阶段。成蝇产幼虫于羊鼻内或鼻孔周围，幼虫爬入羊鼻腔及其附近的腔窦内，先后经两次蜕化，变为第3期幼虫，次年春天成熟后随羊喷嚏落于地面，钻入土中化蛹，而后羽化成蝇
宿主	羊
寄生部位	羊鼻腔
主要流行地区	在我国北方广大地区较为常见
症状	羊群不安，打喷嚏，流脓鼻涕，堵塞鼻孔，呼吸困难；鼻黏膜肿胀、发炎和出血；鼻腔及鼻窦发现蝇蛆
诊断	根据症状、流行病学和尸体剖检，可作出判断
防治	预防：以消灭鼻腔内的第1期幼虫为主要措施 治疗：消灭幼虫可以用机械挤出的方法。治疗药物有伊维菌素、敌百虫等滴入鼻腔

附 推荐的牛羊常用疫苗免疫程序

牛：

口蹄疫：全群免疫4个月一次。

布鲁氏菌病：育成牛免疫一年一次，泌乳牛不免。

羊：

三联四防：一年一次。

布鲁氏菌病：一年一次或加免一次。

口蹄疫：每年两次。

山羊痘：一年免疫一次。

第六章 犬猫疾病免疫技术

第一节 犬 瘟 热

犬瘟热（Canine distemper，CD）是由犬瘟热病毒（Canine distemper virus，CDV）引起的一种高度接触性传染病。病犬以呈现双相热型、鼻炎、严重的消化道障碍和呼吸道炎症等为特征。其病原体是犬瘟热病毒，CDV 是副黏病毒科麻疹病毒属中的一个重要成员，并且与该属的麻疹病毒和牛瘟病毒之间有密切的抗原关系与共同特性。

早在 1905 年，Carre 就提出本病的病原体是一种病毒。1951 年，Dedie 首次用组织培养的方法培养出了 CDV。Rockborn 发现 CDV 在原代犬肾细胞上能形成合胞体、星状细胞与核内或胞浆内包涵体。

在我国于 20 世纪 70 年代末，华国荫等先后从国外进口的 CDV 弱毒疫苗中分离到了多株疫苗株。CDV 呈圆形或不正形，有时呈长丝状，直径 100～300nm 不等，大小差异较大。基因组为单股的负链 RNA。CDV 的核衣壳呈螺旋状盘曲在病毒粒子的中央，外面裹着一层脂质的囊膜，囊膜上密布纤突。应用单克隆抗体研究发现，来源于不同地区、不同动物和不同临床病型的 CDV 株，虽然在细胞蚀斑、鸡胚痘斑形成、对乳鼠的神经毒力方面有明显的不同，但在结构蛋白和核酸电泳图谱方面却差别甚微，故仍然属于同一个血清型。

一、犬瘟热的诊断要点

（一）流行病学特征

1. 传染源 患病犬和带毒犬。病犬的各种分泌物、排泄物

（鼻汁、唾液、泪液、心包液、胸水、腹水及尿液）以及血液、脑脊髓液、淋巴结、肝、脾、脊髓等都含有大量病毒，并可随呼吸道分泌物及尿液向外界排毒。

2. 传播途径　主要是水平传播和垂直传播。水平传播主要是病犬与健康犬直接接触，也可通过空气飞沫经呼吸道感染；垂直传播母犬通过胎盘传染给幼犬。

3. 易感动物　除犬科动物最易感染外，鼬科、浣熊科等多种动物也可感染发病。

4. 当前流行特点　本病寒冷季节（10月至翌年4月间）多发，特别多见于犬类比较集聚的单位或地区。一旦犬群发生本病，除非在绝对隔离条件下，否则其他幼犬很难避免感染。哺乳仔犬由于可从母乳中获得抗体，故很少发病。通常以2月龄至1岁的幼犬最易感。

（二）临床症状特征

犬瘟热的症状多种多样，与病毒的毒力，环境条件、年龄及免疫状况有关。50%～70%的CDV感染表现为亚临床症状，表现倦怠、厌食、体温升高和上呼吸道感染。重症犬瘟热感染多见于未免疫接种的幼犬。

1. 病程前期　患犬表现眼、鼻有水样分泌物，体温高达40℃以上，持续2～3天，稍有进食，接近常温，病犬似是好转，导致大部分犬主放松警惕，此时如能发现非常好治愈。紧接着又第二次体温升高，持续数周，这时呼吸道、消化道表现的炎症更明显。

2. 病程中期　随着第二次体温的升高不降，病情进一步恶化，各类细菌继发感染更为严重，畏寒颤抖，精神时好时坏，鼻眼分泌物增多、转为脓性，口角糜烂。咳嗽、气管炎、肺炎症状多有发生，呕吐、腹泻等时有发生，食欲减退或根本不进食，机体逐渐消瘦。

3. 病程后期　上述情形一般持续1个月以上。后转为湿咳，呼吸困难。呕吐、腹泻、肠套叠，最终严重脱水和衰弱死亡。神经症状性犬瘟是进入犬瘟热晚期的典型表现，大多在上述症状10天左右出现。神经性犬瘟热症状出现征兆，患犬除中期所表现的犬瘟热症状外，偶尔还出现神经性犬瘟热症状，表现精神委顿、肌疼无力、肌肉阵发性痉挛，平衡失调，圆圈运动，癫痫状惊厥和昏迷等，一般出现此症状维持 $1 \sim 2$ 周犬只便会死亡。中后期在病犬腹下或股内侧等处皮肤出现丘疹、疱疹等，有的形成脚蹄硬化，临床上以脚垫角化、鼻部角化的病例引起神经性犬瘟热症状的多发。由于犬瘟热病毒侵害中枢神经系统的部位不同，症状有所差异。病毒损伤脑部，表现为癫痫、转圈、站立姿势异常、步态不稳、咀嚼肌及四肢出现阵发性抽搐等其他神经犬瘟热症状，此种神经性犬瘟热预后多为不良。

犬瘟热病毒可导致部分犬眼睛损伤，临床上以结膜炎、角膜炎为特征，角膜炎在发病后15天左右多见，角膜变白，重者可出现角膜溃疡、穿孔、失明。该病在幼犬死亡率很高，死亡率可达 $80\% \sim 90\%$。并可继发肺炎、肠炎、肠套叠等症状。临床上一旦出现神经性犬瘟热症状，治愈率很低，特别是未免疫的犬。尽管临床上进行对症治疗，但病情的发展很难控制，大多以神经犬瘟热症状及衰竭死亡。部分恢复的犬一般都留下不同程度的后遗症。

（三）剖检变化

疾病早期可见严重肺瘀血、水肿及间质性肺炎变化；病程较长的可见坏死性支气管炎、细支气管炎，如有继发细菌感染时，可见弥漫性肺炎，肺部有点状及索状出血，胸膜有点状出血，淋巴结出血，出血性肠炎。

（四）诊断要点

1. 初步诊断 凭上述症状只可初步诊断。

2. 实验室诊断 确诊还须采取病料（眼结膜、膀胱、胃、肺、气管及大脑、血清）送往检验单位，进行病毒分离、中和试验、核酸检测等特异性检查。

二、防治要点

1. 培育无强毒感染犬群　引入种犬时应严格检疫；对种犬群而言，应制订本病净化的中长期规划，淘汰带毒种犬。

2. 强化饲养管理水平　养殖与管理应尽量接近标准化，以保障其生产过程中的稳态，关键点包括均衡的营养、犬粮质量控制、温度与湿度控制、足够的户外运动量等。

3. 切实严格执行生物安全措施　加强犬场的防疫管理，场门口要设消毒池，谢绝参观，严禁外人进入，工作人员进入要更换消毒过的胶靴、工作服，用具、器材、车辆要定时消毒；粪便、垫料及各种污物要集中进行无害化处理；做好防鼠、防虫工作；制订适合本场的消毒制度。

4. 定期驱虫　寄生虫长期生活在动物的体内和体表，一方面不断消耗动物的营养和与免疫有关的物质，同时还会释放一些免疫抑制物质阻碍动物体对疫苗的免疫应答。另外，寄生虫吸食动物血液、组织液和营养物质，将进一步降低动物的免疫力。免疫前应选择合适的驱虫药物，制订科学的驱虫计划。

肠道寄生虫如蛔虫，虽然给药一次可以杀死大部分成虫，但是虫卵仍然存留在体内，经过2～4周后重新孵化、发育，再次变为成虫，继续产卵。因此，犬猫应定期驱虫。推荐驱虫程序见附1犬推荐驱虫程序。

5. 免疫　犬瘟热康复后产生坚强持久的免疫力，因此对健康动物进行疫苗免疫是防治本病的主要措施。发生疫情时，对尚未发病的易感动物，可考虑用犬瘟热病毒单克隆抗体或高免血清做紧急预防注射，疫情稳定后，再进行犬瘟热疫苗免疫。目前普遍使用的是国产五联弱毒疫苗（犬狂犬病、犬瘟热、犬副流感、犬腺病毒病、犬细小病毒病五联疫苗）和进口的犬二联疫苗（犬瘟热、犬细小病毒病二联疫苗）、犬四联疫苗（犬瘟热、犬副流感、犬腺病毒Ⅱ型和犬细小病毒病四联疫苗）、犬六联疫苗（犬瘟热、犬副流感、犬腺病毒Ⅱ型、犬细小病毒病、犬型钩端螺旋体病和出血黄疸型钩端螺旋体病六联疫苗)、犬八联疫苗(犬瘟热、犬副流感、犬腺病毒Ⅰ型、犬腺病毒Ⅱ型、犬细小病毒病、犬冠状病毒病、犬型钩端螺旋体病和出血黄疸型钩端螺旋体病八联疫苗)等。本病目前分离到多种血清型,有 Europe 型、America-2 型、European wildlife 型、Asia-1 型、Asia-2 型、Arctic-like 型和 Vaccine 型等。目前国内使用的弱毒苗为 CDV/R-20/8 株,进口弱毒苗为 Onderstepoort 株、Snyder Hill 致弱株、N-CDV 株。免疫程序见附3犬推荐免疫程序。

6. 疫情处理 一旦发生犬瘟热,应迅速隔离病犬,加强环境消毒,防止疫情蔓延。严格按照《中华人民共和国动物防疫法》等相关法规进行处置。

第二节 犬细小病毒病

犬细小病毒病是犬的一种具有高度接触性的烈性传染病,临床上以出血性肠炎或非化脓性心肌炎为主要特征。本病的病原体是犬细小病毒(Canine Parvovirus, CPV),属于细小病毒科细小病毒属。CPV 对多种理化因素和常用消毒剂具有较强的抵抗力,在 $4\sim10℃$ 存活 6 个月,$37℃$ 存活 2 周,$56℃$ 存活 24 小时,$80℃$ 存活 15 分钟,在室温下保存 3 个月感染性仅轻度下降,在粪便中可存活数月至数年。该病毒对乙醚、氯仿、醇类有抵抗力,对紫外线、福尔马林、次氯酸钠、氧化剂敏感。

1978 年,澳大利亚的 Kelly 和加拿大的 Thomson 等同时从患肠炎的病犬粪便中分离获得了犬细小病毒。其后,美国、英国、德国、法国、意大利、俄罗斯和日本等国也相继发现了该病毒。血清学调查显示,CPV 阳性血清在欧洲可以追溯到 1974—1976 年;在美国、加拿大、日本和澳大利亚可以追溯到 1978 年。为了区别于 1967 年由 Binn 等人从健康犬粪便中分离到的犬极细小病毒（Minutevirusofcanine，MVC）（习惯上也被叫做CPV-1）而将后来发现的病毒命名为犬细小病毒2型（CPV-2）。CPV-2与CPV-1在致病性及抗原性上具有显著的差异。临诊上，CPV-2有两个表现类型：肠炎型和心肌炎型，也有报道一只犬兼有两种症状。肠炎型主要表现为先呕吐，后出现急性出血性肠炎、白细胞显著减少，但临床上有相当大比例患犬白细胞表现正常或升高；心肌炎型主要见于8周龄以下的幼犬，常突然发病，数小时内死亡。试验证明，CPV-1可以导致小于4周龄的幼犬发病并可以致其死亡，也可以引起母犬的繁殖障碍。在我国，梁士哲等于1982年首次报道了类似犬细小病毒感染性的肠炎。次年，徐汉坤等正式报道了该病的流行。随着我国工作犬（军犬、警犬、导盲犬等）、实验用犬和宠物犬饲养量的大幅增加，犬细小病毒感染日趋严重，给养犬业带来了重大的经济损失，成为危害养犬业重大疫病之一。

一、犬细小病毒病的诊断要点

（一）流行病学特征

1. 传染源　本病的传染源是病犬和康复带毒犬。病犬经粪便、尿液、唾液和呕吐物向外界排毒；康复带毒犬可能从粪尿中长期排毒，污染饲料、饮水、食具及周边环境。而病犬通常在感染后7~8天通过粪便排毒达到高峰，10~11天时急剧降低。有证据表明，人、苍蝇和蟑螂等都可成为CPV的机械携带者。

2. 传播途径　一般认为该病是经消化道，直接或间接接触带病毒的尿粪感染，也可经吸血昆虫及蚤类传播。

3. 易感动物　犬是主要的自然宿主，其他犬科动物，如郊狼、丛林犬、食蟹狐和鬣狗等也可以感染。随着病毒抗原漂移，病毒已经可以感染小熊猫、貂等动物。

4. 当前流行特点　CPV主要感染犬，尤其幼犬，传染性极强，死亡率也高。一年四季均可发病，以冬、春多发。饲养管理条件骤变、长途运输、寒冷、拥挤均可促使本病发生。

（二）临床症状特征

该病潜伏期7～14天，多发生在刚换环境后（如新买的幼犬），洗澡、过食是诱因。该病多数表现肠炎综合征，少数表现心肌炎综合征。

1. 肠炎型 肠炎型病犬初期精神沉郁，厌食，偶见发热，排软便或轻微呕吐，随后发展成为频繁呕吐和剧烈腹泻。起初粪便呈灰色、黄色或乳白色，带果冻状黏液，其后排出恶臭的酱油样或番茄汁样血便。病犬迅速脱水，消瘦，眼窝深陷，被毛凌乱，皮肤无弹性，耳鼻、四肢发凉，精神高度沉郁，休克，死亡。从病初症状轻微到严重一般不超过2天，整个病程一般不超过一周。

2. 心肌炎型 心肌炎型多见于4～6周龄幼犬，常无先兆性症状，或仅表现轻微腹泻，继而突然衰弱，呻吟，黏膜发绀，呼吸极度困难，脉搏快而弱，心脏听诊出现杂音，常在数小时内突然死亡（可能由于急性呼吸抑制），尸体剖检可见心脏扩张，心肌有苍白的条纹，充血性心衰的大体征象。

（三）剖检变化

1. 肠炎型 尸体严重脱水，皮下干燥。胃内充满胆汁色胶冻样黏液，胃壁轻度充血。肠壁充血、水肿、增厚，呈鲜红色；肠腔内有的积有多量呈果酱样恶臭的内容物；肠黏膜弥漫性出血；肠系膜淋巴结出血、肿大，呈暗红色。

2. 心肌炎型 肺脏水肿或实变，肺浆膜有出血点。心脏扩张，心肌和心内膜有非化脓性坏死灶和出血性斑纹。

（四）诊断要点

1. 初诊 临床上可根据血常规检测结果和本病的主要症状进行初步诊断。血常规检测红细胞压积增加，白细胞值正常或偏低，常提示病毒病。病犬排泄番茄汁样或酱油样带腥臭气味的血便是本病的特征性症状，可作为初诊依据。

2. 确诊

（1）血凝试验　采取早期病犬的腹泻物，用 0.5% 猪红细胞悬液，按比例混合，如观察有该病毒时红细胞有良好的凝集作用，做进一步确诊。

（2）双抗体夹心酶标免疫法　检测病犬粪便中的犬细小病毒呈阳性反应，即可确诊。

二、防治要点

1. 培育无强毒感染犬群　原则同"第一节　犬瘟热"。

2. 强化饲养管理水平　原则同"第一节　犬瘟热"。

3. 切实严格执行生物安全措施　原则同"第一节　犬瘟热"。

4. 定期驱虫　原则同"第一节　犬瘟热"。推荐驱虫程序见附 1 犬推荐驱虫程序。

5. 免疫　原则同"第一节　犬瘟热"。目前全球流行的犬细小病毒基因型主要有 CPV-2a 亚型、CPV-2b 亚型和 CPV-2c 亚型，国内流行的主要有 CPV-2a 亚型和 CPV-2b 亚型，本病弱毒疫苗主要为原始的 CPV-2 亚型细小病毒毒株，如国产弱毒苗为 CR86106 株，进口弱毒苗为 SP99 株、C-154 株、NL-35-D 株。免疫程序见附 3 犬推荐免疫程序。

6. 疫情处理　一旦发生犬细小病毒病，应迅速隔离病犬，及时就医，加强环境消毒，防止疫情蔓延，对附近健康犬进行免疫接种。

第三节　犬副流感

犬副流感是由犬副流感病毒（Canine parainfluenza virus，CPIV）引起的犬的一种以咳嗽、流涕、发热为特征的呼吸道传染病。CPIV 是导致仔犬咳嗽的病原体之一，主要感染幼犬，发病急，传播快，在世界各地均有发生，是感染犬的一种主要呼吸道传染病。临床表现发热、咳嗽、流涕等症状，病理变化以卡他性鼻炎和支气管炎为特征。研究表明，犬副流感病毒也可引起急性脑髓炎和脑内积水，临床表现后躯麻痹和运动失调等症状。犬副流感病毒在分类上属副黏病毒科中副黏病毒。病毒颗粒基本上为圆形，但大小不等，呈多态性。病毒粒子有囊膜，表面有纤突，并具有血凝作用。基因组为单股负链 RNA。病毒不稳定，4℃和室温条件下保存 4～6 周，感染性很快下降；病毒对脂溶剂如乙醚、氯仿等敏感，可很快失活；病毒不耐酸，在 pH3.0 条件下 1 小时可灭活病毒。

一、犬副流感的诊断要点

（一）流行病学特征

1. 传染源 病犬及病犬的鼻汁，气管、肺部分泌物中均含有大量副流感病毒，是主要传染源。

2. 传播途径 主要是水平传播，病犬呼吸道分泌液通过空气尘埃感染其他健康犬，也可通过接触传染。

3. 易感动物 犬。

4. 当前流行特点 本病在环境突变，气温骤变，潮湿阴冷，过度拥挤等应激条件下易发病，并迅速传播。成年犬和幼龄犬均可发生，幼龄犬病情尤其较重。

（二）临床症状特征

该病暴发突然，传播迅速，病犬常出现剧烈干咳，精神不振，食欲减少，病程通常为一周多。本病极易与其他细菌、病毒、支原体等混合感染，致使病程延长，病情加剧，甚至造成死亡。

（三）剖检变化

可见鼻孔周围有浆液性或黏液脓性鼻漏，结膜炎，扁桃体炎，气管、支气管炎，有时肺部有点状出血。神经型主要表现为急性脑脊髓炎和脑内积水，整个中枢神经系统和脊髓均有病变，前叶灰质最为严重。

（四）诊断要点

1. 初步诊断 由于犬副流感病毒感染和Ⅱ型腺病毒、疱疹病毒、呼吸型犬瘟热病毒、呼肠孤病毒感染十分相似，因此，根据临床症状很难确诊。

2. 实验室诊断 从病犬鼻汁、咽部的分泌物中分离到犬副流感病毒可确诊。也可用犬副流感病毒特异性荧光抗体，与气管、支气管上皮细胞进行反应，如出现特异荧光细胞，即可确诊。或应用犬副流感病毒 RT-PCR 方法，从病犬鼻汁、咽部的分泌物中检测到特异的犬副流感病毒核酸片段也可以确诊。

二、防治要点

1. 培育无强毒感染犬群 原则同"第一节 犬瘟热"。

2. 强化饲养管理水平 原则同"第一节 犬瘟热"。

3. 切实严格执行生物安全措施 原则同"第一节 犬瘟热"。

4. 定期驱虫 原则同"第一节 犬瘟热"。推荐驱虫程序见附1犬推荐驱虫程序。

5. 免疫 原则同"第一节 犬瘟热"。本病弱毒苗主要为国产弱毒苗 CPIV/A-20/8 株和进口弱毒苗 91880 株、NL-CPI-5 株。免疫程序见附3犬推荐免疫程序。

6. 疫情处理 一旦发生犬副流感病毒病，应迅速隔离病犬，及时就医，加强环境消毒，防止疫情蔓延，对附近健康犬进行免疫接种。

第四节 犬腺病毒病

犬腺病毒病是由犬腺病毒引起的一种传染性疾病。犬腺病毒有两个血清型，其中Ⅰ型犬腺病毒（CAV-Ⅰ）可引发犬的传染性肝炎，Ⅱ型腺病毒（CAV-Ⅱ）可引发犬传染性喉气管炎。本病广泛流行于世界各地，是犬的重要疫病之一，不同品种、年龄和性别的犬均易感，但以刚断奶到一岁以内的幼犬的感染率和死亡率最高。在 4℃和 pH7.2 的条件下，CAV-Ⅰ可凝集鸡、豚鼠和人的 O 型红细胞。CAV-Ⅱ对人 O 型红细胞凝集性很强，但不凝集豚鼠红细胞。此特性可用于这两型犬腺病毒的鉴别。犬腺病毒的抵抗力较强，对温度和干燥有很强的耐受力，50℃ 150分钟，60℃ 3～5 分钟才能将其杀死。在室温和 4℃条件下，可分别存活 90 天和 270 天。能抵抗乙醚、氯仿和 pH3 的酸性环境。甲醛和氢氧化钠可用于本病的消毒。

一、犬腺病毒病的诊断要点

（一）流行病学特征

1. 传染源　病犬和带毒犬是主要传染源。病犬的分泌物、排泄物均含有病毒，康复带毒犬可自尿中长时间排毒。

2. 传播途径　水平传播和垂直传播均可感染。该病主要经消化道感染，胎盘感染也属可能。呼吸型病例可经呼吸道感染。体外寄生虫可成为传播媒介。

3. 易感动物　犬、狐。

4. 当前流行特点　本病发生无明显季节性，幼犬的发病率和病死率均较高。

（二）临床症状特征

感染 CAV-Ⅰ表现为传染性肝炎症状的犬，可分为最急性、急性和慢性三型。

1. 最急性型　见于流行的初期，病犬尚未呈现临床症状即突然死亡。

2. 急性型　病犬表现高热稽留，畏寒，不食，饮欲增加，眼、鼻流水样液体，类似急性感冒症状。病犬高度沉郁，蜷缩一隅，时有呻吟，剑突处可见有压痛，胸腹下有时可见有皮下水肿。也可出现呕吐和腹泻，吐出带血的胃液和排出果酱样血便。血液检查可见白细胞减少和血凝时间延长。重症病犬通常在两三天内死亡，其死亡率达 25％～40％。恢复期的病犬，约有 25％出现单眼或双眼的一过性角膜混浊。患病的眼角膜常在 1～2 天内为淡蓝色膜所覆盖，2～3 天后也可不治自愈，逐渐消退，即所谓"蓝眼"病变。

3. 慢性型 病例见于流行的后期，病犬仅见轻度发热，食欲时好时坏，下痢与便秘交替。此类病犬死亡率较低，但生长发育缓慢，且有可能成为长期排毒的传染源。

感染 CAV-Ⅱ表现为传染性喉气管炎症状的犬，经 5～6 天的潜伏期之后，1～3 天的连续发烧，接着出现持续 6～7 天的刺耳干咳或湿咳、精神萎靡、食欲减退、肌肉震颤及可视黏膜发绀。有的病例出现呕吐和腹泻。如与犬副流感病毒等病原体混合感染，则形成呼吸道症状更为剧烈的所谓"犬窝咳"。

（三）剖检变化

最急性型和急性型传染性肝炎病例，齿龈黏膜苍白，有时出现小出血点。扁桃体水肿、出血。最突出的变化是肝脏肿胀质脆，切面外翻，肝小叶明显。胆囊明显水肿，有时在水肿的胆囊壁上有出血点。腹腔常有积液，积液常混有血液和纤维蛋白，遇空气极易凝固。即使腹腔没有积液的病例，肝脏表面甚至肠管表面也可发现沉着的纤维蛋白，并常与膈肌、腹膜粘连。肠系膜淋巴结水肿、出血，肠内容物常混有血液。组织学检查可见肝小叶中心坏死，并能在肝细胞及窦状隙的内皮细胞、枯否细胞和静脉内皮细胞中检出核内包涵体。

脑炎型病例，主要呈现非化脓性脑炎变化，软脑膜下常有浆液性渗出物，血管周围有淋巴细胞浸润，血管内皮细胞往往肿大变性。

喉气管炎型病例，病变主要见于呼吸道，支气管淋巴结和肠系膜淋巴结明显充血、出血，组织学检查可见有严重的肺炎变化，肺膨胀不全和充血，有不同程度的实变区。

(四) 诊断要点

1. 初步诊断　根据临床症状，结合流行病学资料和剖检变化，可初步诊断。

2. 实验室诊断　可取发热期的血液、尿液，死亡病犬的肝脏、脾脏及腹水等进行病毒分离鉴定。也可进行血清学诊断如荧光抗体检查、补体结合反应、琼脂扩散反应、中和试验和血凝抑制试验等。

3. 鉴别诊断　临床诊断时要注意与犬瘟热相鉴别，由 CAV-Ⅰ引起的传染性肝炎，组织学检查，犬传染性肝炎为核内包涵体；犬瘟热则在核内和膀胱、气管黏膜上皮细胞胞浆内均有包涵体，而且以胞浆内包涵体为主。

由 CAV-Ⅱ引起的传染性喉气管炎，会出现剧烈咳嗽，死亡率低，剖检有时肺中可见腺瘤样病变；犬瘟热则易发展为神经型，死亡率高。取肺进行病毒分离或电镜观察则可鉴别。

二、防治要点

1. 培育无强毒感染的犬群　原则同"第一节　犬瘟热"。

2. 强化饲养管理水平　原则同"第一节　犬瘟热"。

3. 切实严格执行生物安全措施　原则同"第一节　犬瘟热"。

4. 定期驱虫　原则同"第一节　犬瘟热"。驱虫程序见附1犬推荐驱虫程序。

5. 免疫　原则同"第一节　犬瘟热"。用犬腺病毒Ⅱ型免疫的犬可以同时产生对犬腺病毒Ⅰ型的免疫力。本病弱毒苗主要分为国产弱毒苗（YCA18 株）和进口弱毒苗（V197 株和 Manhanttan 致弱株）。推荐免疫程序见附3犬推荐免疫程序。

6. 疫情处理　一旦发生犬腺病毒病，应迅速隔离病犬，及时就医，加强环境消毒，防止疫情蔓延，对附近健康犬进行免疫接种。

第五节　犬钩端螺旋体病

钩端螺旋体病（Leptospirosis）是一种犬等多种动物及人共患的自然疫源性传染病。本病在我国很多地方都有发生，尤其是南方温暖、低洼、潮湿地区的感染率较高。钩端螺旋体有多种血清型，大多数犬感染后只表现亚临床症状，只有黄疸出血型和犬型两个血清型钩端螺旋体感染时才出现急性或亚急性临床症状。本病的病原体是钩端螺旋体，为纤细、螺旋弯曲的革兰氏阴性菌。钩端螺旋体为厌氧菌，对培养基要求并不苛刻，最适宜温度为 28～30℃。对于干燥、次氯酸消毒剂和酸碱均比较敏感。56℃30 分钟或在阳光下照射 2 个小时即可将其杀死。对冷冻有较强的抵抗力，潮湿是其存活的重要条件，在含水的泥土中可存活 6 个月，在−70℃可保持毒力数年。从犬体内分离的血清型较多，主要为犬型和黄疸出血型。

一、犬钩端螺旋体病的诊断要点

（一）流行病学特征

1. 传染源　许多野生啮齿类动物如小鼠、田鼠等是本菌的保菌宿主，多数表现为健康带菌状态，潜伏在肾脏中的钩端螺旋体会随着尿液排出，污染水源、土壤等周围环境，从而感染其他动物或人。

2. 传播途径　水平传播，接触受污染的水、饲料等经消化道黏膜感染，也可通过损伤的皮肤感染，还可通过交配、咬伤等途径感染，某些吸血昆虫也可成为本病的传播媒介；垂直传播，可经胎盘传播。

3. 易感动物　各种年龄段的犬。

4. 当前流行特点　该病多发生于热带及亚热带地区，尤其以气候温暖、雨量较多的热带及亚热带地区的江河两岸、湖泊、沼泽、池塘和水田地带为甚。本病发病有明显的季节性，一般是夏秋季多发，每年7～10月为流行的高峰期，其他月份少发，随着犬跨地交易，在我国北方地区亦时有发生。

（二）临床症状特征

1. 病理生理学 钩端螺旋体穿透黏膜，随后扩散到其他组织并在其中繁殖，特别是肾脏、肝脏、脾脏、眼睛和生殖道。虽然临床症状可能很轻，但由钩端螺旋体病引起的死亡会迅速发生。钩端螺旋体在肾脏中的转移发育在多数感染动物中都会发生。即使经过了治疗病愈，感染性钩端螺旋体仍可从尿液中排出数周或数月。

2. 临床表现 犬钩端螺旋体感染多发生于户外成年犬。根据犬的年龄、环境及钩端螺旋体血清型的不同，钩端螺旋体的感染力不同。急性感染以发热及肌肉触痛为特征。呕吐、衰弱、凝血、吐血、便血、黑粪、鼻出血、有瘀斑是钩端螺旋体病的典型症状。钩端螺旋体感染最常见的其他症状包括昏睡、精神沉郁、食欲减退。另外，还有其他各种症状如体重下降，不定位的疼痛、关节疼痛、局部麻痹、后肢瘫痪、呼吸困难等。在急性感染犬中，黄疸也很常见。

（三）剖检变化

病犬尸体严重脱水和黄疸，眼球下陷，口腔部、齿龈黏膜有出血点、坏死灶、小溃疡病灶。皮肤、皮下脂肪、内脏脂肪、浆膜、胸腹腔动脉内膜、肠系膜、大网膜呈现黄染。心脏内外膜、肝小叶、肺脏、肾脏表面、膀胱黏膜黄染，有出血斑点。胃、十二指肠、大肠、直肠黏膜肿胀充血，呈黑红色；肝肿大，颜色较暗，质脆易碎；胆囊肿大，胆汁浸染脾脏、肝脏等组织；肾肿大，皮质部呈白色或灰白色小病灶；淋巴结肿大；肺水肿，弥漫性出血，切面呈暗红色。

（四）诊断要点

1. 诊断 钩端螺旋体感染急性发作症状有可能表现为任何

系统的疾病，包括急性或慢性肾衰竭，急性肝炎，多发性关节炎，肺炎和脊椎损伤。

不同程度的肾衰竭引起的血清尿素氮和肌氨酸酐升高很常见。急性黄疸发作和肾衰的青年犬应怀疑钩端螺旋体感染，考虑到该病的公共卫生学意义，所以应尽力确诊该病。找有经验的技术人员做新鲜尿液（4小时内）的暗视野显微检查，对钩端螺旋体可疑犬的快速诊断很有必要。但是这种诊断能力的缺乏，降低了快速诊断的水平。

2. 实验室诊断

（1）血清学检查

①凝集溶解试验：本实验先以国内的主要血清型标准菌株与血清做定性试验，再以相应菌株与不同稀释度的血清做定量试验。被检单份血清的效价在1：800以上，才有诊断意义。

②补体结合试验：犬在病后3天，体内就可出现补体结合抗体，并能持续1年之久，但只能用于群的鉴定，不能用于血清型的鉴定。试验一次可以检测大批量的血清样本，主要用于流行病学调查。

③碳颗粒或乳胶颗粒凝集试验：本试验以已知抗原吸附到活性炭颗粒或乳胶颗粒上，用于检测血清中的抗体。本试验简单易行、诊断迅速、肉眼可见，不需要特殊的实验设备，可用于辅助诊断。

（2）病原微生物检查

①直接检查：发热期采病犬的血液，无热期及后期采取尿液，死亡后取肝脏和肾脏，在暗视野下直接镜检。为了提高尿液内钩端螺旋体存活的时间，提供非酸性尿液环境，常在检查前一天给犬投服碳酸氢钠5～15克。

②分离培养：一般将上述病料接种于Korshof培养基，于28～30℃培养，每隔3～5天进行暗视野检查。如果在暗视野背景下发现有许多光亮的、两端高速旋转的钩端螺旋体即可确诊。

二、防治要点

1. 培育无强毒感染犬群 原则同"第一节 犬瘟热"。

2. 强化饲养管理水平 原则同"第一节 犬瘟热"。

3. 切实严格执行生物安全措施 原则同"第一节 犬瘟热"。

4. 定期驱虫 原则同"第一节 犬瘟热"。驱虫程序见附1犬推荐驱虫程序。

5. 免疫 原则同"第一节 犬瘟热"。本病疫苗主要为犬钩端螺旋体 C-51 株和黄疸出血型钩端螺旋体 NADL 株二价苗。免疫程序见附3犬推荐免疫程序。

6. 疫情处理 一旦发生犬钩端螺旋体病,应迅速隔离病犬,及时就医,加强环境消毒,防止疫情蔓延,对附近健康犬进行免疫接种。

第六节 犬冠状病毒病

犬冠状病毒病是犬的一种急性胃肠道传染病,其临床特征为腹泻。病原是冠状病毒,冠状病毒属冠状病毒科冠状病毒属成员,为单股 RNA 病毒。病毒具有冠状病毒的一般形态特征,呈圆形或椭圆形,长径80~120纳米,宽径为75~80纳米,有囊膜,囊膜表面有花瓣状纤突,长约20纳米。病毒对氯仿、乙醚、脱氧胆酸盐敏感,对热也敏感,用甲醛、紫外线能灭活,但对酸和胰蛋白酶有较强抵抗力。犬冠状病毒没有血凝性,通过胞饮作用进入易感细胞,可在来源于犬的多种细胞中生长。

一、犬冠状病毒病的诊断要点

(一)流行病学特征

1. 传染源 病犬和带毒犬。通过粪便排出病毒,污染周围的场地、用具、饲料与饮水,然后经口传染给易感犬。

2. 传播途径　水平传播，病毒通过直接接触和间接接触，经呼吸道和消化道传染给健康犬及其他易感动物。

3. 易感动物　本病可感染犬、貂和狐狸等犬科动物，不同品种、性别和年龄的犬都可感染，但幼犬最易感染。

4. 当前流行特点　本病多发于寒冷的冬季，传播迅速，数日内常成群暴发。本病的发生虽无品种、年龄、性别之分，但在犬群中流行时，通常都是两月龄以内的幼犬先发病，然后波及其他年龄的犬。幼犬的发病率和致死率均高于成年犬，康复犬体内可产生中和抗体。

（二）临床症状特征

1. 发病机制　本病毒经口接触易感犬 2 天后，到达十二指肠上部，主要侵害小肠绒毛 2/3 处的消化吸收细胞。病毒经胞饮作用进入微绒毛之间的肠细胞，在胞质空泡的平滑膜上出芽。由于细胞膜破裂，病毒随着脱落的感染细胞进入肠腔内，再感染小肠整个肠段的绒毛上皮细胞，使绒毛变得短粗，消化酶和肠吸收功能丧失，导致腹泻。以后随着小肠结构的复原，临床症状消失，排毒减少并终止，血清中产生中和抗体。

2. 临床表现　本病潜伏期 1～3 天，临床症状轻重不一。病犬出现急性胃肠炎症状，主要表现为呕吐和腹泻，严重的病犬精神不振，呈嗜睡状，食欲减少或废绝，多数无体温变化。首先排出带有黏性的灰白色稀便，逐渐变为黄色、咖啡色，混有不同程度的血液，恶臭，有时呈喷射状排出。病犬迅速脱水、衰竭，临床上很难与细小病毒性肠炎区分。病程 7～10 天，有些病犬尤其是幼犬发病后 1～2 天内死亡，成年犬很少死亡。

（三）剖检变化

尸体严重脱水，剖检可见胃黏膜水肿，胃内有大量半透明的胶冻样黏液，贲门及幽门水肿；小肠阶段性扩张，内含黄白色至黄绿色液体，有时还有气体和血液。小肠黏膜充血、出血和部分脱落，肠壁变薄，浆膜充血，呈暗红色；大肠黏膜充血和水肿，病变较小肠段轻；肠系膜淋巴结充血、肿大；脾常肿大。

(四) 诊断要点

本病流行特点、临床症状、病理剖检缺乏特征性变化，在血液学和生物化学方面也没有特征性指标，因此确诊必须依靠病毒分离、电镜观察和血清学检查。

CCV 既可单独发病，也可与细小病毒、沙门氏菌等混合感染。具体鉴别诊断见表 6-1。

表 6-1　犬腹泻鉴别诊断要点

病名	病原体	病理变化	临床诊断要点
犬细小病毒病	犬细小病毒	空肠和回肠的黏膜严重脱落，呈暗红色，肠内容物中混有大量血液，肠系膜淋巴结肿大为暗红色	呕吐、腥臭血便、脱水；心肌炎者突然死亡；群发
犬瘟热病	犬瘟热病毒	肺部有轻度支气管炎和初期支气管肺炎。细菌感染后，白细胞增多（4 000～8 000 个/毫米^3），淋巴细胞相对减少（50%以下）	发热、腹泻、结膜炎、流鼻汁、肺炎、神经症状、皮肤发生疱疹
犬冠状病毒病	犬冠状病毒	血液浓缩，肠壁菲薄，肠管扩张，肠内充满黄白色或黄绿色液体，肠黏膜充血、出血，肠系膜淋巴结肿大	呕吐、精神沉郁、食欲废绝、血便、突然死亡，群发、脱水，但体温不升高
犬沙门氏菌病	沙门氏菌	尸僵不全，胃肠黏膜水肿、瘀血、出血，十二指肠发生溃疡或穿孔，肝脂肪变性和肝硬化，胆囊肿大，膀胱内有少量出血点，心脏伴有浆液性和纤维蛋白渗出物的心外膜炎与心肌炎	排黏液血便，发热，脱水，呕吐，腹痛，多见于幼犬
肠套叠	—	套叠部肠管发生瘀血和肿胀，肠壁水肿如肉肠样，肠壁内有血液渗出，进一步发展为肠管坏死	食欲不振，饮欲亢进，顽固性呕吐，黏液性血便，腹痛，脱水

（续）

病名	病原体	病理变化	临床诊断要点
球虫病	球虫	小肠黏膜卡他性炎症，球虫病灶处肠黏膜发生炎症，慢性经过时小肠黏膜有白色结节	黏液性腹泻，脱水、贫血、发热、食欲废绝
蛔虫病	犬弓蛔虫、狮弓蛔虫	剖检可见肠道中有虫体	幼犬多发，黏液性稀便，腹泻、呕吐、腹围增大，消瘦，肺炎

二、防治要点

1. 培育无强毒感染犬群 原则同"第一节 犬瘟热"。

2. 强化饲养管理水平 原则同"第一节 犬瘟热"。

3. 切实严格执行生物安全措施 原则同"第一节 犬瘟热"。

4. 定期驱虫 原则同"第一节 犬瘟热"。推荐驱虫程序见附1犬推荐驱虫程序。

5. 免疫 对健康动物进行疫苗免疫是防治本病的主要措施。目前普遍使用进口注册的犬八联疫苗（犬瘟热、犬副流感、犬腺病毒Ⅰ型、犬腺病毒Ⅱ型、犬细小病毒病、犬冠状病毒病、犬型钩端螺旋体病和出血黄疸型钩端螺旋体病八联疫苗）。本病进口弱毒苗为NL-8株。免疫程序见附3犬推荐免疫程序。

6. 疫情处理 一旦发生犬冠状病毒病，应迅速隔离病犬，及时就医，加强环境消毒，防止疫情蔓延，对附近健康犬进行免疫接种。

第七节 犬疱疹病毒病

犬疱疹病毒病是由犬疱疹病毒引起的，主要是仔犬的一种急性致死性传染病。本病自1965年分别在美国和英国分离到病毒并确定其致病性后，才引起人们的注意。仔犬感染后的特征是呈现全身性的出血和坏死，3周龄以上的犬感染时，则主要呈现上呼吸道感染的症状。本病的病原体是犬疱疹病毒Ⅰ型，它对高温的抵抗力较弱，56℃经4分钟就可将病毒杀死。但对低温抵抗力较强。在酸性环境（pH4.5）中，经30分钟即可使病毒失去致病性。

一、犬疱疹病毒病的诊断要点

（一）流行病学特征

1. 传染源　病犬，病毒可通过唾液、鼻汁和尿液向外排出。

2. 传播途径　水平传播，本病主要经飞沫感染。垂直传播，分娩过程中胎儿接触了带毒母犬的阴道分泌物也可感染。

3. 易感动物　犬。

4. 当前流行特点　犬疱疹病毒只感染犬，而且主要引起2周龄以内仔犬的致死性感染，3周龄以上的仔犬及成年犬症状轻微，主要呈隐性感染。

（二）临床症状特征

2周龄以内的仔犬感染本病后，体温常不升高，反应迟钝，食欲不良或停止吃奶。呼吸困难，腹痛，呕吐，排黄绿色粪便。病犬常连续嚎叫，多在出现临床症状后24小时内死亡。个别耐过的仔犬，常遗留共济失调，向一侧做圆周运动等神经症状或失明。3～5周龄的仔犬及成年犬感染后，常不呈现全身症状，只引起轻度鼻炎和咽炎，主要表现流鼻涕、喷嚏、干咳等上呼吸道症状。试验证明，病毒可在这些病犬的呼吸道和生殖道黏膜上轻度增殖，成为传染源。

（三）剖检变化

仔犬的典型病变是实质脏器散在有多量直径2～3毫米的灰白色坏死灶和小出血点，尤其是肾和肺脏的变化更明显。胸、腹腔内积留有带血的浆液性液体，脾脏肿大，肠黏膜有点状出血。支气管断端流出含有气泡的血样浆液。

(四)诊断要点

通常根据上述临床特征和病理剖检变化，结合流行特点，可初步诊断。最后确诊要靠分离病毒或血清学试验。

二、防治要点

1. 培育无强毒感染犬群 原则同"第一节 犬瘟热"。

2. 强化饲养管理水平 原则同"第一节 犬瘟热"。遇到发病情况，提高环境温度对病犬有利。将病犬置于保温箱中，或用取暖器加热等，均可帮助病犬早日康复。

3. 切实严格执行生物安全措施 原则同"第一节 犬瘟热"。

4. 定期驱虫 原则同"第一节 犬瘟热"。推荐驱虫程序见附1犬推荐驱虫程序。

5. 免疫 本病国内暂无疫苗。

6. 疫情处理 一旦发生犬疱疹病毒病，应迅速隔离病犬，及时就医，加强环境消毒，防止疫情蔓延。

第八节 猫泛白细胞减少症

猫泛白细胞减少症又称猫瘟热或猫传染性肠炎，是由猫细小病毒引起的一种高度接触性的传染病毒性疾病，临床症状表现为发热、白细胞减少、呕吐和出血性肠炎，是家猫最常见的一种非常危险的传染病。该病原体属细小病毒科细小病毒属，核酸为单股 DNA。

一、猫泛白细胞减少症的诊断要点

(一)流行病学特征

1. 传染源 病猫和带毒猫。

2. 传播途径 水平传播，通过接触带病毒的尿粪或经吸血昆虫及蚤类媒介传播。

3. 易感动物 除感染家猫外，还能感染其他猫科动物（如虎、豹）和鼬科动物（貂）及熊科动物（浣熊）等。

4. 当前流行特点 本病一年四季均可发生，冬春季为多发季节。多数情况下，1 岁以下的猫易感，5 月龄以下的幼猫死亡率最高，随年龄的增长发病率逐渐降低，群养的猫可全群暴发或全窝发病。

（二）临床症状特征

猫泛白细胞减少症潜伏期为 2～9 天，临床症状与年龄及病毒毒力有关。

最急性型，动物不显临床症状而立即倒毙，往往误认为中毒。

幼猫多呈急性发病，体温升高至 40℃以上，呕吐，很多猫不出现任何症状，突然死亡，有的可能会表现出脊髓型共济失调的症状。

6 个月以上的猫大多呈亚急性临床症状，首先发热至 40℃左右，1～2 天后降到常温，3～4 天后体温再次升高，即双相热型。

病猫精神不振，厌食，顽固性呕吐、呕吐物呈黄绿色，口腔及眼、鼻流出脓性分泌物，粪便黏稠样，当出现腹泻时，说明动物已处于疾病后期，粪便带血，严重脱水，贫血，严重者死亡，妊娠母猫感染可造成流产和死胎。

（三）剖检变化

猫尸体消瘦，脱水。以出血性肠炎为特征，胃肠道空虚，整个胃肠道黏膜有不同程度的充血、水肿并被黏液纤维素渗出物所覆盖。其中以空肠的病变最为突出，肠壁增厚似乳胶管状，肠腔内有灰红色或黄绿色纤维素性、坏死性假膜或纤维素条索，呈现明显的出血性肠炎病变。肠系膜淋巴结肿大，切面湿润，呈灰红、白相间的大理石样花纹，或呈一致的鲜红或暗红色。肝肿大呈红褐色。胆囊充盈，胆汁黏稠。脾脏出血。肺充血、出血、水肿。长骨骨髓变成液状，完全失去正常硬度。

（四）诊断要点

1. 初步诊断　根据突发双相型高热、呕吐、腹泻、脱水、明显的白细胞减少等明显的临床症状，结合上述出血性肠炎的病理剖检变化等特征，可以初步诊断。进一步确诊则需实验室诊断。

2. 实验室诊断

（1）血凝（HA）及血凝抑制（HI）试验　FPV 感染的病猫粪便、肝脏、脾脏和肠黏膜中往往含有大量的病毒，可将这些病料研磨，取上清液进行血凝效价的测定，细胞培养物中的 FPV 的检出也可用此法。

（2）胶体金试纸检测　胶体金试纸用于检测 FPV 抗原，具有简单、快速、准确等优点。

二、防治要点

1. 培育无强毒感染猫群　引入种猫时应严格检疫；对种猫群而言，应制定本病净化的中长期规划，淘汰带毒种猫。

2. 强化饲养管理水平　养殖与管理应尽量接近标准化，以保障其生产过程中的"稳态"，关键点包括均衡的营养、猫粮的质量、温度与湿度控制、足够的运动量等。

3. 切实严格执行生物安全措施　加强猫场的防疫管理，场门口要设消毒池，谢绝参观，严禁外人进入猫舍，工作人员进入要更换消毒过的胶靴、工作服，用具、器材、车辆要定时消毒；粪便、垫料及各种污物要集中进行无害化处理；做好防鼠、防虫工作，制定适合本场的消毒制度。

4. 定期驱虫　原则同"第一节　犬瘟热"。驱虫程序见附2猫推荐驱虫程序。

5. 免疫　对健康动物进行疫苗免疫是防治本病的主要措施。目前普遍使用的进口注册的猫三联疫苗（猫鼻气管炎605株、嵌杯病毒病 255 株、泛白细胞减少症 cu‐4 株），可同时预防猫泛白细胞减少症，猫杯状病毒病和猫传染性鼻气管炎病。免疫程序见附 4 猫推荐免疫程序。

6. 疫情处理　一旦发生猫泛白细胞减少症疾病，应迅速隔离病猫，加强环境消毒，防止疫情蔓延，严格按照《中华人民共和国动物防疫法》等相关法规进行处置。

第九节　猫杯状病毒病

猫杯状病毒病是由猫杯状病毒引起的呼吸道传染病。猫杯状病毒感染是猫的多发病，发病率高，死亡率低。猫杯状病毒属杯状病毒科、杯状病毒属。病毒在脑浆内繁殖，有时呈结晶状或串珠状排列。病毒对脂溶剂（乙醚、氯仿和脱氧胆碱盐）具有抵抗力；pH3 时失去活力，pH4～5 时稳定；50℃ 30 分钟灭活。

一、猫杯状病毒病的诊断要点

（一）流行病学特征

1. 传染源　主要传染源为病猫和带毒猫。

2. 传播途径　直接接触病猫、带毒猫或其分泌物和排泄物，经消化道和呼吸道传播。

3. 易感动物　猫。

4. 当前流行特点　自然条件下，仅猫科动物对此病毒易感，幼猫尤其易感。

（二）临床症状特征

猫杯状病毒感染的潜伏期为 2～3 天，而后发热达 39.5～40.5℃。症状的严重程度随感染病毒毒力的强弱而不同。口腔溃疡是特征性的症状，常见于舌和硬腭，尤其是腭中裂周围。舌部水泡破裂后形成溃疡。

主要表现为上呼吸道症状，即精神沉郁、浆液性和黏液性鼻漏、结膜炎、口腔炎、气管炎、支气管炎，伴有双相热。病猫精神萎靡，打喷嚏，口腔和鼻、眼分泌物增多，有时出现流涎和角膜炎。鼻眼分泌物初呈浆液性、灰色，后呈黏液性，4～5 天后则呈黏液脓性。有时可见痢疾和温和性白细胞减少的症状。病毒毒力较强时，可发生肺炎而表现呼吸困难等症状。

（三）剖检变化

出现上呼吸道症状的猫，可见结膜炎、鼻炎、气管炎及舌炎。舌、腭部初期为水泡，后期水泡破溃形成溃疡。溃疡边缘和基底有大量嗜中性白细胞浸润。肺部可见纤维素性肺炎（仅表现下呼吸道症状的病猫）及间质性肺炎，后者可见肺泡内蛋白性渗出物及肺泡巨噬细胞聚积，肺泡及其间隔可见单核细胞浸润。

气管内常有大量蛋白性渗出物、单核细胞及脱落的上皮细胞。有继发感染时，则可出现典型的化脓性支气管肺炎变化。出现全身症状的仔猫，其大脑和小脑的石蜡切片可见中等程度的局灶性神经胶质细胞增生及血管周围套出现。

（四）诊断要点

由于多种病原体均可引起猫的呼吸道感染，且症状非常相似，因此确诊比较困难。病毒的鉴定可用补体结合试验、免疫扩散试验及免疫荧光试验。

二、防治要点

1. 培育无强毒感染猫群 同"第八节　猫泛白细胞减少症"。

2. 强化饲养管理水平 同"第八节　猫泛白细胞减少症"。

3. 切实严格执行生物安全措施 同"第八节　猫泛白细胞减少症"。

4. 定期驱虫 原则同"第一节　犬瘟热"。驱虫程序见附 2 猫推荐驱虫程序。

5. 免疫 同"第八节　猫泛白细胞减少症"。

6. 疫情处理　一旦发生猫杯状病毒病，应迅速隔离病猫，及时就医，加强环境消毒，防止疫情蔓延，对附近健康猫进行免疫接种。

第十节　猫传染性鼻气管炎

猫传染性鼻气管炎是由猫疱疹病毒Ⅰ型引起的一种急性、接触性上呼吸道传染病，临床上以喷嚏、流泪、结膜炎和鼻炎为特征。本病的病原体为猫疱疹病毒Ⅰ型，属于疱疹病毒科甲型疱疹病毒亚科，为双股RNA病毒，有囊膜。该病毒对外界环境抵抗力较弱，对酸、热和脂溶剂敏感。甲醛和酚易将其杀灭。在−60℃条件下可存活180天，50℃条件下4～5分钟灭活。在干燥条件下，12小时以内即可灭活。

一、猫传染性鼻气管炎的诊断要点

（一）流行病学特征

1. 传染源　病猫及自然康复猫。

2. 传播途径　水平传播，直接接触病猫或病猫呼吸排出的飞沫即可感染。

3. 易感动物　猫。

4. 当前流行特点　本病一年四季均可发生，且只感染猫及猫科动物。

（二）临床症状特征

患病猫病初体温升高，精神萎靡，打喷嚏，咳嗽，流泪和流鼻涕；鼻涕最初为透明的浆液性，以后逐步变为黏液性、脓性分泌物。仔猫食欲减退，体重减轻。部分病猫转为慢性，表现为咳嗽、呼吸困难和鼻窦炎。急性病例症状通常持续10～14天，成年猫死亡率较低，但约半数患病仔猫可发生死亡，合并细菌感染时死亡率更高。怀孕母猫可引起流产、死胎。

（三）剖检变化

可见鼻腔、鼻甲骨黏膜、喉头部、气管和支气管黏膜弥漫性出血、坏死。较严重的病例，出现鼻腔、鼻甲骨黏膜坏死，眼结膜、扁桃体、会厌软骨、气管支气管、细支气管的黏膜上皮也出现小的坏死灶。慢性病例可见鼻窦炎。表现下呼吸道症状的病猫，可见间质性肺炎，有时可见气管炎和细支气管炎病变。

（四）诊断要点

根据临床症状、流行病学和病理剖检进行初步诊断。再通过血清学和病毒学检查进行确诊，最可靠的诊断就是分离病毒。

二、防治要点

1. 培育无强毒感染猫群 同"第八节 猫泛白细胞减少症"。

2. 强化饲养管理水平 同"第八节 猫泛白细胞减少症"。

3. 切实严格执行生物安全措施 同"第八节 猫泛白细胞减少症"。

4. 定期驱虫 原则同"第一节 犬瘟热"。驱虫程序见附2猫推荐驱虫程序。

5. 免疫 同"第八节 猫泛白细胞减少症"。

6. 疫情处理 一旦发生猫传染性鼻气管炎病，应迅速隔离病猫，及时就医，加强环境消毒，防止疫情蔓延，对附近健康猫进行免疫接种。

第十一节 狂 犬 病

狂犬病（Rabies）又名恐水病，是由狂犬病病毒（Rabies virus, RV）引起的以侵害中枢神经系统为主的人畜共患的急性、致死性传染病。狂犬病是世界性疾病，其病死率近于100%。我国农业部将狂犬病列为二类动物疫病，世界动物卫生组织将其列为法定报告动物疫病。

　　引起人和动物狂犬病的病原体属弹状病毒科狂犬病病毒属，为单股负链 RNA 病毒。完整病毒粒子外形似炮弹或枪弹状，长 140～180nm，直径 75～80nm。该病毒属包括 7 种已分型的病毒种，它们是经典狂犬病病毒（Classical rabies virus）、拉格斯蝙蝠病毒（Lagos bat virus）、莫科拉病毒（Mokola virus）、杜文哈根病毒（Duvenhage virus）、欧洲蝙蝠狂犬病病毒 1 型（Eruopean bat lyssavirus‐1）、欧洲蝙蝠狂犬病病毒 2 型（Eruopean bat lyssavirus‐2）和澳大利亚蝙蝠狂犬病病毒（Australian bat lyssavirus）。这 7 种病毒均能引起人和动物的狂犬病，但是感染人和犬的病毒 99％是经典狂犬病病毒，因此简称其为狂犬病病毒（Rabies virus），其他 6 种则被称为狂犬病相关病毒。狂犬病病毒具有高度的神经组织嗜性，在感染动物体内主要分布于中枢神经和唾液腺组织，并通过唾液排出和感染其他易感个体。狂犬病病毒对温度较敏感，60℃ 15～30 分钟或 100℃ 2 分钟即可使病毒灭活。在 20～22℃ 1～2 周、4℃ 5～6 周，其感染性几乎完全丧失。常用的消毒剂如 75％酒精、5％石炭酸、0.1％升汞等可以迅速杀死病毒。但脑组织中的病毒有较强抵抗力，此外，病毒对低温和干燥有较强的抵抗力。病毒对神经组织有很强的亲和力。该病的致病机理可人为地划分为三个阶段：第一阶段，狂犬病病毒首先在感染部位增殖生长，G 蛋白附着骨骼肌的乙酰胆碱受体，并在肌细胞内发生复制，穿入临近的无髓鞘的周围神经末梢，然后沿着神经轴突以每小时 3 毫米的速度向中枢神经组织迁移，此时不容易引起免疫系统发生免疫；第二阶段，病毒沿周围传入神经迅速上行到达背根神经节，最后侵入脊髓和中枢神经系统，在脑的边缘系统大量复制，导致脑组织损伤；第三阶段，病毒自中枢神经系统再沿传出神经侵入各组织与器官。当迷走神经核、舌咽神经核和舌下神经核受损时，可发生呼吸肌、吞咽肌痉挛；当迷走神经节、交感神经节和心脏神经节受损时，可发生心血管系统功能紊乱或猝死。

一、狂犬病的诊断要点

（一）流行病学特征

1. 传染源　病犬，带毒犬。

2. 传播途径　狂犬病病毒主要通过被感染动物咬伤而感染，也可通过动物舔舐黏膜、伤口或抓伤感染，特殊情况下通过气溶胶经呼吸道感染。人和家畜绝大多数病例是通过患狂犬病的动物咬伤而感染的。

3. 易感动物　所有温血动物，尤其是食肉类和翼手类哺乳动物。

（二）临床症状特征

本病潜伏期长短不一，一般 14～56 天，最短 8 天，最长数月至数年。犬、猫、人平均 20～60 天，潜伏期的长短与咬伤部位的深度、病毒数量与毒力均有关。分为狂暴型和麻痹型。

1. 犬　狂暴型分 3 期，即前驱期、兴奋期和麻痹期。前驱期为 1～2 天，病犬精神抑郁，喜藏暗处，举动反常，瞳孔散大，反射机能亢进，喜吃异物，吞咽障碍，唾液增多，后躯软弱。兴奋期为 2～4 天，病犬狂躁不安，攻击性强，反射紊乱，喉肌麻痹，狂躁与抑郁交替出现。麻痹期为 1～2 天，病犬消瘦，张口垂舌，后躯麻痹，行走摇晃，最终全身麻痹而死亡。

2. 猫　多表现为狂暴型。前驱期通常不到 1 天，其特点是低度发热和明显的行为表现改变。兴奋期通常持续 1～4 天，病猫躲在暗处，当人接近时突然攻击，因其行动迅速，不易被人注意，又喜欢攻击头部，因此比犬的危险性更大；此时病猫表现肌颤，瞳孔散大，流涎，背弓起，爪伸出，呈攻击状。麻痹期通常持续 1～4 天，表现运动失调，后肢明显；头颈部肌肉麻痹时，叫声嘶哑，随后惊厥、昏迷而死。约 25% 的病猫表现为麻痹型，在发病后数小时或 1～2 天内死亡。

（三）病理剖检特征

无特征性变化。濒死期动物表现痛苦，消瘦，脱水，头、体表、四肢有外伤。死于狂犬病的犬，胃空虚，存有毛发、石块等异物；胃黏膜充血、出血、糜烂。肠道和呼吸道呈现急性卡他性炎症变化。脑软膜血管扩张充血，清度水肿，脑灰质和白质小血管充血，并伴有点状出血。

（四）诊断

1. 综合性诊断　典型病例根据临床症状，结合咬伤史，可初步诊断。

2. 病原学检查　对怀疑为狂犬病的动物，取其脑组织、唾液腺或皮肤等标本，直接检测其中病毒或进行病毒分离，是确诊狂犬病的重要手段。

3. 血清学检查　在狂犬病的预防工作中，检测血清中抗体是评价疫苗效果的一个重要指标。检测和观察感染者血清中抗体消长情况，对狂犬病的诊断和预后也有重要价值。

二、防治要点

1. 预防　一些媒介动物是狂犬病病毒的自然宿主，对其唯一可行的防治原则是减少已证实的媒介动物的群体数量，并避免这些动物与犬、猫的接触。

2. 免疫　加强犬的狂犬病疫苗免疫，是从源头上控制人类狂犬病的最有效措施。目前，市场上使用的狂犬病疫苗主要有弱毒活疫苗和灭活疫苗两类。弱毒活疫苗主要是国产苗，如犬狂犬病（Rb/E3 株）、犬瘟热、犬副流感、犬腺病毒病、犬细小病毒病五联活疫苗和狂犬病单联活疫苗（ERA 株）。灭活疫苗包含国产和进口两种，国产疫苗如狂犬病灭活疫苗（CTN-1 株）、狂犬病灭活疫苗（FLURY 株）等；进口注册的灭活疫苗主要有狂犬病灭活疫苗（VP12 株）、狂犬病灭活疫苗（HCP-SAD 株）、狂犬病灭活疫苗（Pasteur RIV 株）、狂犬病灭活疫苗（G52

株)。免疫见附 3 犬推荐免疫程序。

3. 疫情处理　动物狂犬病属于国家防控疫病中的二类疫病，而且可以传染给人，一旦发现狂犬病可疑病例，应按照《中华人民共和国动物防疫法》《重大疫病应急条例》等相关法律法规进行处理。

附　推荐的犬猫驱虫程序、免疫程序、宠物犬的饲养管理建议

附 1　犬推荐驱虫程序

幼犬建议驱虫时间：断奶、2 月龄、3 月龄，以后每 3 个月一次至成年。

成犬建议驱虫时间：每 3 个月一次。

母犬建议驱虫时间：配种前、分娩前 10 天、分娩后第二、第四周。

驱虫可口服和注射，目前普遍应用的是进口伊维菌素产品。但伊维菌素不能用于柯利犬，柯利犬可以使用塞拉菌素进行驱虫。

附 2　猫推荐驱虫程序

幼猫在 6 周龄首次驱虫，之后每月驱虫一次。

附 3　犬推荐免疫程序

1. 国产疫苗　犬五联（犬狂犬病、犬瘟热、犬副流感、犬腺病毒病、犬细小病毒病疫苗）疫苗肌内注射。对 2 月龄以上幼犬以 21 日的间隔连续接种 3 次；对成年犬每年接种 2 次，间隔为 21 日。

2. 进口疫苗

(1) 首免时小于2月龄的犬的免疫程序

首免：犬二联疫苗。

二免：犬二联疫苗（首免后2周）。

三免：犬六联疫苗（二免后3周）。

四免：犬六联疫苗＋狂犬病疫苗（三免后3周）。

(2) 首免时大于2月龄的犬的免疫程序

首免：犬四联疫苗。

二免：犬六联疫苗（首免后3周）。

三免：犬六联疫苗＋狂犬病疫苗（二免后3周）。

加强免疫：犬六联疫苗＋狂犬病疫苗，每年一次。

(3) 犬场免疫程序

种犬：免疫2次，间隔3周。

首免：犬六联疫苗。

二免：犬六联疫苗＋狂犬病疫苗。

附4　猫推荐免疫程序

首免：8周龄接种猫三联疫苗（进口）。

二免：12周龄接种猫三联疫苗（进口）。

三免：16周龄接种猫三联疫苗（进口）＋狂犬病疫苗。

加强免疫：每年一次，猫三联疫苗（进口）＋狂犬病疫苗。

附5　宠物犬的饲养管理建议

1. 准备好犬舍和一些必需生活用具，根据个人喜好、条件选择合适犬种，并到正规市场选购。

2. 新带回家的犬在 10 天内必须进行一次体内外驱虫，并按照兽医指导进行疫苗接种。

3. 养好宠物犬要做好以下几点：保证犬的营养全面，给犬建立犬的健康档案，保持卫生和适当的户外运动量，定期驱虫。

4. 妊娠母犬不能剧烈运动，以防流产，食物中增加适量的肉类和骨粉。公犬食物中蛋白质要略高些，每顿不宜喂太饱。刚出生幼犬一定要在 2 小时内吃上母乳，20 日龄后适当喂些牛奶、稀粥、肉汤。一个半月左右，可以逐渐给幼犬断奶。幼犬的管理应以保温、防风、防挤压为主。从断奶后到六个月是养犬的关键时间，此阶段犬的生长发育快，必须提供足够的营养和水。并保证每天充足的运动时间和运动量。训练幼犬养成一些好习惯（如定时定点大小便等）也是此阶段的重要工作。老龄犬抵抗力差，注意冷热变化，做好保暖防暑，并提供质量好、有营养、易咀嚼、易消化的食物。不要让老龄犬做复杂高难动作。

5. 平时应细致观察，如果发现以下几点，建议及时就医。①精神：精神萎靡，表情冷淡，头低尾垂，反应迟钝。②是否呕吐：通常发生某些传染病或胃肠道疾病会造成呕吐。③食欲：食欲不振，甚至拒食。④粪便：观察是否便秘或下痢，粪中是否带血有恶臭。⑤眼睛：是否红肿，有无眼泪，眼角处有无眼屎或分泌物。⑥姿态：各种姿态有无异常，运动时有无跛行、蹒跚或肢体麻痹。⑦鼻镜：鼻端干燥或鼻腔有鼻涕时为病态。⑧口腔：有无红肿、溃疡、烂斑，是否流涎，有无特殊气味，吞咽有无困难等。⑨肛门：有无发炎，红肿或溃疡。⑩皮肤：被毛不断脱落，粗糙无光，结痂和溃疡为病态。

6. 应注意的人畜共患病有狂犬病、钩端螺旋体病等。

7. 防控人畜共患病发生：①在饲养中，要定期消毒犬的活动场所；②给犬定期驱虫，做好免疫防制工作；③给犬定期洗浴，长毛犬每月洗2～3次，短毛犬每月1～2次，洗完后吹干，保暖；④在病毒病流行期要做好防病工作，如用消毒液消毒，注射免疫增强剂等；⑤防止外寄生虫及皮肤病，应减少犬在草丛，潮湿、脏乱的环境中活动，用防外寄生虫的药液或洗液洗浴；⑥人、犬不要过度亲密接触，要注意接触方式，不要用嘴咀嚼食物喂犬或与犬同睡、亲吻等。

附6 犬猫的免疫注意事项

1. 提前10天进行常规驱虫。

2. 仅用于健康犬的免疫接种，接种前应对动物进行全面体检，包括饮食、体温及心脏各项指标。因天气情况及环境变化造成动物不适的，让动物安静一会儿，指标正常以后，再进行免疫接种，如果指标不能达到正常，不能进行免疫接种，孕犬禁止进行疫苗接种。

3. 使用无菌注射器进行皮下注射，执行常规无菌接种，无论犬猫体重大小均接种一头份。

4. 疫苗从冰箱取出，经预温后稀释注射。

5. 使用过血清或单克隆抗体的动物，应间隔7～14天再进行免疫接种。

6. 免疫接种期间，避免调动、运输等应激，并禁止与病犬接触。

7. 免疫接种后，减少各种应激反应。

8. 接种后，如个别动物出现过敏反应，可用肾上腺素皮下注射缓解，并由兽医师进一步对应处理。

9. 罗威那、杜宾、藏獒、巴哥等几个犬种由于存在先天免疫缺陷，首免时间大于 6 周龄，并且需进行不低于 5 次免疫接种，时间间隔大于 3 周。

10. 狂犬病与钩端螺旋体病均为重要的人畜共患病，宠物工作者或宠物主人是与宠物接触最密切的群体。为了宠物及自身的健康，请重视狂犬病及钩端螺旋体病的免疫预防。

第七章　其他经济动物疾病免疫技术

第一节　毛皮动物犬瘟热

犬瘟热是由犬瘟热病毒（CDV）引起的，急性、热性、高度接触传染性、致死性传染病，水貂、狐、貉等多种肉食性毛皮动物都能感染。其主要特征是发热，结膜、鼻黏膜及消化道黏膜发炎，皮肤炎症和神经症状。本病一年四季均可发生，对幼兽尤为严重，发病率可达90％，且几乎全部死亡。

一、犬瘟热的诊断要点

（一）流行病学特征

1. 传染源　犬瘟热病兽和带毒兽是本病的主要传染来源，病毒大量存在于鼻液、唾液中，也见于泪液、血液、脑脊髓液和淋巴结、肝、脾、心包液、腹水中，并能通过尿液长期排毒，污染周围环境。

2. 传播途径　主要传播途径是健康兽与病兽直接接触，通过空气飞沫经呼吸道感染。

3. 易感动物　自然宿主是犬科、猫科和浣熊科，水貂、狐、貉等皮毛动物均为易感动物。

4. 流行特点　本病一年四季均可发生，一般呈地方性或大流行，很少有散在发生，流行速度极快，可在几天之内迅速蔓延全群，并波及周边。不同年龄、性别和品种的毛皮动物均可感染，一般在流行该病时，貉最先感染，其次是银黑狐、北极狐和水貂。幼龄兽、青年兽先感染，老龄兽抵抗力强，常于流行中后期陆续发病，死亡率达 90%以上。

（二）临床症状特征

本病自然感染潜伏期为 3～6 天，根据临床发病症状可分为神经型、卡他型和顿挫型，按发病时间可分为最急性型、急性型和慢性型。

1. 最急性型 突然发病，病兽全身抽搐，口吐白沫，咬住笼网，发出尖叫声，瞳孔散大，失去知觉，在几分钟或 2～3 小时内死亡。

2. 急性型 常呈典型的双相热型，即体温两次升高，达40℃以上，两次发热间隔几天无热期；结膜炎，从最初的羞明流泪到分泌黏液性和脓性眼眵；鼻镜干燥，病初流浆液性鼻汁，以后鼻汁呈黏液性或脓性；阵发性咳嗽（狐更为突出），呈腹式呼吸；腹泻，便中带血（病的中、后期）；脚垫发炎、肿胀、变硬；肛门肿胀外翻；皮肤上皮细胞发炎、角化并出现皮屑；运动失调、抽搐，后躯麻痹（病的晚期）；病兽有特殊的臭味。

3. 慢性型 一般是由于疫苗免疫保护率低而呈现的一种亚临床症状，也发生在抗病力较强的个体上，其临床症状不明显，如仅表现高热、眼和鼻的变化。

（三）病理剖检特征

病兽外表可见卡他性或化脓性结膜炎，溃疡性角膜炎，水疱性或脓疱性皮炎。

剖检可见口腔黏膜有溃疡、咽炎、卡他性喉炎；气管充血，肺有瘀血性肺水肿；心肌有出血点；胃、小肠黏膜充血，有炎症和出血斑，肠淋巴肿大充血。

（四）实验室检查

可采用包涵体检查、病毒分离、血清学诊断及 PCR 方法检测病毒核酸。

二、防治要点

1. 加强饲养管理　建立兽医卫生制度，加强对饲料的监督，禁止从犬瘟热流行地区购买犬、猫科肉类作为饲料。平时注意消毒和隔离，严禁犬及其他动物进入，新购入的种兽应隔离观察20天，确定无病，经接种疫苗后方能进场合群。

2. 疫苗免疫　应用犬瘟热活疫苗（CDV-11株）进行特异性免疫接种是预防本病的根本方法。推荐的免疫程序如下：

（1）水貂　仔貂50～60日龄免疫，肌内注射，每只1毫升；种貂可在配种前30～60日加强免疫1次，每只1毫升。

（2）狐、貉　仔兽45～50日龄免疫，肌内注射，每只1毫升；种兽可在配种前30～60日加强免疫1次，每只1毫升。

疫区推荐免疫程序：仔貂45～50日龄初免，肌内注射，每只1毫升；首免后14～28日加强免疫1次，每只1毫升。狐、貉仔兽45～50日龄初免，肌内注射，每只1毫升；首免后14～28日加强免疫1次，每只1毫升。

3. 治疗　患病动物出现明显症状时多预后不良，对病兽采取抗血清疗法和对症疗法，防止继发感染，可减少死亡。

4. 疫情处置　发生犬瘟热的养殖场应立即封锁，隔离病兽；对场区及笼具等进行彻底消毒；死亡动物做深埋或焚烧处理，禁止剥皮；对全群假定健康兽（临床无症状的兽）立即进行紧急接种。

第二节　毛皮动物病毒性肠炎

毛皮动物病毒性肠炎是由细小病毒引起的一种高度接触性、急性传染病，貂、狐、貉均易感。该病的主要特征是腹泻。幼兽有较高的发病率和死亡率，多数病兽转归死亡，造成巨大损失，是世界公认的危害毛皮动物养殖业较严重的传染病之一。

一、诊断要点

（一）流行病学特征

1. 传染源　病兽、带毒兽及带毒的猫为本病的传染源，康复兽能带毒 1 年以上，是潜在的持续性传染源。

2. 传播途径　主要通过带毒兽的粪便、饲料、用具、交配、斗咬及其他接触而感染，亦可通过空气传播。

3. 易感动物　不同品种、不同年龄的貂、狐、貉均易感，但以幼兽尤其是断奶不久的仔兽最易感。除毛皮动物外，猫、虎、狼、豹和浣熊也可感染。

4. 流行特点　本病常呈地方性、周期性流行，多发于夏季，仔兽和幼兽病死率高，成年兽多慢性或隐性感染。

（二）临床症状特征

本病潜伏期为 4～8 天。

1. 最急性型　突然发病，见不到典型症状，经 12～24 小时很快死亡。

2. 急性型　精神沉郁，食欲废绝，饮欲增加，喜卧于室内，体温升高达 40.5℃ 以上。有时出现呕吐，常有严重下痢，在稀便内经常混有粉红色或淡黄色的纤维蛋白。重症病例还能出现因肠黏膜脱落而形成的圆柱状灰白色套管。患病动物高度脱水，眼球凹陷，迅速消瘦，经 2～7 天终因衰竭而死亡。

3. 亚急性型　与急性型相似。腹泻后期，往往出现褐色、绿色稀便或红色血便，甚至煤焦油样便。病程常拖至 7～14 天而死亡。少数病例能耐过，逐渐恢复食欲而康复，但能长期排毒而散播病原体。

（三）病理剖检特征

主要病理变化在胃肠系统和肠系膜淋巴结。胃内空虚，含有少量黏液，幽门部黏膜常充血，有时出现溃疡和糜烂。肠内容物常混有血液，重症病例肠内呈现黏稠的黑红色煤焦油样内容物，有部分肠管因肠黏膜脱落、充满水液而致肠壁菲薄；多数病例在空肠和回肠部分有出血变化；肠系膜淋巴结高度肿大、充血和出血。肝脏轻度肿大呈紫红色。胆囊充盈。脾脏肿大呈暗红色。

（四）实验室检查

可选用病毒分离与鉴定及琼脂扩散试验、免疫荧光试验、血凝抑制试验等实验室检查方法。

二、防治要点

1. 疫苗免疫　建议定期注射水貂病毒性肠炎灭活疫苗（MEV‐RC1 株），用法用量如下：

（1）水貂　仔貂 50～60 日龄免疫，肌内或皮下注射，每只 1 毫升；种兽可在配种前 30～60 日加强免疫 1 次，每只 1 毫升。

（2）狐、貉　仔兽 45～50 日龄免疫，肌内或皮下注射，每只 3 毫升；种兽可在配种前 30～60 日加强免疫 1 次，每只 3 毫升。

疫区推荐免疫程序：仔貂 45～50 日龄初免，肌内或皮下注射，每只 1 毫升；首免后 14～28 日加强免疫 1 次，每只 1 毫升。狐、貉仔兽 45～50 日龄初免，肌内或皮下注射，每只 3 毫升；首免后 14～28 日加强免疫 1 次，每只 3 毫升。

2. 阳性兽群净化　加强检疫，淘汰阳性兽和可疑兽。每年 7～8 月份在仔兽断奶分窝时进行两次预防接种，连续进行 3 年，直至无病兽。

3. 加强饲养管理　坚持兽医卫生防疫措施，定期消毒，引进种兽要隔离检疫。

4. 治疗　本病目前尚无特效疗法，可使用犬细小病毒抗血清；使用抗细菌药物防止细菌继发感染；种兽可进行静脉补液；使用阿托品、地芬诺酯止泻；使用止血敏等止血药物止血；使用胃复安止吐。

5. 疫情处理　发生疫情时，隔离或淘汰病兽，彻底消毒场区，粪便堆积发酵；假定健康兽以灭活苗进行紧急接种。

第三节　毛皮动物狂犬病

狂犬病（Rabies）又名恐水症（Hydrophobia），俗称疯狗病（Mad canine disease）是由狂犬病病毒（RV）引起的人和所有温血动物共患的一种急性、直接接触性传染病。临床表现极度兴奋、狂躁、流涎和意识丧失，终因局部或全身麻痹而死亡。自然界中主要易感动物包括狐、貉、貂在内的犬科和猫科动物，以及某些啮齿动物。

一、诊断要点

（一）流行病学特征

1. 传染源　发病动物和无症状的带毒宿主是本病的传染源。

2. 传播途径　本病的传播方式系由患病（或带毒）动物咬伤而感染。也有经消化道、呼吸道和胎盘感染的病例，当健康动物皮肤黏膜有损伤时，接触病兽的唾液而感染亦属可能。

3. 易感动物　人和所有温血动物都可感染，以犬、猫、狐、貉、貂等肉食类动物最易感。

4. 流行特点　笼养皮毛动物多因场内患病犬或其他动物隔笼咬伤而感染发病，多为散发。

（二）临床症状特征

狂犬病潜伏期长短不一，与咬伤部位（距中枢神经的远近）和程度、唾液中所含病毒的数量等有关。最短 8 天，长的可达数月或 1 年以上。毛皮动物平均 20～60 天。

1. 前驱期　患病毛皮动物精神沉郁，喜藏暗处，举动反常，不听呼唤。瞳孔散大，反射机能亢进，稍有刺激便极易兴奋。异嗜，好食碎石、泥土、木片等异物。不久发生吞咽障碍，唾液增多，后躯软弱。伤处发痒，常以舌舐局部。前驱期一般为 1～2 天。

2. 狂暴期　患病毛皮动物狂暴不安，攻击人、畜或咬伤自身。有的患病毛皮动物无目的地奔走，甚至一昼夜奔走百余里，且多半不归。由于咽喉肌麻痹，叫声变得嘶哑。此外，下颌下垂，吞咽困难，唾液增多。狂暴的发作往往与沉郁交替出现。患病毛皮动物疲劳，卧地不动，但不久又站起，表现出一种特殊的斜视，见水表情惶恐，神志紧张。狂暴期一般为3～4天。

3. 麻痹期　患病毛皮动物消瘦，精神高度沉郁，咽喉肌麻痹后，下颌肌、舌肌、眼肌也发生不全麻痹。张口、垂舌、斜视，从口中流出带泡沫的唾液。不久，后躯麻痹，行走摇晃，尾巴垂于两腿之间，常倒卧在地。最后因全身衰竭和呼吸麻痹而死亡。麻痹期一般为1～2天。

整个病程6～8天，少数病例可延至10天。除上述典型经过的以外，也有兴奋期短的，甚至由前驱期直接转为麻痹期，称之为沉郁型狂犬病。经2～4天死亡。现时流行的狂犬病，以非典型病例为主，表现典型经过的很少。

（三）病理剖检特征

死于狂犬病的毛皮动物，病例剖检观察无特征变化。一般表现为：胃空虚，存有被毛、石块等异物。胃黏膜充血、出血、糜烂。肠道和呼吸道呈现急性、卡他性炎症变化。脑软膜血管扩张充血，轻度水肿，脑灰质和白质小血管充血，并伴有点状出血。

（四）实验室检查

实验室诊断方法主要包括病理组织学检查、免疫荧光实验和酶联免疫吸附试验。

二、防治要点

1. 预防　国内尚无特用于毛皮动物的狂犬病疫苗。

2. 处置　发现疑似狂犬病的毛皮动物应做好饲养人员的防护，同时立即上报当地兽医主管部门，按当地相关法规进行处置。

第四节　毛皮动物伪狂犬病

伪狂犬病（PR）是由伪狂犬病病毒（Pseudorabies virus）引起的多种动物共患的急性、病毒性传染病，又称阿氏病，毛皮动物水貂、狐和北极狐等均易感。

一、诊断要点

（一）流行病学特征

1. 传染源　多种哺乳动物均可带毒、感染、发病，猪是自然宿主；患病毛皮动物、带毒毛皮动物以及带毒鼠类为本病的重要传染源。

2. 传播途径　本病可经消化道、皮肤伤口感染，也可以由空气传播，以及通过精液和胎盘垂直传播。

3. 易感动物　毛皮动物中水貂、狐、北极狐及其他哺乳动物均易感。

4. 流行特点　毛皮动物发生本病无季节性，但以夏秋季居多，常呈暴发流行，幼兽及哺乳仔兽发病率和病死率较高。

（二）临床症状特征

兴奋与抑制的神经症状交替出现，时而站立，时而躺倒抽搐，时而转圈翻滚，共济失调，特征性症状是"剧痒"，常用前肢搔抓颈部、唇、颊部的皮肤。有的出现呕吐和腹泻，咀嚼障碍，眼裂和瞳孔高度收缩，鼻孔和嘴流出血样泡沫。一般 1～20 小时死亡。

（三）病理剖检特征

病死毛皮动物脑膜明显充血，出血和水肿，脑脊髓液增多；心脏扩张，心内外膜有出血斑点；肺脏气肿、充血，有出血点；肝和脾有灰白色坏死灶；胃黏膜有卡他性炎症、胃底黏膜出血。

（四）实验室检查

可直接采用免疫荧光试验、间接血凝抑制试验、琼脂扩散试验、补体结合试验、酶联免疫吸附试验进行野毒抗体检测；也可对可疑的组织样品进行核酸检测。

二、防治要点

1. 预防　消灭鼠类对预防本病有重要意义。对饲料要严格检查，特别是喂猪内脏和肉类时更要注意，应煮熟或无害处理后再喂。对兽群进行血清中和试验，检出阳性毛皮动物进行隔离，淘汰；这种检疫间隔3～4周反复进行，直到两次试验全部阴性为止。

2. 治疗　本病尚无有效药物治疗。发现本病后，应立即停喂被伪狂犬病病毒污染的肉类饲料，隔离病兽，对场地的笼舍、食具、工具等要进行彻底消毒。

第五节　毛皮动物阴道加德纳氏菌病

阴道加德纳氏菌病是由阴道加德纳氏菌感染引起的一种新的人兽共患传染病。在我国最先发现狐被感染，以后又进一步证实貂也被感染，引起妊娠兽流产和空怀，公兽性功能减退，配种力下降，是导致当前毛皮动物繁殖障碍的传染病之一。

一、诊断要点

（一）流行病学特征

1. 传染源　患病毛皮动物是主要传染源。

2. 传播途径　主要通过交配感染，外伤也是一个较重要的感染途径，怀孕狐感染该菌可直接传播给胎儿。

3. 易感动物　各品种狐狸均易感，水貂、貉也感染，北极狐易感性最高。

4. 流行特点 不同年龄、不同品种及不同性别的毛皮动物均可感染，母兽感染率明显高于公兽，育成兽感染率低于成年兽，貉感染率比狐和水貂低。

（二）临床症状特征

本病的突出临床症状是妊娠兽多数于妊娠后 20～45 天出现流产及妊娠前期的胎儿吸收。流产前母兽从阴门排出少量污秽物，有的病例出现血尿。流产后 1～2 天内，母兽体温升高0.5～1℃，精神不振，食欲减退，经治疗后随即恢复正常。公兽在配种期性欲减退并常出现血尿。

（三）病例剖检特征

剖检可见病变主要在生殖与泌尿系统。可见阴道和子宫黏膜肿胀、发红，上皮易脱落，尿道和膀胱黏膜均可见炎症变化。卵巢肿大。公兽有包皮炎、睾丸炎及前列腺炎。

（四）实验室检查

发现疑似病例可进行细菌的分离、鉴定。

二、防治要点

1. 预防 应严格执行场内兽医人员技术操作流程，避免人接触感染该菌，不可随意用手直接触摸流产胎儿，感染阴道加德纳氏菌的母兽流产胎儿及其阴道流出的恶露是重要的传染源，应严加注意和彻底消毒。

国内有的养殖场使用阴道加德纳氏菌铝胶灭活疫苗，认为免疫效果可靠，可有效地预防本病的发生。

开展全群检疫，对检疫确定感染的毛皮动物可隔离饲养至取皮期取皮或以药物治疗 1～1.5 个月后再注射疫苗免疫。

2. 治疗 有条件的养殖场应对分离菌进行药敏试验，依据药敏试验结果科学给药，喹诺酮类（如恩诺沙星）、氨基糖苷类（如卡那霉素等）全身给药或局部给药，对检出的病狐隔离饲养并采用药物治疗。

第六节 毛皮动物钩端螺旋体病

钩端螺旋体病是由钩端螺旋体引起的人兽共患传染病。临床表现和病理变化多种多样，主要症状有黄疸、血红蛋白尿、出血性素质、水肿、流产、空怀等。该病又称细螺旋体病、传染性黄疸、血色素尿症。

一、诊断要点

（一）流行病学特征

1. 传染源 病兽和带菌动物是本病的主要传染源，鼠类和野生动物是自然疫源地的带菌动物。

2. 传播途径 本病的传播方式多种多样，经消化道感染是主要的感染途径。经口鼻黏膜、眼结膜和皮肤都能人工感染。由于本病病原体最终定位于肾脏，所以尿液在本病的蔓延扩散上有重要作用。如尿液接触受伤的皮肤和黏膜就可以感染，如尿液污染了饲料和水源也能造成本病的传播。此外，配种时通过阴道也能感染。

3. 易感动物 该病不分年龄和性别，但幼龄动物最易感，发病率和病死率也最高，幼貂病死率达80%以上。

4. 流行特点 本病虽然一年四季都可发生，但以夏秋季节多发，而以7~9月最为多发。地面积水是促成本病流行的条件。

（二）临床症状特征

自然感染病例潜伏期2~12天，人工感染的不超过4天。潜伏期的长短取决于动物的全身状况、外界环境状况、病原体毒力及传染途径。由各种血清型病原体引起的毛皮动物钩端螺旋体病，临床症状没有明显差别，主要为急性、超急性经过，慢性经过的较少，也有个别的非典型病例。

1. 超急性型 无明显的临床症状，突然发病死亡。

2. 急性型 病兽突然拒食，呕吐，下痢；长久躺卧，消瘦，精神沉郁，行走缓慢，黄疸，在口腔黏膜、齿龈及口盖部、舌有坏死区和溃疡。黄疸出现后，病兽体温下降至正常体温以下，排尿频繁，尿色棕红或暗红。濒死期伴发背、颈和四肢肌肉痉挛，流涎，口唇周围有泡沫样液体，常因窒息而死亡，病程持续2～3天，很少康复。

3. 慢性型 在有较好食欲的情况下，出现进行性消瘦，虚弱，贫血，定期下痢，有时在几个月内出现2～3次短期发热。在体温升高后出现不明显的黄疸。慢性病例转归各有不同。一部分经2～3月衰竭死亡，一部分可活到屠宰期。

4. 非典型 症状多种多样，而且不明显。定期下泻，粪便淡污白色，有黄色阴影。可视黏膜贫血，食欲减退或短时拒食，上述症状持续1～3天，有时8～10天，之后又重复2～3天，未见此病型有死亡的病例。

（三）病理剖检特征

急性病例尸体营养状况良好，病程较长者尸体消瘦，尸僵显著，可视黏膜苍白、发绀、污秽、黄染。内脏器官充血、淤血，或有出血点，肺脏最为明显；肝脏肿大呈黄土色，皮下组织亦黄染；肾脏肿大，有出血点；胃肠黏膜有卡他性炎症，或出血性肠炎变化。

（四）实验室检查

钩端螺旋体的检查常用暗视野检查，在发病初期应采取血液，无热期或发病后期应采取尿液或脑脊液和腹水，死后采肝、肾等病料。直接镜检时应注意，材料采集后，应尽快检查，一般不得超2小时，集菌处理的材料检出率高；血液和脑脊液仅适用于菌血症时期。检查方法如下：

（1）血液直接镜检 采发病初期（体温升高时期）的血液，3 000 转/分离心30分钟后，吸取沉淀物，制成压滴标本进行暗视野检查，可见到活动的钩端螺旋体。

（2）脑脊液直接压滴标本检查　在高烧期菌血症时脑脊液中有菌体。采取脑脊液可与血液同样方法处理，制成压滴标本，进行暗视野检查。

（3）尿液压滴标本检查　取尿液少许制成压滴标本镜检。如果将尿液离心集菌，其检出率更高。

（4）肝、肾组织悬液直接镜检　取肝、肾组织制成1∶10～1∶5悬液，经1 500转/分，离心5～10分钟，取沉淀物制片检查。

二、防治要点

1. 强化管理　防止饮水和饲料被病原体污染，进行定期灭鼠和笼舍消毒；病兽和可疑病兽应隔离，单圈喂养和治疗，被隔离的动物不要再归群。

2. 治疗　发病初期应用抗钩端螺旋体病抗血清进行治疗，可获得良好的效果。一般注射1次即可，个别的也可间隔1～2天注射2～3次，病情严重的可用抗血清静脉注射；也可选用敏感的抗菌药物如恩诺沙星等进行治疗。

第七节　狐狸传染性脑炎

狐狸传染性脑炎是由犬传染性肝炎病毒（犬腺病毒Ⅰ型，ICHV‐1）引起的一种急性、接触性、败血性传染病，本病具有发病急、传染快、危害严重等特点。狐狸脑炎首先在美国的银狐养殖场被发现，以后德国、法国、苏联、挪威、波兰、加拿大等国也都进行了报道，1949年证明与犬传染性肝炎病毒是同一种病毒。

一、诊断要点

（一）流行病学特征
1. 传染源　病狐、病犬及带毒兽是主要传染源。

2. 传播途径　在本病的急性阶段，病毒分布于全身各组织，可通过分泌物和排泄物排出体外，污染环境。痊愈后在肾脏持续带毒数月甚至数年，可长期从尿中排毒，成为常见的传染源。本病一般不通过飞沫传播，主要通过直接与间接接触，经消化道传染易感动物，也可经胎盘感染胎儿。此外，体外寄生虫也有传播本病的可能性。

3. 易感动物　犬和狐狸（银狐、红狐）对本病易感性高，浣熊、黑熊也有易感性。本病也可感染人，但不引起临床症状。

4. 流行特点　本病可发生在任何季节，任何年龄的狐、银黑狐和犬均可发生此病，而最敏感期在 3～6 月龄。潜伏期多在 10 天以上。本病在养狐场可持续存在多年，一般发病率不超过 5%，但每年反复发生，造成严重的损失。

（二）临床症状特征

临床上狐狸主要表现为脑炎型，而犬则主要表现为肝炎型和呼吸型。

狐狸自然感染的潜伏期为 6～7 天。

1. 急性型　临床急性病例常突然发生，体温升高达 41.5℃以上，食欲废绝、流鼻涕、腹泻、眼球震颤。之后出现神经症状，动物过度兴奋、肌肉痉挛、共济失调，1～4 天内麻痹、昏迷死亡。

2. 亚急性型　亚急性病例体温升高达 41℃以上，弛张热，迅速消瘦，眼结膜和口腔黏膜苍白、黄染，角膜混浊，抑郁和兴奋交替出现。

3. 慢性型　慢性病例症状不典型，主要表现消化紊乱和进行性消瘦。

（三）病理剖检特征

剖检可见心内膜、脑膜、脑脊髓膜、唾液腺、肺脏等脏器组织点状出血。脑脊髓和软脑膜呈袖套现象。在脏器的内皮细胞和肝上皮细胞中有核内包涵体。

（四）实验室检查

实验检查包括：

（1）取肝、脾组织抹片，革兰氏染色，镜检，未见细菌。

（2）无菌取肝、脾组织，分别接种于营养肉汤、血液琼脂平板、普通琼脂平板培养基上，经 37℃ 培养 24 小时，结果肉汤没有混浊，培养基上均无菌落生长。

（3）病原学检测。对采集的粪便运用细小病毒单克隆抗体测得细小病毒为阳性。此外，还可运用血凝试验，即采病狐肝脏研碎，用生理盐水 1:2 稀释过滤后与人 O 型红细胞和豚鼠红细胞分别作用并发生凝集反应。而与小鼠血、大鼠血、兔血均不发生凝集反应。

二、防治要点

1. 加强管理　建立兽医卫生制度，平时注意消毒和隔离，严禁犬及其他动物进入，新购入的种狐应隔离观察 20 天，确实无病经接种疫苗后方能进场合群。

2. 疫苗免疫　当前国内养殖场采用自家苗进行预防：仔狐一般于分窝后 2～3 周接种犬传染性肝炎 I 型弱毒活苗或多价联苗，以后每半年加强一次免疫；种狐配种前 30～60 天免疫一次。

3. 治疗　本病目前没有特异性疗法。发病首先隔离或扑杀病兽，对养殖场所进行彻底消毒。发病早期可应用高免血清或丙种球蛋白，以抑制病毒繁殖和扩散，同时辅以补液和抗菌药物，避免电解质紊乱和继发细菌感染。

第八节　水貂阿留申病

水貂阿留申病又称浆细胞增多症，是由阿留申病毒感染水貂引起的以终生毒血症、全身淋巴细胞增殖、血清 γ-球蛋白数增多、肾小球肾炎、动脉血管炎和肝炎为特征的慢性病毒病。水貂阿留申病在世界各养貂国家均有发生，所有品系的水貂均能感染，具有阿留申基因型的水貂甚至有 1/3 死于该病，水貂阿留申病能使母貂空怀率和仔貂死亡率显著增高，公貂的交配能力下降，还能影响发育而使毛皮品质低下，造成经济损失，是世界公认的貂的三大疫病之一。

一、诊断要点

（一）流行病学特征

1. 传染源　病貂及隐性感染貂为本病的主要传染源。

2. 传播途径　本病通过水平和垂直的方式进行传播。通常经消化道、呼吸道和胎盘传染。蚊子等吸血昆虫叮咬、接种疫苗、外科手术和注射也可传播。

3. 易感动物　各种年龄、性别、品种的水貂均可感染，但以阿留申基因型貂更易感。

4. 流行特点　本病具有明显的季节性，秋冬季节的发病率和死亡率较高。成年貂感染率比幼貂高，公貂比母貂高。本病一旦侵入易感貂群，多呈暴发式发病。

（二）临床症状

阿留申病是水貂的慢性进行性病毒病，直接接触感染的潜伏期平均为 60～90 天，最长可达 7～9 个月；有的病例可持续一年或更长时间不表现临床症状。

1. 急性型　病貂精神沉郁，食欲减少或废绝，濒死前抽搐、痉挛、共济失调，病程 2～3 天。部分看不到明显症状而突然死亡。

2. 慢性型　病貂食欲减退，饮欲增加，逐渐消瘦，口腔黏膜及齿龈出血或有小溃疡，粪便呈黑煤焦油状，被毛粗乱，失去光泽，眼球凹陷无神，精神沉郁，嗜睡，步态不稳，出现抽搐、痉挛、共济失调、后肢麻痹或不全麻痹，濒死前出现拒食、狂饮现象。患病的公兽性欲下降，或交配无能、死精、少精或产生畸形精子，母貂不孕或怀孕流产、产弱仔。

（三）病理剖检特征

病理变化主要表现在肾脏、脾脏、淋巴结、骨髓和肝脏，以肾脏变化最为显著。肾脏体积增大可达 2～3 倍，呈灰色或淡黄色，有斑状出血。肝脏肿大。肺表面有出血斑。脾肿大，呈暗红色，被膜下有弥散性出血斑。胃黏膜不同程度出血。脑黏膜下有出血斑点。淋巴结肿胀多汁，呈淡灰色。

（四）实验室检查

采取病貂血、尿、粪便及脾、淋巴结等实质脏器，细胞培养进行病毒分离鉴定。

二、防治要点

1. 搞好饲养管理和环境卫生。

2. 新进种群应进行检疫，隔离观察，淘汰阳性貂。

3. 每年 11 月选种时、2 月份配种前及每年仔貂断奶分窝 3 周后，用碘凝集试验、对流免疫电泳等方法进行两次检疫，淘汰阳性貂。

4. 对经过检测的阴性群立即接种灭活疫苗、每只貂皮下接种 1 毫升；在 11 月下旬至 12 月上旬打皮期，对留种用水貂进行第 2 次免疫接种。

5. 普通药物对本病无任何疗效，可选用聚肌胞治疗。

第九节　水貂流行性腹泻

水貂流行性腹泻是由冠状病毒引起的病毒性肠炎。本病最早发生于美国，之后在加拿大、苏联、丹麦等地流行，1987 年传入我国东部沿海地区。本病发生与水貂品种密切相关，北美貂及其杂种后代易感。本病春秋季多发。

一、诊断要点

（一）流行病学特征

1. 传染源　病貂是该病的主要传染源，感染后的犬、狐、鼠、猫等动物也可传播本病。

2. 传播途径　病毒主要存在于胃肠内，并随粪便排出，污染饲料和环境，主要经消化道感染。

3. 易感动物　任何品种的水貂都可感染，犬、狐、鼠、猫等动物及人也可感染，北美貂及其杂种后代易感。

4. 流行特点　本病春秋季多发，且发病率高，死亡率较低，成年貂和育成貂均可发病。

（二）临床症状特征

病貂食欲不振、呕吐、剩食，精神萎靡，口渴、饮水量增加，腹泻，排出灰白色、绿色乃至粉黄色黏液状稀便，有的排出黑红色稀便，没有明显的套管样稀便，精神迟钝，反应不灵敏，两眼无神，鼻镜干燥，被毛缺乏光泽，消瘦，皮肤缺乏弹性，一般体温不高。腹泻严重的病貂，饮水补液跟不上，往往脱水自体中毒而死。

（三）病理剖检特征

病死水貂尸体消瘦，口腔黏膜、眼结膜苍白，肛门及会阴部被稀便污染，胃肠道黏膜充血、出血，胃肠内有少量灰白色或暗紫色的黏稠物，有的肠内有血、肠系膜淋巴结肿大，肝脏浊肿，有的轻度黄染，脾脏肿大不明显，肾脏呈土黄色、质脆。

（四）实验室检查

实验室检查包括血凝和血凝抑制试验、电镜与免疫电镜检查、荧光抗体免疫技术、酶联免疫吸附试验、血清中和试验。

二、防治要点

1. 加强饲养管理　搞好场内卫生、消毒工作。防止野犬和猫进入养殖场,防止饲料和饮水被污染。

目前预防本病的商业疫苗还没有研制上市,但请有资质的科研院所采集典型病死貂实质脏器做同源组织灭活液,紧急接种或预防接种也是较为有效的防控措施。

2. 治疗 目前尚无特效疗法,只能采取强心、补液、防止继发感染的治疗原则对症治疗。

第十节 水貂出血性肺炎

水貂出血性肺炎又称水貂假单胞菌肺炎,是由绿脓杆菌感染引起的一种急性、败血性传染病,以呼吸困难、鼻孔流血、突发性死亡为主要临床特征。本病于 1953 年在丹麦首次被报道,以后瑞典、芬兰、美国、法国、加拿大、苏联都报道过本病呈地方性流行。1978 年我国江苏省连云港曾发生过水貂出血性肺炎,2006—2007 年水貂出血性肺炎在国内水貂主要养殖区域广泛流行,给水貂养殖业造成了较大损失。

一、诊断要点

(一)流行病学特征

1. 传染源 污染绿脓杆菌的肉类饲料和患兽的粪便、尿、分泌物、污染的水源和环境,都是本病的传染源。

2. 传播途径 感染的主要途径是经口腔和鼻。常由被污染尘埃和绒毛,通过呼吸道感染本病。

3. 易感动物 水貂幼兽、毛丝鼠和北极狐对绿脓杆菌易感。幼貂最易感,其发病率高达 90% 以上,老龄貂发病率低。公貂比母貂发病率高。

4. 流行特点 该病没有明显的季节性,呈地方性流行。病菌侵入后,任何季节都能引起暴发。气温多变,冷热不均,尤其是低温潮湿使机体抵抗力下降,为绿脓杆菌病发生的诱因。

（二）临床症状特征

自然感染时，潜伏期为 19～48 小时，最长的 4～5 天，一般为最急性或急性经过。死前看不到症状，或死前出现食欲废绝、体温升高、鼻镜干燥、行动迟钝、流泪、流鼻液、呼吸困难。多数出现腹式呼吸，并伴有异常的尖叫声。有些病例咳血或鼻出血，鼻孔周围有血液附着。病程一般不超过 24 小时即发生死亡。

（三）病例剖检特征

特征性变化是出血性肺炎，肺充血、出血和水肿，外观呈暗红色，切面流出大量血样液体，严重的呈大理石样变，肺门淋巴结肿大出血。胸腔积液，胸膜有纤维素性渗出物，胸腺（幼兽）布满大小不等的出血点，呈暗红色。心肌弛缓，冠状动脉沟有出血点。胃和小肠前段内有血样内容物，黏膜充血、出血。脾肿大。

（四）实验室检查

对可疑病例可进行细菌分离与鉴定。

二、防治要点

1. 加强饲养管理　保持干燥、良好的卫生状况，是预防本病的重要措施之一

2. 免疫接种　国内有的养殖场使用水貂假单胞菌病脂多糖菌苗，认为效果较好。

3. 治疗　有条件的养殖场应根据药敏试验结果选用敏感抗细菌药进行治疗。

第十一节　兔巴氏杆菌病

兔巴氏杆菌病由多杀性巴氏杆菌所引起，急性型以败血症和出血性炎症为特征，所以又称为兔出血性败血病。家兔对多杀性巴氏杆菌非常敏感，该菌常引起大批兔发病死亡，造成重大损失。

一、诊断要点

（一）流行病学特征

1. 传染源　主要传染源是病兔和带菌兔。

2. 传播途径　主要通过呼吸道传播。

3. 易感动物　本病多发生于家兔。

4. 当前流行特点　本病多发生于春秋两季，成散发或地方流行性。兔群中引入新兔可能造成本病的传播与扩散。各种应激因素，如运输、拥挤、饲养管理不当，可致兔体内的巴氏杆菌随病兔流涎、呼吸道分泌物、粪便、尿液等排出，在兔群中引起感染，造成本病的流行。

（二）临床症状特征

潜伏期一般为 1～5 天，临床表现有以下几种类型。

1. 败血型　最急性的常无明显症状而突然死亡。生产中以鼻炎和肺炎混合发生的败血症最为多见，可表现为精神萎靡不振，食欲减退但没有废绝，体温升高，鼻腔流出浆液性、黏液性或脓性鼻液，有时腹泻。临死前体温下降，四肢抽搐，病程数小时至 3 天。

2. 传染性鼻炎型　病初上呼吸道有卡他性炎症，鼻腔流出浆液性、黏液性或脓性分泌物，呼吸困难，打喷嚏、咳嗽，鼻液在鼻孔处结痂，堵塞鼻孔，使呼吸更加困难，并出现呼噜声。由于患兔经常以爪挠抓鼻部，可将病菌带入眼内、皮下等，诱发其他病症。病程一般数日至数月不等，治疗不及时多衰竭死亡。

3. 地方流行性肺炎型　常由传染性鼻炎继发而来。自然发病时很少能看出肺炎症状，直到后期严重时才表现为呼吸困难。患兔食欲不振、体温升高、精神沉郁，有时会出现腹泻或关节肿胀症状，最后多因肺严重出血、坏死或败血而死。

4. 中耳炎型　又称斜颈病（歪头症），是病菌扩散到内耳和脑部的结果。其头颈歪斜，身体向一侧转动或滚动，影响食欲，体重减轻，出现脱水现象。如感染扩散到脑膜和脑内部，则出现运动失调与神经症状。

5. 结膜炎型 幼兔和成年兔均可发病，但以幼兔多见。主要表现为眼睑中度肿胀，有浆液性、黏液性或黏液脓性分泌物，常使上下眼睑黏着。结膜发红。炎症转为慢性时，红肿消退，但流泪经久不止。

6. 脓肿型 全身各部位皮下均可发生脓肿，体表易查出，内脏脓肿不易诊断。脓肿也可引起败血症死亡。

(三) 病理剖检特征

1. 败血型 剖检兔的浆膜、黏膜、内脏有出血斑点，以心外膜、呼吸道黏膜、肺及淋巴结较为多见。肝脏变性，有许多坏死小点。病程稍长的病例，胸腔积液，胸膜和肺有纤维素絮片。鼻腔、呼吸道黏膜充血、出血，有黏液性或脓性分泌物。淋巴结肿大。

2. 传染性鼻炎型 鼻黏膜充血，鼻窦和副鼻窦黏膜红肿，有多量浆液、脓性分泌物，后期黏膜水肿、肥厚。

3. 地方流行性肺炎型 肺的前下部有实变、萎陷不全、脓肿和结节等变化。胸膜、肺、心包膜上有纤维素絮片。

4. 中耳炎型 鼓室内有奶油状白色渗出物，鼓膜和鼓室内壁发红、增厚。如蔓延至脑，则可见化脓性脑膜炎。

(四) 实验室诊断

1. 细菌学检查 败血症病例可从心脏、肝脏、脾脏或体腔渗出物等取材，其他病型主要从病变部位、渗出物、脓汁等取材，如涂片镜检见到两极染色的卵圆形阴性杆菌，接种培养基分离到该菌，可以做出诊断。

2. 血清学 慢性病例和健康带菌的家兔可采取血清进行凝集试验。血清学诊断的目的，在于应用血清学的凝集方法对兔群进行普查诊断。用标准 A、B、D、E_4 型菌株或当地分离的菌株，按上述介绍方法制备成 1‰ 的致敏绵羊红细胞作为诊断抗原。

（1）试管法 将待检兔血清制备成不同稀释度，分别加入等量诊断抗原，摇匀后放置于室温中 2 小时或 37℃ 温箱作用 1 小时后观察。凝集价在 1∶40 以上者为阳性反应。

（2）玻片法 取被检血清 0.1 毫升（约 2 滴）加于玻片上，随后加入等量诊断抗原，于 15～20℃ 下摇动玻片，使抗原与被检血清均匀混合，1～3 分钟内出现絮状物，液体透明者为阳性。

二、防治要点

1. 兔场建立防疫制度 兔场应坚持选择健康兔自繁自养，保持良好的饲养环境条件，不随便引进种兔。必须引进种兔时，要隔离观察 1 个月，并进行细菌学和血清学检查，确认健康方可混群。在兔群中要及时清理、隔离、淘汰打喷嚏、患鼻炎、中耳炎和化脓性结膜炎的病兔。

2. 免疫 由于该病在临床上多与兔支气管败血波氏杆菌混合感染，因此，国内养殖场多使用兔多杀性巴氏杆菌病、兔波氏杆菌病二联灭活疫苗进行免疫。以下是推荐的疫苗使用方法。

（1）免疫途径 颈部皮下注射。

（2）用法与用量 30～35 日龄家兔，2 毫升/只；种兔每隔 3～4 个月免疫一次，剂量为 2 毫升/只。

3. 治疗 有条件的养殖场应根据药敏试验结果选用敏感的抗细菌药进行治疗。通常可用庆大霉素按每千克体重 2 万单位肌内注射，每天 2 次，连续 5 天为 1 个疗程。

第十二节 兔病毒性出血症

兔病毒性出血症是一种急性败血性传染病，俗称"兔瘟"。本病的主要特征是传染性强，潜伏期短，发病率和病死率很高，主要病变为呼吸系统出血、实质器官瘀血、肿大和出血，肝脏坏死。

一、诊断要点

（一）流行病学特征

1. 传染源　主要传染源是病兔和带毒兔。

2. 传播途径　主要是病兔或带毒兔与健康兔接触而感染，也可通过被排泄物、分泌物等污染的饲料、饮水、用具、空气、兔毛以及人员来往间接传播。经口腔、皮下、腹腔、滴鼻等途径人工感染均可引起发病，但没有由昆虫、啮齿动物或经胎盘垂直传播的证据。

3. 易感动物　本病只发生于家兔，毛用兔的易感染性略高于皮用兔，其中长毛兔最易感，青紫蓝兔和地方品种兔次之。主要发生于 2 月龄以上的青年兔，成年兔和哺乳母兔病死率高，而哺乳期仔兔则很少发病死亡。

4. 当前流行特点　本病发病急，病死率高，常呈暴发性流行，传播迅速，几天内危及全群。发病率和病死率均高达 95％以上。

（二）临床症状特征

潜伏期自然病例为 2～3 天，人工感染为 1～3 天。根据病程长短可分为三种病型。

1. 最急性型　多见于初次发病的地区或流行初期。病兔常无明显症状而突然倒地，抽搐，尖叫几声即死亡。死后头颈后仰，四肢伸直，从鼻孔流出泡沫样血液。

2. 急性型　病初体温升高到 41℃ 以上，精神沉郁，伏卧闭眼，不食。数小时至 24 小时后体温下降，病兔呼吸急促、惊厥、蹦跳，倒地抽搐、鸣叫而死。病程 1～2 天。死后由鼻孔流出红色泡沫状液体。

3. 慢性型　体温轻度升高，精神不振，食欲减退，消瘦。数天后恢复正常，但仍带毒成为传染源。

（三）病理剖检特征

特征性病理变化为呼吸系统出血及肝脏、肾脏、心脏等小点状出血。剖检可见齿龈黏膜及皮肤出血，鼻孔流出鲜红色分泌物。鼻腔、喉头及气管黏膜瘀血或弥漫性出血。肺瘀血、水肿及出血。心包水肿、出血，心肌迟缓，有针尖大小出血点，尤以心房及冠状沟附近明显。肝瘀血肿大，间质增宽，有出血点或出血斑，有的肝表面有灰白色坏死灶。胆囊肿大，胆汁稀薄。脾肿大，呈蓝紫色。肾瘀血肿大，表面散在针尖大出血点。胃内容物充盈，黏膜出血或脱落，十二指肠和空肠黏膜有小点出血。膀胱积尿，黏膜脱落。肠系膜淋巴结肿大、出血。脑和脑膜瘀血、水肿。

（四）实验室诊断

1. 微生物学检查　采取病兔心血、肝、脾作为被检病料，按常规进行涂片、染色、镜检、分离培养、生化试验和动物接种。

2. 血清学检验　采用凝集反应和琼脂扩散反应。

3. 煌绿滴鼻试验　用 0.25%～0.5% 煌绿水溶液滴鼻，每鼻孔滴 2 滴，18～20 小时后检查，鼻腔周围有化脓分泌物者为阳性反应。

二、防治要点

1. 兔场建立防疫制度　安全区应坚持自繁自养，加强兽医卫生管理。严禁外人进入兔舍，严禁从疫区购买种兔，新购种兔要隔离观察至少 2 周才能混群。

2. 免疫　兔群定期用兔病毒性出血症灭活疫苗进行预防接种。以下是推荐的疫苗使用方法：

（1）免疫途径　皮下注射。

（2）用法与用量　45 日龄以上兔，每只 1.0 毫升。未断奶的乳兔也可使用，每只 1.0 毫升，但断奶后应再注射一次。

（3）注意事项　怀孕母兔慎用。

3. 发生疫情紧急治疗　颈部皮下注射抗兔瘟病血清，同时在皮下或肌内注射板蓝根或复方大青叶等注射液 1～2 毫升。对体质虚弱或多天不食的病兔可同时于耳静脉缓慢注入低分子右旋糖苷或 5‰的葡萄糖盐水 20～30 毫升，其中混入维生素 C 和维生素 B_1 各 2～5 毫升；对伴有下痢的，可加入庆大霉素 2 万～5万单位，每天 1～2 次，治愈为止。

4. 病死兔要深埋或烧毁 病死兔绝不可乱扔，严禁食用和出售，一律深埋或焚毁，防止扩大污染。疫区应普查疫情，封死疫点，停止兔和兔毛集市交易与收购。兔舍、兔笼定期清扫消毒，未经消毒的兔舍、兔笼不能让健康兔进入。

第十三节　兔波氏杆菌病

兔波氏杆菌病是由支气管败血波氏杆菌引起的家兔的一种常见多发的、广泛传播的慢性呼吸道传染病，以鼻炎、支气管炎和脓疱性肺炎为特征。本病常与巴氏杆菌病、李氏杆菌病并发。

一、诊断要点

（一）流行病学特征

1. 传染源 主要传染源是病兔和带菌兔，其他带菌动物（犬、猫、鼠、鸡和火鸡等）带菌率很高。

2. 传播途径 主要通过飞沫传染。病兔和带菌兔，通过接触经呼吸道把病原体传给其他兔。

3. 易感动物 本病任何年龄的家兔都能感染，但仔兔和青年兔较成年兔易感。

4. 当前流行特点 场中的成年兔常为带菌者，当受到各种不利因素如气候突变、长途运输、感冒等影响，兔体抵抗力降低时，容易感染发病。

（二）临床症状特征

1. 鼻炎型 仔兔和青年兔患病后常表现为鼻炎型。多数病兔从鼻孔流出多量浆液或黏液性分泌物。病程较短，诱因除去后很快恢复正常。

2. 支气管肺炎型　成年兔多见支气管肺炎型。若鼻炎长期不愈，病兔从鼻腔流出黏液或脓性分泌物，阻塞鼻孔，致呼吸困难。食欲很差，逐渐消瘦。病程长达 7～60 天。

（三）病理剖检特征

死后剖检，病兔鼻孔周围有脓性痂，鼻孔内充塞分泌物。肺脏有大小不等的脓疱，脓疱内积满乳白色的脓汁。少数病例在肝脏有黄豆大至蚕豆大的脓疱。此外，鼻腔和气管黏膜充血，表面有多量黏液或脓液。

（四）实验室诊断

1. 细菌的分离与鉴定　取鼻咽部和气管下段黏液，或用灭菌棉拭子取分泌物作为被检材料。可采用肺、肝脓疱的脓液，或其他器官的脓液和肺炎病变区作为被检材料，细胞培养进行病毒分离鉴定。

2. 血清学检验　应用标准Ⅰ相菌或分离菌株 18～24 小时培养物，用灭菌生理盐水洗涤，以每毫升含有 30 亿～40 亿个菌，加入 0.4％福尔马林灭活，制成 O、K 抗原诊断液，以此抗原诊断液检测患病兔或带菌兔血清中的抗体。试管凝集试验，将被检血清作 1∶5 稀释，以后作递增稀释。每管 0.5 毫升，加入诊断液 0.5 毫升，于 37℃作用 1 小时，室温作用 2 小时进行结果判定。凝集价在 1∶20 以上者为阳性反应。

二、防治要点

1. 建立无波氏杆菌病的兔群　坚持自繁自养，避免从不安全的兔场引种。从外地引种时，应隔离观察 30 天以上，确认无病后再混群饲养。

2. 加强饲养管理　消除外界刺激因素保持通风，减少灰尘，避免异常气体刺激，保持兔舍适宜的温度和湿度，避免兔舍潮湿和寒冷。定期进行消毒，保持兔舍清洁，搞好兔舍、笼具、垫料等的消毒，及时清除舍内粪便、污物。平时消毒可使用3％来苏儿、1％～2％氢氧化钠液、1％～2％福尔马林液等。

3. 免疫接种　疫苗可使用兔巴氏杆菌病、波氏杆菌病二联蜂胶灭活苗。该疫苗对增强兔体免疫效力和清除鼻腔、扁桃体上寄居的病原体效果良好。以下是推荐的疫苗使用方法。

（1）免疫途径　颈部皮下。

（2）用法与用量　30～35日龄家兔，2毫升/只；种兔每隔3～4个月免疫一次，剂量为2毫升/只。

4. 治疗

（1）将鼻毛潮湿、流鼻涕、打喷嚏的兔子及时检出进行隔离饲养和治疗，对慢性病例应坚决淘汰。

（2）本病用抗细菌药物治疗效果显著，可用氟苯尼考等拌料或饮水治疗。

第十四节　雉鸡、乌鸡、鹌鹑新城疫

雉鸡、乌鸡、鹌鹑新城疫是由鸡新城疫病毒引起的急性、热性、败血性传染病。近年来，我国雉鸡、乌鸡、鹌鹑曾先后多次暴发本病，造成较大的经济损失。

一、诊断要点

（一）流行病学特征

参照"第四章　第二节　鸡新城疫"。

（二）临床症状特征

自然感染潜伏期一般为2～5天。

1. 最急性型　最急性病例看不出症状就突然死亡，而且每天增加，1周左右就能传染全群。

2. 急性型　急性病例常离群蹲立或瘫卧不起，体温高达44℃左右。精神委顿，眼睛半睁半闭，呈昏睡状态；缩颈低头，翅膀下垂，眼圈发紫。病禽鼻、口腔内有很多黏液（鹌鹑口角不流涎），常频频摇头、打喷嚏、呼吸困难、发出"咯咯"的声音。嗉囊充满黏液或气体，倒提时流出酸臭黏液。2～3天后，冠和肉髯发青紫色或黑紫色。常见下痢，排出绿色、黄白色腥臭稀便。

3. 慢性型　慢性病例有神经症状，颈部扭曲，头歪向一侧，嘴啄向后或仰头观天，角弓反张，一足或二足麻痹，瘫痪倒地，颈部作不随意空啄动作，或颈部、全身肌肉抽搐、震颤；有时见到病禽突然兴奋，飞扑圈行，不断伸颈。病禽极少康复，多数死亡。

（三）病理剖检特征

尸体多呈S状弯曲，冠及肉髯呈暗紫色，毛松乱，肛门周围常沾有粪便，口腔和嗉囊有大量米汤样黏液。全身黏膜出血，淋巴系统肿胀、出血和坏死。消化道黏膜肿胀、充血，散布大小不等的出血点，尤其在腺胃黏乳头和各乳头间，有针尖大、粟粒大的出血点和成片的瘀血斑，严重时乳头溃疡。大肠黏膜多有暗红色的出血点和坏死。气管内充满黄色黏液，喉头部也常见到充血、出血点。心血管怒张，心冠脂肪上有明显的出血点。但鹌鹑新城疫，除腺胃黏膜肿胀、出血和盲肠基底部淋巴结明显肿胀，有充血、出血变化外，全身败血症状不明显。

（四）实验室诊断

参照鸡新城疫。

二、防治要点

1. 免疫接种　参照鸡新城疫。实践证明，雉鸡新城疫的饮水免疫方法效果很好。在进行饮水免疫时，应先将饮水用具刷洗、消毒，停止饮水1～3小时。稀释疫苗的水，最好用经煮沸放凉后的井水、河水或泉水，禁止用含氯的自来水；用前加入5％的脱脂乳，方可与疫苗混合，以保护疫苗病毒，延长其在饮水中的存活时间。应在1～2小时内饮完。

2. 防疫措施　参照"第四章　第二节　鸡新城疫"。

附录 1

中华人民共和国动物防疫法

第一章　总　　则

第一条　为了加强对动物防疫活动的管理，预防、控制和扑灭动物疫病，促进养殖业发展，保护人体健康，维护公共卫生安全，制定本法。

第二条　本法适用于在中华人民共和国领域内的动物防疫及其监督管理活动。

进出境动物、动物产品的检疫，适用《中华人民共和国进出境动植物检疫法》。

第三条　本法所称动物，是指家畜家禽和人工饲养、合法捕获的其他动物。本法所称动物产品，是指动物的肉、生皮、原毛、绒、脏器、脂、血液、精液、卵、胚胎、骨、蹄、头、角、筋以及可能传播动物疫病的奶、蛋等。

本法所称动物疫病，是指动物传染病、寄生虫病。

本法所称动物防疫，是指动物疫病的预防、控制、扑灭和动物、动物产品的检疫。

第四条　根据动物疫病对养殖业生产和人体健康的危害程度，本法规定管理的动物疫病分为下列三类：

（一）一类疫病，是指对人与动物危害严重，需要采取紧急、严厉的强制预防、控制、扑灭等措施的；

（二）二类疫病，是指可能造成重大经济损失，需要采取严格控制、扑灭等措施，防止扩散的；

（三）三类疫病，是指常见多发、可能造成重大经济损失，需要控制和净化的。

前款一、二、三类动物疫病具体病种名录由国务院兽医主管部门制定并公布。

第五条　国家对动物疫病实行预防为主的方针。

第六条　县级以上人民政府应当加强对动物防疫工作的统一领导，加强基层动物防疫队伍建设，建立健全动物防疫体系，制定并组织实施动物疫病防治规划。

乡级人民政府、城市街道办事处应当组织群众协助做好本管辖区域内的动物疫病预防与控制工作。

第七条　国务院兽医主管部门主管全国的动物防疫工作。

县级以上地方人民政府兽医主管部门主管本行政区域内的动物防疫工作。

县级以上人民政府其他部门在各自的职责范围内做好动物防疫工作。

军队和武装警察部队动物卫生监督职能部门分别负责军队和武装警察部队现役动物及饲养自用动物的防疫工作。

第八条　县级以上地方人民政府设立的动物卫生监督机构依照本法规定，负责动物、动物产品的检疫工作和其他有关动物防疫的监督管理执法工作。

第九条　县级以上人民政府按照国务院的规定，根据统筹规划、合理布局、综合设置的原则建立动物疫病预防控制机构，承担动物疫病的监测、检测、诊断、流行病学调查、疫情报告以及其他预防、控制等技术工作。

第十条　国家支持和鼓励开展动物疫病的科学研究以及国际合作与交流，推广先进适用的科学研究成果，普及动物防疫科学知识，提高动物疫病防治的科学技术水平。

第十一条　对在动物防疫工作、动物防疫科学研究中做出成绩和贡献的单位和个人，各级人民政府及有关部门给予奖励。

第二章　动物疫病的预防

第十二条　国务院兽医主管部门对动物疫病状况进行风险评估，根据评估结果制定相应的动物疫病预防、控制措施。

国务院兽医主管部门根据国内外动物疫情和保护养殖业生产及人体健康的需要，及时制定并公布动物疫病预防、控制技术规范。

第十三条　国家对严重危害养殖业生产和人体健康的动物疫病实施强制免疫。国务院兽医主管部门确定强制免疫的动物疫病病种和区域，并会同国务院有关部门制定国家动物疫病强制免疫计划。

省、自治区、直辖市人民政府兽医主管部门根据国家动物疫病强制免疫计划，制订本行政区域的强制免疫计划；并可以根据本行政区域内动物疫病流行情况增加实施强制免疫的动物疫病病种和区域，报本级人民政府批准后执行，并报国务院兽医主管部门备案。

第十四条　县级以上地方人民政府兽医主管部门组织实施动物疫病强制免疫计划。乡级人民政府、城市街道办事处应当组织本管辖区域内饲养动物的单位和个人做好强制免疫工作。

饲养动物的单位和个人应当依法履行动物疫病强制免疫义务，按照兽医主管部门的要求做好强制免疫工作。

经强制免疫的动物，应当按照国务院兽医主管部门的规定建立免疫档案，加施畜禽标识，实施可追溯管理。

第十五条　县级以上人民政府应当建立健全动物疫情监测网络，加强动物疫情监测。

国务院兽医主管部门应当制定国家动物疫病监测计划。省、自治区、直辖市人民政府兽医主管部门应当根据国家动物疫病监测计划，制定本行政区域的动物疫病监测计划。

动物疫病预防控制机构应当按照国务院兽医主管部门的规

定，对动物疫病的发生、流行等情况进行监测；从事动物饲养、屠宰、经营、隔离、运输以及动物产品生产、经营、加工、贮藏等活动的单位和个人不得拒绝或者阻碍。

第十六条　国务院兽医主管部门和省、自治区、直辖市人民政府兽医主管部门应当根据对动物疫病发生、流行趋势的预测，及时发出动物疫情预警。地方各级人民政府接到动物疫情预警后，应当采取相应的预防、控制措施。

第十七条　从事动物饲养、屠宰、经营、隔离、运输以及动物产品生产、经营、加工、贮藏等活动的单位和个人，应当依照本法和国务院兽医主管部门的规定，做好免疫、消毒等动物疫病预防工作。

第十八条　种用、乳用动物和宠物应当符合国务院兽医主管部门规定的健康标准。

种用、乳用动物应当接受动物疫病预防控制机构的定期检测；检测不合格的，应当按照国务院兽医主管部门的规定予以处理。

第十九条　动物饲养场（养殖小区）和隔离场所，动物屠宰加工场所，以及动物和动物产品无害化处理场所，应当符合下列动物防疫条件：

（一）场所的位置与居民生活区、生活饮用水源地、学校、医院等公共场所的距离符合国务院兽医主管部门规定的标准；

（二）生产区封闭隔离，工程设计和工艺流程符合动物防疫要求；

（三）有相应的污水、污物、病死动物、染疫动物产品的无害化处理设施设备和清洗消毒设施设备；

（四）有为其服务的动物防疫技术人员；

（五）有完善的动物防疫制度；

（六）具备国务院兽医主管部门规定的其他动物防疫条件。

第二十条　兴办动物饲养场（养殖小区）和隔离场所，动物屠宰加工场所，以及动物和动物产品无害化处理场所，应当向县级以上地方人民政府兽医主管部门提出申请，并附具相关材料。受理申请的兽医主管部门应当依照本法和《中华人民共和国行政许可法》的规定进行审查。经审查合格的，发给动物防疫条件合格证；不合格的，应当通知申请人并说明理由。需要办理工商登记的，申请人凭动物防疫条件合格证向工商行政管理部门申请办理登记注册手续。

动物防疫条件合格证应当载明申请人的名称、场（厂）址等事项。

经营动物、动物产品的集贸市场应当具备国务院兽医主管部门规定的动物防疫条件，并接受动物卫生监督机构的监督检查。

第二十一条　动物、动物产品的运载工具、垫料、包装物、容器等应当符合国务院兽医主管部门规定的动物防疫要求。

染疫动物及其排泄物、染疫动物产品，病死或者死因不明的动物尸体，运载工具中的动物排泄物以及垫料、包装物、容器等污染物，应当按照国务院兽医主管部门的规定处理，不得随意处置。

第二十二条　采集、保存、运输动物病料或者病原微生物以及从事病原微生物研究、教学、检测、诊断等活动，应当遵守国家有关病原微生物实验室管理的规定。

第二十三条　患有人畜共患传染病的人员不得直接从事动物诊疗以及易感染动物的饲养、屠宰、经营、隔离、运输等活动。

人畜共患传染病名录由国务院兽医主管部门会同国务院卫生主管部门制定并公布。

第二十四条　国家对动物疫病实行区域化管理，逐步建立无规定动物疫病区。无规定动物疫病区应当符合国务院兽医主管部门规定的标准，经国务院兽医主管部门验收合格予以公布。

本法所称无规定动物疫病区，是指具有天然屏障或者采取人工措施，在一定期限内没有发生规定的一种或者几种动物疫病，并经验收合格的区域。

第二十五条　禁止屠宰、经营、运输下列动物和生产、经营、加工、贮藏、运输下列动物产品：

（一）封锁疫区内与所发生动物疫病有关的；

（二）疫区内易感染的；

（三）依法应当检疫而未经检疫或者检疫不合格的；

（四）染疫或者疑似染疫的；

（五）病死或者死因不明的；

（六）其他不符合国务院兽医主管部门有关动物防疫规定的。

第三章　动物疫情的报告、通报和公布

第二十六条　从事动物疫情监测、检验检疫、疫病研究与诊疗以及动物饲养、屠宰、经营、隔离、运输等活动的单位和个人，发现动物染疫或者疑似染疫的，应当立即向当地兽医主管部门、动物卫生监督机构或者动物疫病预防控制机构报告，并采取隔离等控制措施，防止动物疫情扩散。其他单位和个人发现动物染疫或者疑似染疫的，应当及时报告。

接到动物疫情报告的单位，应当及时采取必要的控制处理措施，并按照国家规定的程序上报。

第二十七条　动物疫情由县级以上人民政府兽医主管部门认定；其中重大动物疫情由省、自治区、直辖市人民政府兽医主管部门认定，必要时报国务院兽医主管部门认定。

第二十八条　国务院兽医主管部门应当及时向国务院有关部门和军队有关部门以及省、自治区、直辖市人民政府兽医主管部门通报重大动物疫情的发生和处理情况；发生人畜共患传染病的，县级以上人民政府兽医主管部门与同级卫生主管部门应当及时相互通报。

国务院兽医主管部门应当依照我国缔结或者参加的条约、协定，及时向有关国际组织或者贸易方通报重大动物疫情的发生和

处理情况。

第二十九条 国务院兽医主管部门负责向社会及时公布全国动物疫情，也可以根据需要授权省、自治区、直辖市人民政府兽医主管部门公布本行政区域内的动物疫情。其他单位和个人不得发布动物疫情。

第三十条 任何单位和个人不得瞒报、谎报、迟报、漏报动物疫情，不得授意他人瞒报、谎报、迟报动物疫情，不得阻碍他人报告动物疫情。

第四章 动物疫病的控制和扑灭

第三十一条 发生一类动物疫病时，应当采取下列控制和扑灭措施：

（一）当地县级以上地方人民政府兽医主管部门应当立即派人到现场，划定疫点、疫区、受威胁区，调查疫源，及时报请本级人民政府对疫区实行封锁。疫区范围涉及两个以上行政区域的，由有关行政区域共同的上一级人民政府对疫区实行封锁，或者由各有关行政区域的上一级人民政府共同对疫区实行封锁。必要时，上级人民政府可以责成下级人民政府对疫区实行封锁。

（二）县级以上地方人民政府应当立即组织有关部门和单位采取封锁、隔离、扑杀、销毁、消毒、无害化处理、紧急免疫接种等强制性措施，迅速扑灭疫病。

（三）在封锁期间，禁止染疫、疑似染疫和易感染的动物、动物产品流出疫区，禁止非疫区的易感染动物进入疫区，并根据扑灭动物疫病的需要对出入疫区的人员、运输工具及有关物品采取消毒和其他限制性措施。

第三十二条 发生二类动物疫病时，应当采取下列控制和扑灭措施：

（一）当地县级以上地方人民政府兽医主管部门应当划定疫点、疫区、受威胁区。

（二）县级以上地方人民政府根据需要组织有关部门和单位采取隔离、扑杀、销毁、消毒、无害化处理、紧急免疫接种、限制易感染的动物和动物产品及有关物品出入等控制、扑灭措施。

第三十三条 疫点、疫区、受威胁区的撤销和疫区封锁的解除，按照国务院兽医主管部门规定的标准和程序评估后，由原决定机关决定并宣布。

第三十四条 发生三类动物疫病时，当地县级、乡级人民政府应当按照国务院兽医主管部门的规定组织防治和净化。

第三十五条 二、三类动物疫病呈暴发性流行时，按照一类动物疫病处理。

第三十六条 为控制、扑灭动物疫病，动物卫生监督机构应当派人在当地依法设立的现有检查站执行监督检查任务；必要时，经省、自治区、直辖市人民政府批准，可以设立临时性的动物卫生监督检查站，执行监督检查任务。

第三十七条 发生人畜共患传染病时，卫生主管部门应当组织对疫区易感染的人群进行监测，并采取相应的预防、控制措施。

第三十八条 疫区内有关单位和个人，应当遵守县级以上人民政府及其兽医主管部门依法作出的有关控制、扑灭动物疫病的规定。

任何单位和个人不得藏匿、转移、盗掘已被依法隔离、封存、处理的动物和动物产品。

第三十九条 发生动物疫情时，航空、铁路、公路、水路等运输部门应当优先组织运送控制、扑灭疫病的人员和有关物资。

第四十条 一、二、三类动物疫病突然发生，迅速传播，给养殖业生产安全造成严重威胁、危害，以及可能对公众身体健康与生命安全造成危害，构成重大动物疫情的，依照法律和国务院的规定采取应急处理措施。

第五章　动物和动物产品的检疫

　　第四十一条　动物卫生监督机构依照本法和国务院兽医主管部门的规定对动物、动物产品实施检疫。

　　动物卫生监督机构的官方兽医具体实施动物、动物产品检疫。官方兽医应当具备规定的资格条件，取得国务院兽医主管部门颁发的资格证书，具体办法由国务院兽医主管部门会同国务院人事行政部门制定。

　　本法所称官方兽医，是指具备规定的资格条件并经兽医主管部门任命的，负责出具检疫等证明的国家兽医工作人员。

　　第四十二条　屠宰、出售或者运输动物以及出售或者运输动物产品前，货主应当按照国务院兽医主管部门的规定向当地动物卫生监督机构申报检疫。

　　动物卫生监督机构接到检疫申报后，应当及时指派官方兽医对动物、动物产品实施现场检疫；检疫合格的，出具检疫证明、加施检疫标志。实施现场检疫的官方兽医应当在检疫证明、检疫标志上签字或者盖章，并对检疫结论负责。

　　第四十三条　屠宰、经营、运输以及参加展览、演出和比赛的动物，应当附有检疫证明；经营和运输的动物产品，应当附有检疫证明、检疫标志。

　　对前款规定的动物、动物产品，动物卫生监督机构可以查验检疫证明、检疫标志，进行监督抽查，但不得重复检疫收费。

　　第四十四条　经铁路、公路、水路、航空运输动物和动物产品的，托运人托运时应当提供检疫证明；没有检疫证明的，承运人不得承运。

　　运载工具在装载前和卸载后应当及时清洗、消毒。

　　第四十五条　输入到无规定动物疫病区的动物、动物产品，货主应当按照国务院兽医主管部门的规定向无规定动物疫病区所在地动物卫生监督机构申报检疫，经检疫合格的，方可进入；检疫所需费用纳入无规定动物疫病区所在地地方人民政府财政预算。

第四十六条 跨省、自治区、直辖市引进乳用动物、种用动物及其精液、胚胎、种蛋的，应当向输入地省、自治区、直辖市动物卫生监督机构申请办理审批手续，并依照本法第四十二条的规定取得检疫证明。

跨省、自治区、直辖市引进的乳用动物、种用动物到达输入地后，货主应当按照国务院兽医主管部门的规定对引进的乳用动物、种用动物进行隔离观察。

第四十七条 人工捕获的可能传播动物疫病的野生动物，应当报经捕获地动物卫生监督机构检疫，经检疫合格的，方可饲养、经营和运输。

第四十八条 经检疫不合格的动物、动物产品，货主应当在动物卫生监督机构监督下按照国务院兽医主管部门的规定处理，处理费用由货主承担。

第四十九条 依法进行检疫需要收取费用的，其项目和标准由国务院财政部门、物价主管部门规定。

第六章 动物诊疗

第五十条 从事动物诊疗活动的机构，应当具备下列条件：
（一）有与动物诊疗活动相适应并符合动物防疫条件的场所；
（二）有与动物诊疗活动相适应的执业兽医；
（三）有与动物诊疗活动相适应的兽医器械和设备；
（四）有完善的管理制度。

第五十一条 设立从事动物诊疗活动的机构，应当向县级以上地方人民政府兽医主管部门申请动物诊疗许可证。受理申请的兽医主管部门应当依照本法和《中华人民共和国行政许可法》的规定进行审查。经审查合格的，发给动物诊疗许可证；不合格的，应当通知申请人并说明理由。申请人凭动物诊疗许可证向工商行政管理部门申请办理登记注册手续，取得营业执照后，方可从事动物诊疗活动。

第五十二条　动物诊疗许可证应当载明诊疗机构名称、诊疗活动范围、从业地点和法定代表人（负责人）等事项。

动物诊疗许可证载明事项变更的，应当申请变更或者换发动物诊疗许可证，并依法办理工商变更登记手续。

第五十三条　动物诊疗机构应当按照国务院兽医主管部门的规定，做好诊疗活动中的卫生安全防护、消毒、隔离和诊疗废弃物处置等工作。

第五十四条　国家实行执业兽医资格考试制度。具有兽医相关专业大学专科以上学历的，可以申请参加执业兽医资格考试；考试合格的，由国务院兽医主管部门颁发执业兽医资格证书；从事动物诊疗的，还应当向当地县级人民政府兽医主管部门申请注册。执业兽医资格考试和注册办法由国务院兽医主管部门商国务院人事行政部门制定。

本法所称执业兽医，是指从事动物诊疗和动物保健等经营活动的兽医。

第五十五条　经注册的执业兽医，方可从事动物诊疗、开具兽药处方等活动。但是，本法第五十七条对乡村兽医服务人员另有规定的，从其规定。

执业兽医、乡村兽医服务人员应当按照当地人民政府或者兽医主管部门的要求，参加预防、控制和扑灭动物疫病的活动。

第五十六条　从事动物诊疗活动，应当遵守有关动物诊疗的操作技术规范，使用符合国家规定的兽药和兽医器械。

第五十七条　乡村兽医服务人员可以在乡村从事动物诊疗服务活动，具体管理办法由国务院兽医主管部门制定。

第七章　监督管理

第五十八条　动物卫生监督机构依照本法规定，对动物饲养、屠宰、经营、隔离、运输以及动物产品生产、经营、加工、贮藏、运输等活动中的动物防疫实施监督管理。

第五十九条　动物卫生监督机构执行监督检查任务，可以采取下列措施，有关单位和个人不得拒绝或者阻碍：

（一）对动物、动物产品按照规定采样、留验、抽检；

（二）对染疫或者疑似染疫的动物、动物产品及相关物品进行隔离、查封、扣押和处理；

（三）对依法应当检疫而未经检疫的动物实施补检；

（四）对依法应当检疫而未经检疫的动物产品，具备补检条件的实施补检，不具备补检条件的予以没收销毁；

（五）查验检疫证明、检疫标志和畜禽标识；

（六）进入有关场所调查取证，查阅、复制与动物防疫有关的资料。

动物卫生监督机构根据动物疫病预防、控制需要，经当地县级以上地方人民政府批准，可以在车站、港口、机场等相关场所派驻官方兽医。

第六十条　官方兽医执行动物防疫监督检查任务，应当出示行政执法证件，佩带统一标志。

动物卫生监督机构及其工作人员不得从事与动物防疫有关的经营性活动，进行监督检查不得收取任何费用。

第六十一条　禁止转让、伪造或者变造检疫证明、检疫标志或者畜禽标识。

检疫证明、检疫标志的管理办法，由国务院兽医主管部门制定。

第八章　保障措施

第六十二条　县级以上人民政府应当将动物防疫纳入本级国民经济和社会发展规划及年度计划。

第六十三条　县级人民政府和乡级人民政府应当采取有效措

施，加强村级防疫员队伍建设。

县级人民政府兽医主管部门可以根据动物防疫工作需要，向乡、镇或者特定区域派驻兽医机构。

第六十四条 县级以上人民政府按照本级政府职责，将动物疫病预防、控制、扑灭、检疫和监督管理所需经费纳入本级财政预算。

第六十五条 县级以上人民政府应当储备动物疫情应急处理工作所需的防疫物资。

第六十六条 对在动物疫病预防和控制、扑灭过程中强制扑杀的动物、销毁的动物产品和相关物品，县级以上人民政府应当给予补偿。具体补偿标准和办法由国务院财政部门会同有关部门制定。

因依法实施强制免疫造成动物应激死亡的，给予补偿。具体补偿标准和办法由国务院财政部门会同有关部门制定。

第六十七条 对从事动物疫病预防、检疫、监督检查、现场处理疫情以及在工作中接触动物疫病病原体的人员，有关单位应当按照国家规定采取有效的卫生防护措施和医疗保健措施。

第九章 法律责任

第六十八条 地方各级人民政府及其工作人员未依照本法规定履行职责的，对直接负责的主管人员和其他直接责任人员依法给予处分。

第六十九条 县级以上人民政府兽医主管部门及其工作人员违反本法规定，有下列行为之一的，由本级人民政府责令改正，通报批评；对直接负责的主管人员和其他直接责任人员依法给予处分：

（一）未及时采取预防、控制、扑灭等措施的；

（二）对不符合条件的颁发动物防疫条件合格证、动物诊疗许可证，或者对符合条件的拒不颁发动物防疫条件合格证、动物

诊疗许可证的;

（三）其他未依照本法规定履行职责的行为。

第七十条 动物卫生监督机构及其工作人员违反本法规定,有下列行为之一的,由本级人民政府或者兽医主管部门责令改正,通报批评;对直接负责的主管人员和其他直接责任人员依法给予处分:

（一）对未经现场检疫或者检疫不合格的动物、动物产品出具检疫证明、加施检疫标志,或者对检疫合格的动物、动物产品拒不出具检疫证明、加施检疫标志的;

（二）对附有检疫证明、检疫标志的动物、动物产品重复检疫的;

（三）从事与动物防疫有关的经营性活动,或者在国务院财政部门、物价主管部门规定外加收费用、重复收费的;

（四）其他未依照本法规定履行职责的行为。

第七十一条 动物疫病预防控制机构及其工作人员违反本法规定,有下列行为之一的,由本级人民政府或者兽医主管部门责令改正,通报批评;对直接负责的主管人员和其他直接责任人员依法给予处分:

（一）未履行动物疫病监测、检测职责或者伪造监测、检测结果的;

（二）发生动物疫情时未及时进行诊断、调查的;

（三）其他未依照本法规定履行职责的行为。

第七十二条 地方各级人民政府、有关部门及其工作人员瞒报、谎报、迟报、漏报或者授意他人瞒报、谎报、迟报动物疫情,或者阻碍他人报告动物疫情的,由上级人民政府或者有关部门责令改正,通报批评;对直接负责的主管人员和其他直接责任人员依法给予处分。

第七十三条 违反本法规定,有下列行为之一的,由动物卫生监督机构责令改正,给予警告;拒不改正的,由动物卫生监督机构代作处理，所需处理费用由违法行为人承担，可以处一千元以下罚款：

（一）对饲养的动物不按照动物疫病强制免疫计划进行免疫接种的；

（二）种用、乳用动物未经检测或者经检测不合格而不按照规定处理的；

（三）动物、动物产品的运载工具在装载前和卸载后没有及时清洗、消毒的。

第七十四条　违反本法规定，对经强制免疫的动物未按照国务院兽医主管部门规定建立免疫档案、加施畜禽标识的，依照《中华人民共和国畜牧法》的有关规定处罚。

第七十五条　违反本法规定，不按照国务院兽医主管部门规定处置染疫动物及其排泄物，染疫动物产品，病死或者死因不明的动物尸体，运载工具中的动物排泄物以及垫料、包装物、容器等污染物以及其他经检疫不合格的动物、动物产品的，由动物卫生监督机构责令无害化处理，所需处理费用由违法行为人承担，可以处三千元以下罚款。

第七十六条　违反本法第二十五条规定，屠宰、经营、运输动物或者生产、经营、加工、贮藏、运输动物产品的，由动物卫生监督机构责令改正、采取补救措施，没收违法所得和动物、动物产品，并处同类检疫合格动物、动物产品货值金额一倍以上五倍以下罚款；其中依法应当检疫而未检疫的，依照本法第七十八条的规定处罚。

第七十七条　违反本法规定，有下列行为之一的，由动物卫生监督机构责令改正，处一千元以上一万元以下罚款；情节严重的，处一万元以上十万元以下罚款：

（一）兴办动物饲养场（养殖小区）和隔离场所，动物屠宰加工场所，以及动物和动物产品无害化处理场所，未取得动物防疫条件合格证的；

（二）未办理审批手续，跨省、自治区、直辖市引进乳用动物、种用动物及其精液、胚胎、种蛋的；

（三）未经检疫，向无规定动物疫病区输入动物、动物产品的。

第七十八条　违反本法规定，屠宰、经营、运输的动物未附有检疫证明，经营和运输的动物产品未附有检疫证明、检疫标志的，由动物卫生监督机构责令改正，处同类检疫合格动物、动物产品货值金额百分之十以上百分之五十以下罚款；对货主以外的承运人处运输费用一倍以上三倍以下罚款。

违反本法规定，参加展览、演出和比赛的动物未附有检疫证明的，由动物卫生监督机构责令改正，处一千元以上三千元以下罚款。

第七十九条　违反本法规定，转让、伪造或者变造检疫证明、检疫标志或者畜禽标识的，由动物卫生监督机构没收违法所得，收缴检疫证明、检疫标志或者畜禽标识，并处三千元以上三万元以下罚款。

第八十条　违反本法规定，有下列行为之一的，由动物卫生监督机构责令改正，处一千元以上一万元以下罚款：

（一）不遵守县级以上人民政府及其兽医主管部门依法作出的有关控制、扑灭动物疫病规定的；

（二）藏匿、转移、盗掘已被依法隔离、封存、处理的动物和动物产品的；

（三）发布动物疫情的。

第八十一条　违反本法规定，未取得动物诊疗许可证从事动物诊疗活动的，由动物卫生监督机构责令停止诊疗活动，没收违法所得；违法所得在三万元以上的，并处违法所得一倍以上三倍以下罚款；没有违法所得或者违法所得不足三万元的，并处三千元以上三万元以下罚款。

动物诊疗机构违反本法规定，造成动物疫病扩散的，由动物卫生监督机构责令改正，处一万元以上五万元以下罚款；情节严重的，由发证机关吊销动物诊疗许可证。

第八十二条 违反本法规定，未经兽医执业注册从事动物诊疗活动的，由动物卫生监督机构责令停止动物诊疗活动，没收违法所得，并处一千元以上一万元以下罚款。

执业兽医有下列行为之一的，由动物卫生监督机构给予警告，责令暂停六个月以上一年以下动物诊疗活动；情节严重的，由发证机关吊销注册证书：

（一）违反有关动物诊疗的操作技术规范，造成或者可能造成动物疫病传播、流行的；

（二）使用不符合国家规定的兽药和兽医器械的；

（三）不按照当地人民政府或者兽医主管部门要求参加动物疫病预防、控制和扑灭活动的。

第八十三条 违反本法规定，从事动物疫病研究与诊疗和动物饲养、屠宰、经营、隔离、运输，以及动物产品生产、经营、加工、贮藏等活动的单位和个人，有下列行为之一的，由动物卫生监督机构责令改正；拒不改正的，对违法行为单位处一千元以上一万元以下罚款，对违法行为个人可以处五百元以下罚款：

（一）不履行动物疫情报告义务的；

（二）不如实提供与动物防疫活动有关资料的；

（三）拒绝动物卫生监督机构进行监督检查的；

（四）拒绝动物疫病预防控制机构进行动物疫病监测、检测的。

第八十四条 违反本法规定，构成犯罪的，依法追究刑事责任。

违反本法规定，导致动物疫病传播、流行等，给他人人身、财产造成损害的，依法承担民事责任。

第十章 附 则

第八十五条 本法自 2008 年 1 月 1 日起施行。

附录 2

重大动物疫情应急条例

第一章 总 则

第一条 为了迅速控制、扑灭重大动物疫情，保障养殖业生产安全，保护公众身体健康与生命安全，维护正常的社会秩序，根据《中华人民共和国动物防疫法》，制定本条例。

第二条 本条例所称重大动物疫情，是指高致病性禽流感等发病率或者死亡率高的动物疫病突然发生，迅速传播，给养殖业生产安全造成严重威胁、危害，以及可能对公众身体健康与生命安全造成危害的情形，包括特别重大动物疫情。

第三条 重大动物疫情应急工作应当坚持加强领导、密切配合，依靠科学、依法防治，群防群控、果断处置的方针，及时发现，快速反应，严格处理，减少损失。

第四条 重大动物疫情应急工作按照属地管理的原则，实行政府统一领导、部门分工负责，逐级建立责任制。

县级以上人民政府兽医主管部门具体负责组织重大动物疫情的监测、调查、控制、扑灭等应急工作。

县级以上人民政府林业主管部门、兽医主管部门按照职责分工，加强对陆生野生动物疫源疫病的监测。

县级以上人民政府其他有关部门在各自的职责范围内，做好重大动物疫情的应急工作。

第五条 出入境检验检疫机关应当及时收集境外重大动物疫情信息，加强进出境动物及其产品的检验检疫工作，防止动物疫病传入和传出。兽医主管部门要及时向出入境检验检疫机关通报国内重大动物疫情。

第六条 国家鼓励、支持开展重大动物疫情监测、预防、应急处理等有关技术的科学研究和国际交流与合作。

第七条 县级以上人民政府应当对参加重大动物疫情应急处理的人员给予适当补助，对作出贡献的人员给予表彰和奖励。

第八条 对不履行或者不按照规定履行重大动物疫情应急处理职责的行为，任何单位和个人有权检举控告。

第二章 应急准备

第九条 国务院兽医主管部门应当制定全国重大动物疫情应急预案，报国务院批准，并按照不同动物疫病病种及其流行特点和危害程度，分别制定实施方案，报国务院备案。

县级以上地方人民政府根据本地区的实际情况，制定本行政区域的重大动物疫情应急预案，报上一级人民政府兽医主管部门备案。县级以上地方人民政府兽医主管部门，应当按照不同动物疫病病种及其流行特点和危害程度，分别制定实施方案。

重大动物疫情应急预案及其实施方案应当根据疫情的发展变化和实施情况，及时修改、完善。

第十条 重大动物疫情应急预案主要包括下列内容：

（一）应急指挥部的职责、组成以及成员单位的分工；

（二）重大动物疫情的监测、信息收集、报告和通报；

（三）动物疫病的确认、重大动物疫情的分级和相应的应急处理工作方案；

（四）重大动物疫情疫源的追踪和流行病学调查分析；

（五）预防、控制、扑灭重大动物疫情所需资金的来源、物资和技术的储备与调度；

（六）重大动物疫情应急处理设施和专业队伍建设。

第十一条 国务院有关部门和县级以上地方人民政府及其有

关部门，应当根据重大动物疫情应急预案的要求，确保应急处理
所需的疫苗、药品、设施设备和防护用品等物资的储备。

第十二条　县级以上人民政府应当建立和完善重大动物疫情
监测网络和预防控制体系，加强动物防疫基础设施和乡镇动物防
疫组织建设，并保证其正常运行，提高对重大动物疫情的应急处
理能力。

第十三条　县级以上地方人民政府根据重大动物疫情应急需
要，可以成立应急预备队，在重大动物疫情应急指挥部的指挥
下，具体承担疫情的控制和扑灭任务。

应急预备队由当地兽医行政管理人员、动物防疫工作人员、
有关专家、执业兽医等组成；必要时，可以组织动员社会上有一
定专业知识的人员参加。公安机关、中国人民武装警察部队应当
依法协助其执行任务。

应急预备队应当定期进行技术培训和应急演练。

第十四条　县级以上人民政府及其兽医主管部门应当加强对
重大动物疫情应急知识和重大动物疫病科普知识的宣传，增强全
社会的重大动物疫情防范意识。

第三章　监测、报告和公布

第十五条　动物防疫监督机构负责重大动物疫情的监测，饲
养、经营动物和生产、经营动物产品的单位和个人应当配合，不
得拒绝和阻碍。

第十六条　从事动物隔离、疫情监测、疫病研究与诊疗、检
验检疫以及动物饲养、屠宰加工、运输、经营等活动的有关单位
和个人，发现动物出现群体发病或者死亡的，应当立即向所在地
的县（市）动物防疫监督机构报告。

第十七条　县（市）动物防疫监督机构接到报告后，应当立
即赶赴现场调查核实。初步认为属于重大动物疫情的，应当在2
小时内将情况逐级报省、自治区、直辖市动物防疫监督机构，并

同时报所在地人民政府兽医主管部门；兽医主管部门应当及时通报同级卫生主管部门。

省、自治区、直辖市动物防疫监督机构应当在接到报告后 1 小时内，向省、自治区、直辖市人民政府兽医主管部门和国务院兽医主管部门所属的动物防疫监督机构报告。

省、自治区、直辖市人民政府兽医主管部门应当在接到报告后 1 小时内报本级人民政府和国务院兽医主管部门。

重大动物疫情发生后，省、自治区、直辖市人民政府和国务院兽医主管部门应当在 4 小时内向国务院报告。

第十八条 重大动物疫情报告包括下列内容：

（一）疫情发生的时间、地点；

（二）染疫、疑似染疫动物种类和数量、同群动物数量、免疫情况、死亡数量、临床症状、病理变化、诊断情况；

（三）流行病学和疫源追踪情况；

（四）已采取的控制措施；

（五）疫情报告的单位、负责人、报告人及联系方式。

第十九条 重大动物疫情由省、自治区、直辖市人民政府兽医主管部门认定；必要时，由国务院兽医主管部门认定。

第二十条 重大动物疫情由国务院兽医主管部门按照国家规定的程序，及时准确公布；其他任何单位和个人不得公布重大动物疫情。

第二十一条 重大动物疫病应当由动物防疫监督机构采集病料，未经国务院兽医主管部门或者省、自治区、直辖市人民政府兽医主管部门批准，其他单位和个人不得擅自采集病料。

从事重大动物疫病病原分离的，应当遵守国家有关生物安全管理规定，防止病原扩散。

第二十二条 国务院兽医主管部门应当及时向国务院有关部门和军队有关部门以及各省、自治区、直辖市人民政府兽医主管部门通报重大动物疫情的发生和处理情况。

第二十三条 发生重大动物疫情可能感染人群时，卫生主管部门应当对疫区内易受感染的人群进行监测，并采取相应的预防、控制措施。卫生主管部门和兽医主管部门应当及时相互通报情况。

第二十四条 有关单位和个人对重大动物疫情不得瞒报、谎报、迟报，不得授意他人瞒报、谎报、迟报，不得阻碍他人报告。

第二十五条 在重大动物疫情报告期间，有关动物防疫监督机构应当立即采取临时隔离控制措施；必要时，当地县级以上地方人民政府可以作出封锁决定并采取扑杀、销毁等措施。有关单位和个人应当执行。

第四章 应急处理

第二十六条 重大动物疫情发生后，国务院和有关地方人民政府设立的重大动物疫情应急指挥部统一领导、指挥重大动物疫情应急工作。

第二十七条 重大动物疫情发生后，县级以上地方人民政府兽医主管部门应当立即划定疫点、疫区和受威胁区，调查疫源，向本级人民政府提出启动重大动物疫情应急指挥系统、应急预案和对疫区实行封锁的建议，有关人民政府应当立即作出决定。

疫点、疫区和受威胁区的范围应当按照不同动物疫病病种及其流行特点和危害程度划定，具体划定标准由国务院兽医主管部门制定。

第二十八条 国家对重大动物疫情应急处理实行分级管理，按照应急预案确定的疫情等级，由有关人民政府采取相应的应急控制措施。

第二十九条 对疫点应当采取下列措施：

（一）扑杀并销毁染疫动物和易感染的动物及其产品；

（二）对病死的动物、动物排泄物、被污染饲料、垫料、污水进行无害化处理；

（三）对被污染的物品、用具、动物圈舍、场地进行严格消毒。

第三十条 对疫区应当采取下列措施：

（一）在疫区周围设置警示标志，在出入疫区的交通路口设置临时动物检疫消毒站，对出入的人员和车辆进行消毒；

（二）扑杀并销毁染疫和疑似染疫动物及其同群动物，销毁染疫和疑似染疫的动物产品，对其他易感染的动物实行圈养或者在指定地点放养，役用动物限制在疫区内使役；

（三）对易感染的动物进行监测，并按照国务院兽医主管部门的规定实施紧急免疫接种，必要时对易感染的动物进行扑杀；

（四）关闭动物及动物产品交易市场，禁止动物进出疫区和动物产品运出疫区；

（五）对动物圈舍、动物排泄物、垫料、污水和其他可能受污染的物品、场地，进行消毒或者无害化处理。

第三十一条 对受威胁区应当采取下列措施：

（一）对易感染的动物进行监测；

（二）对易感染的动物根据需要实施紧急免疫接种。

第三十二条 重大动物疫情应急处理中设置临时动物检疫消毒站以及采取隔离、扑杀、销毁、消毒、紧急免疫接种等控制、扑灭措施的，由有关重大动物疫情应急指挥部决定，有关单位和个人必须服从；拒不服从的，由公安机关协助执行。

第三十三条 国家对疫区、受威胁区内易感染的动物免费实施紧急免疫接种；对因采取扑杀、销毁等措施给当事人造成的已经证实的损失，给予合理补偿。紧急免疫接种和补偿所需费用，由中央财政和地方财政分担。

第三十四条 重大动物疫情应急指挥部根据应急处理需要，有权紧急调集人员、物资、运输工具以及相关设施、设备。

单位和个人的物资、运输工具以及相关设施、设备被征集使用的，有关人民政府应当及时归还并给予合理补偿。

第三十五条　重大动物疫情发生后，县级以上人民政府兽医主管部门应当及时提出疫点、疫区、受威胁区的处理方案，加强疫情监测、流行病学调查、疫源追踪工作，对染疫和疑似染疫动物及其同群动物和其他易感染动物的扑杀、销毁进行技术指导，并组织实施检验检疫、消毒、无害化处理和紧急免疫接种。

第三十六条　重大动物疫情应急处理中，县级以上人民政府有关部门应当在各自的职责范围内，做好重大动物疫情应急所需的物资紧急调度和运输、应急经费安排、疫区群众救济、人的疫病防治、肉食品供应、动物及其产品市场监管、出入境检验检疫和社会治安维护等工作。

中国人民解放军、中国人民武装警察部队应当支持配合驻地人民政府做好重大动物疫情的应急工作。

第三十七条　重大动物疫情应急处理中，乡镇人民政府、村民委员会、居民委员会应当组织力量，向村民、居民宣传动物疫病防治的相关知识，协助做好疫情信息的收集、报告和各项应急处理措施的落实工作。

第三十八条　重大动物疫情发生地的人民政府和毗邻地区的人民政府应当通力合作，相互配合，做好重大动物疫情的控制、扑灭工作。

第三十九条　有关人民政府及其有关部门对参加重大动物疫情应急处理的人员，应当采取必要的卫生防护和技术指导等措施。

第四十条　自疫区内最后一头（只）发病动物及其同群动物处理完毕起，经过一个潜伏期以上的监测，未出现新的病例的，彻底消毒后，经上一级动物防疫监督机构验收合格，由原发布封锁令的人民政府宣布解除封锁，撤销疫区；由原批准机关撤销在该疫区设立的临时动物检疫消毒站。

第四十一条　县级以上人民政府应当将重大动物疫情确认、疫区封锁、扑杀及其补偿、消毒、无害化处理、疫源追踪、疫情监测以及应急物资储备等应急经费列入本级财政预算。

第五章　法律责任

第四十二条　违反本条例规定，兽医主管部门及其所属的动物防疫监督机构有下列行为之一的，由本级人民政府或者上级人民政府有关部门责令立即改正、通报批评、给予警告；对主要负责人、负有责任的主管人员和其他责任人员，依法给予记大过、降级、撤职直至开除的行政处分；构成犯罪的，依法追究刑事责任：

（一）不履行疫情报告职责，瞒报、谎报、迟报或者授意他人瞒报、谎报、迟报，阻碍他人报告重大动物疫情的；

（二）在重大动物疫情报告期间，不采取临时隔离控制措施，导致动物疫情扩散的；

（三）不及时划定疫点、疫区和受威胁区，不及时向本级人民政府提出应急处理建议，或者不按照规定对疫点、疫区和受威胁区采取预防、控制、扑灭措施的；

（四）不向本级人民政府提出启动应急指挥系统、应急预案和对疫区的封锁建议的；

（五）对动物扑杀、销毁不进行技术指导或者指导不力，或者不组织实施检验检疫、消毒、无害化处理和紧急免疫接种的；

（六）其他不履行本条例规定的职责，导致动物疫病传播、流行，或者对养殖业生产安全和公众身体健康与生命安全造成严重危害的。

第四十三条　违反本条例规定，县级以上人民政府有关部门不履行应急处理职责，不执行对疫点、疫区和受威胁区采取的措施，或者对上级人民政府有关部门的疫情调查不予配合或者阻碍、拒绝的，由本级人民政府或者上级人民政府有关部门责令立即改正、通报批评、给予警告；对主要负责人、负有责任的主管人员和其他责任人员，依法给予记大过、降级、撤职直至开除的行政处分；构成犯罪的，依法追究刑事责任。

第四十四条 违反本条例规定，有关地方人民政府阻碍报告重大动物疫情，不履行应急处理职责，不按照规定对疫点、疫区和受威胁区采取预防、控制、扑灭措施，或者对上级人民政府有关部门的疫情调查不予配合或者阻碍、拒绝的，由上级人民政府责令立即改正、通报批评、给予警告；对政府主要领导人依法给予记大过、降级、撤职直至开除的行政处分；构成犯罪的，依法追究刑事责任。

第四十五条 截留、挪用重大动物疫情应急经费，或者侵占、挪用应急储备物资的，按照《财政违法行为处罚处分条例》的规定处理；构成犯罪的，依法追究刑事责任。

第四十六条 违反本条例规定，拒绝、阻碍动物防疫监督机构进行重大动物疫情监测，或者发现动物出现群体发病或者死亡，不向当地动物防疫监督机构报告的，由动物防疫监督机构给予警告，并处 2 000 元以上 5 000 元以下的罚款；构成犯罪的，依法追究刑事责任。

第四十七条 违反本条例规定，擅自采集重大动物疫病病料，或者在重大动物疫病病原分离时不遵守国家有关生物安全管理规定的，由动物防疫监督机构给予警告，并处 5 000 元以下的罚款；构成犯罪的，依法追究刑事责任。

第四十八条 在重大动物疫情发生期间，哄抬物价、欺骗消费者，散布谣言、扰乱社会秩序和市场秩序的，由价格主管部门、工商行政管理部门或者公安机关依法给予行政处罚；构成犯罪的，依法追究刑事责任。

第六章　附　　则

第四十九条 本条例自公布之日起施行。

附录 3

畜禽标识和养殖档案管理办法

第一章 总 则

第一条 为了规范畜牧业生产经营行为，加强畜禽标识和养殖档案管理，建立畜禽及畜禽产品可追溯制度，有效防控重大动物疫病，保障畜禽产品质量安全，依据《中华人民共和国畜牧法》、《中华人民共和国动物防疫法》和《中华人民共和国农产品质量安全法》，制定本办法。

第二条 本办法所称畜禽标识是指经农业部批准使用的耳标、电子标签、脚环以及其他承载畜禽信息的标识物。

第三条 在中华人民共和国境内从事畜禽及畜禽产品生产、经营、运输等活动，应当遵守本办法。

第四条 农业部负责全国畜禽标识和养殖档案的监督管理工作。

县级以上地方人民政府畜牧兽医行政主管部门负责本行政区域内畜禽标识和养殖档案的监督管理工作。

第五条 畜禽标识制度应当坚持统一规划、分类指导、分步实施、稳步推进的原则。

第六条 畜禽标识所需费用列入省级人民政府财政预算。

第二章 畜禽标识管理

第七条 畜禽标识实行一畜一标，编码应当具有唯一性。

第八条 畜禽标识编码由畜禽种类代码、县级行政区域代码、标识顺序号共 15 位数字及专用条码组成。

猪、牛、羊的畜禽种类代码分别为 1、2、3。

编码形式为：×（种类代码）—××××××（县级行政区域代码）—×××××××××（标识顺序号）。

第九条 农业部制定并公布畜禽标识技术规范，生产企业生产的畜禽标识应当符合该规范规定。

省级动物疫病预防控制机构统一采购畜禽标识，逐级供应。

第十条 畜禽标识生产企业不得向省级动物疫病预防控制机构以外的单位和个人提供畜禽标识。

第十一条 畜禽养殖者应当向当地县级动物疫病预防控制机构申领畜禽标识，并按照下列规定对畜禽加施畜禽标识：

（一）新出生畜禽，在出生后 30 天内加施畜禽标识；30 天内离开饲养地的，在离开饲养地前加施畜禽标识；从国外引进畜禽，在畜禽到达目的地 10 日内加施畜禽标识。

（二）猪、牛、羊在左耳中部加施畜禽标识，需要再次加施畜禽标识的，在右耳中部加施。

第十二条 畜禽标识严重磨损、破损、脱落后，应当及时加施新的标识，并在养殖档案中记录新标识编码。

第十三条 动物卫生监督机构实施产地检疫时，应当查验畜禽标识。没有加施畜禽标识的，不得出具检疫合格证明。

第十四条 动物卫生监督机构应当在畜禽屠宰前，查验、登记畜禽标识。畜禽屠宰经营者应当在畜禽屠宰时回收畜禽标识，由动物卫生监督机构保存、销毁。

第十五条 畜禽经屠宰检疫合格后，动物卫生监督机构应当在畜禽产品检疫标志中注明畜禽标识编码。

第十六条 省级人民政府畜牧兽医行政主管部门应当建立畜禽标识及所需配套设备的采购、保管、发放、使用、登记、回收、销毁等制度。

第十七条 畜禽标识不得重复使用。

第三章　养殖档案管理

第十八条　畜禽养殖场应当建立养殖档案，载明以下内容：

（一）畜禽的品种、数量、繁殖记录、标识情况、来源和进出场日期；

（二）饲料、饲料添加剂等投入品和兽药的来源、名称、使用对象、时间和用量等有关情况；

（三）检疫、免疫、监测、消毒情况；

（四）畜禽发病、诊疗、死亡和无害化处理情况；

（五）畜禽养殖代码；

（六）农业部规定的其他内容。

第十九条　县级动物疫病预防控制机构应当建立畜禽防疫档案，载明以下内容：

（一）畜禽养殖场：名称、地址、畜禽种类、数量、免疫日期、疫苗名称、畜禽养殖代码、畜禽标识顺序号、免疫人员以及用药记录等。

（二）畜禽散养户：户主姓名、地址、畜禽种类、数量、免疫日期、疫苗名称、畜禽标识顺序号、免疫人员以及用药记录等。

第二十条　畜禽养殖场、养殖小区应当依法向所在地县级人民政府畜牧兽医行政主管部门备案，取得畜禽养殖代码。

畜禽养殖代码由县级人民政府畜牧兽医行政主管部门按照备案顺序统一编号，每个畜禽养殖场、养殖小区只有一个畜禽养殖代码。

畜禽养殖代码由6位县级行政区域代码和4位顺序号组成，作为养殖档案编号。

第二十一条　饲养种畜应当建立个体养殖档案，注明标识编码、性别、出生日期、父系和母系品种类型、母本的标识编码等信息。种畜调运时应当在个体养殖档案上注明调出和调入地，个体养殖档案应当随同调运。

第二十二条　养殖档案和防疫档案保存时间：商品猪、禽为2年，牛为20年，羊为10年，种畜禽长期保存。

第二十三条　从事畜禽经营的销售者和购买者应当向所在地县级动物疫病预防控制机构报告更新防疫档案相关内容。

销售者或购买者属于养殖场的，应及时在畜禽养殖档案中登记畜禽标识编码及相关信息变化情况。

第二十四条　畜禽养殖场养殖档案及种畜个体养殖档案格式由农业部统一制定。

第四章　信息管理

第二十五条　国家实施畜禽标识及养殖档案信息化管理，实现畜禽及畜禽产品可追溯。

第二十六条　农业部建立包括国家畜禽标识信息中央数据库在内的国家畜禽标识信息管理系统。

省级人民政府畜牧兽医行政主管部门建立本行政区域畜禽标识信息数据库，并成为国家畜禽标识信息中央数据库的子数据库。

第二十七条　县级以上人民政府畜牧兽医行政主管部门根据数据采集要求，组织畜禽养殖相关信息的录入、上传和更新工作。

第五章　监督管理

第二十八条　县级以上地方人民政府畜牧兽医行政主管部门所属动物卫生监督机构具体承担本行政区域内畜禽标识的监督管理工作。

第二十九条　畜禽标识和养殖档案记载的信息应当连续、完整、真实。

第三十条　有下列情形之一的，应当对畜禽、畜禽产品实施追溯：

（一）标识与畜禽、畜禽产品不符；

（二）畜禽、畜禽产品染疫；

（三）畜禽、畜禽产品没有检疫证明；

（四）违规使用兽药及其他有毒、有害物质；

（五）发生重大动物卫生安全事件；

（六）其他应当实施追溯的情形。

第三十一条　县级以上人民政府畜牧兽医行政主管部门应当根据畜禽标识、养殖档案等信息对畜禽及畜禽产品实施追溯和处理。

第三十二条　国外引进的畜禽在国内发生重大动物疫情，由农业部会同有关部门进行追溯。

第三十三条　任何单位和个人不得销售、收购、运输、屠宰应当加施标识而没有标识的畜禽。

第六章　附　　则

第三十四条　违反本办法规定的，按照《中华人民共和国畜牧法》、《中华人民共和国动物防疫法》和《中华人民共和国农产品质量安全法》的有关规定处罚。

第三十五条　本办法自 2006 年 7 月 1 日起施行，2002 年 5 月 24 日农业部发布的《动物免疫标识管理办法》（农业部令第 13 号）同时废止。

猪、牛、羊以外其他畜禽标识实施时间和具体措施由农业部另行规定。

附录 4

病死及死因不明动物处置办法（试行）

第一条 为规范病死及死因不明动物的处置，消灭传染源，防止疫情扩散，保障畜牧业生产和公共卫生安全，根据《中华人民共和国动物防疫法》等有关规定，制定本办法。

第二条 本办法适用于饲养、运输、屠宰、加工、贮存、销售及诊疗等环节发现的病死及死因不明动物的报告、诊断及处置工作。

第三条 任何单位和个人发现病死或死因不明动物时，应当立即报告当地动物防疫监督机构，并做好临时看管工作。

第四条 任何单位和个人不得随意处置及出售、转运、加工和食用病死或死因不明动物。

第五条 所在地动物防疫监督机构接到报告后，应立即派员到现场作初步诊断分析，能确定死亡病因的，应按照国家相应动物疫病防治技术规范的规定进行处理。

对非动物疫病引起死亡的动物，应在当地动物防疫监督机构指导下进行处理。

第六条 对病死但不能确定死亡病因的，当地动物防疫监督机构应立即采样送县级以上动物防疫监督机构确诊。对尸体要在动物防疫监督机构的监督下进行深埋、化制、焚烧等无害化处理。

第七条 对发病快、死亡率高等重大动物疫情，要按有关规定及时上报，对死亡动物及发病动物不得随意进行解剖，要由动物防疫监督机构采取临时性的控制措施，并采样送省级动物防疫监督机构或农业部指定的实验室进行确诊。

第八条 对怀疑是外来病，或者是国内新发疫病，应立即按规定逐级报至省级动物防疫监督机构，对动物尸体及发病动物不得随意进行解剖。经省级动物防疫监督机构初步诊断为疑似外来病，或者是国内新发疫病的，应立即报告农业部，并将病料送国家外来动物疫病诊断中心（农业部动物检疫所）或农业部指定的实验室进行诊断。

第九条 发现病死及死因不明动物所在地的县级以上动物防疫监督机构，应当及时组织开展死亡原因或流行病学调查，掌握疫情发生、发展和流行情况，为疫情的确诊、控制提供依据。

出现大批动物死亡事件或发生重大动物疫情的，由省级动物防疫监督机构组织进行死亡原因或流行病学调查；属于外来病或国内新发病，国家动物流行病学研究中心及农业部指定的疫病诊断实验室要派人协助进行流行病学调查工作。

第十条 除发生疫情的当地县级以上动物防疫监督机构外，任何单位和个人未经省级兽医行政主管部门批准，不得到疫区采样、分离病原、进行流行病学调查。当地动物防疫监督机构或获准到疫区采样和流行病学调查的单位和个人，未经原审批的省级兽医行政主管部门批准，不得向其他单位和个人提供所采集的病料及相关样品和资料。

第十一条 在对病死及死因不明动物采样、诊断、流行病学调查、无害化处理等过程中，要采取有效措施做好个人防护和消毒工作。

第十二条 发生动物疫情后，动物防疫监督机构应立即按规定逐级报告疫情，并依法对疫情作进一步处置，防止疫情扩散蔓延。动物疫情监测机构要按规定做好疫情监测工作。

第十三条 确诊为人畜共患疫病时，兽医行政主管部门要及时向同级卫生行政主管部门通报。

第十四条 各地应根据实际情况，建立病死及死因不明动物举报制度，并公布举报电话。对举报有功的人员，应给予适当奖励。

第十五条   对病死及死因不明动物各项处理，各级动物防疫监督机构要按规定做好相关记录、归档等工作。

第十六条   对违反规定经营病死及死因不明动物的或不按规定处理病死及死因不明动物的单位和个人，按《动物防疫法》有关规定处理。

第十七条   各级兽医行政主管部门要采取多种形式，宣传随意处置及出售、转运、加工和食用病死或死因不明动物的危害性，提高群众防病意识和自我保护能力。

附录 5

一、二、三类动物疫病病种名录

一类动物疫病（17 种）

口蹄疫、猪水泡病、猪瘟、非洲猪瘟、高致病性猪蓝耳病、非洲马瘟、牛瘟、牛传染性胸膜肺炎、牛海绵状脑病、痒病、蓝舌病、小反刍兽疫、绵羊痘和山羊痘、高致病性禽流感、新城疫、鲤春病毒血症、白斑综合征

二类动物疫病（77 种）

多种动物共患病（9 种）：狂犬病、布鲁氏菌病、炭疽、伪狂犬病、魏氏梭菌病、副结核病、弓形虫病、棘球蚴病、钩端螺旋体病

牛病（8 种）：牛结核病、牛传染性鼻气管炎、牛恶性卡他热、牛白血病、牛出血性败血病、牛梨形虫病（牛焦虫病）、牛锥虫病、日本血吸虫病

绵羊和山羊病（2 种）：山羊关节炎脑炎、梅迪－维斯纳病

猪病（12 种）：猪繁殖与呼吸综合征（经典猪蓝耳病）、猪乙型脑炎、猪细小病毒病、猪丹毒、猪肺疫、猪链球菌病、猪传染性萎缩性鼻炎、猪支原体肺炎、旋毛虫病、猪囊尾蚴病、猪圆环病毒病、副猪嗜血杆菌病

马病（5 种）：马传染性贫血、马流行性淋巴管炎、马鼻疽、马巴贝斯虫病、伊氏锥虫病

禽病（18 种）：鸡传染性喉气管炎、鸡传染性支气管炎、传染性法氏囊病、马立克氏病、产蛋下降综合征、禽白血病、禽痘、鸭瘟、鸭病毒性肝炎、鸭浆膜炎、小鹅瘟、禽霍乱、鸡白

痢、禽伤寒、鸡败血支原体感染、鸡球虫病、低致病性禽流感、禽网状内皮组织增殖症

兔病（4 种）：兔病毒性出血病、兔黏液瘤病、野兔热、兔球虫病

蜜蜂病（2 种）：美洲幼虫腐臭病、欧洲幼虫腐臭病

鱼类病（11 种）：草鱼出血病、传染性脾肾坏死病、锦鲤疱疹病毒病、刺激隐核虫病、淡水鱼细菌性败血症、病毒性神经坏死病、流行性造血器官坏死病、斑点叉尾鮰病毒病、传染性造血器官坏死病、病毒性出血性败血症、流行性溃疡综合征

甲壳类病（6 种）：桃拉综合征、黄头病、罗氏沼虾白尾病、对虾杆状病毒病、传染性皮下和造血器官坏死病、传染性肌肉坏死病

三类动物疫病（63 种）

多种动物共患病（8 种）：大肠杆菌病、李氏杆菌病、类鼻疽、放线菌病、肝片吸虫病、丝虫病、附红细胞体病、Q 热

牛病（5 种）：牛流行热、牛病毒性腹泻/黏膜病、牛生殖器弯曲杆菌病、毛滴虫病、牛皮蝇蛆病

绵羊和山羊病（6 种）：肺腺瘤病、传染性脓疱、羊肠毒血症、干酪性淋巴结炎、绵羊疥癣，绵羊地方性流产

马病（5 种）：马流行性感冒、马腺疫、马鼻腔肺炎、溃疡性淋巴管炎、马媾疫

猪病（4 种）：猪传染性胃肠炎、猪流行性感冒、猪副伤寒、猪密螺旋体痢疾

禽病（4 种）：鸡病毒性关节炎、禽传染性脑脊髓炎、传染性鼻炎、禽结核病

蚕、蜂病（7 种）：蚕型多角体病、蚕白僵病、蜂螨病、瓦螨病、亮热厉螨病、蜜蜂孢子虫病、白垩病

犬猫等动物病（7 种）：水貂阿留申病、水貂病毒性肠炎、犬瘟热、犬细小病毒病、犬传染性肝炎、猫泛白细胞减少症、利

什曼病

鱼类病（7 种）：鲫类肠败血症、迟缓爱德华氏菌病、小瓜虫病、黏孢子虫病、三代虫病、指环虫病、链球菌病

甲壳类病（2 种）：河蟹颤抖病、斑节对虾杆状病毒病

贝类病（6 种）：鲍脓疱病、鲍立克次体病、鲍病毒性死亡病、包纳米虫病、折光马尔太虫病、奥尔森派琴虫病

两栖与爬行类病（2 种）：鳖腮腺炎病、蛙脑膜炎败血金黄杆菌病

附录 6

动物防疫条件审查办法

第一章 总 则

第一条 为了规范动物防疫条件审查，有效预防控制动物疫病，维护公共卫生安全，根据《中华人民共和国动物防疫法》，制定本办法。

第二条 动物饲养场、养殖小区、动物隔离场所、动物屠宰加工场所以及动物和动物产品无害化处理场所，应当符合本办法规定的动物防疫条件，并取得《动物防疫条件合格证》。

经营动物和动物产品的集贸市场应当符合本办法规定的动物防疫条件。

第三条 农业部主管全国动物防疫条件审查和监督管理工作。

县级以上地方人民政府兽医主管部门主管本行政区域内的动物防疫条件审查和监督管理工作。

县级以上地方人民政府设立的动物卫生监督机构负责本行政区域内的动物防疫条件监督执法工作。

第四条 动物防疫条件审查应当遵循公开、公正、公平、便民的原则。

第二章 饲养场、养殖小区动物防疫条件

第五条 动物饲养场、养殖小区选址应当符合下列条件：

（一）距离生活饮用水源地、动物屠宰加工场所、动物和动

物产品集贸市场 500 米以上；距离种畜禽场 1 000 米以上；距离动物诊疗场所 200 米以上；动物饲养场（养殖小区）之间距离不少于 500 米；

（二）距离动物隔离场所、无害化处理场所 3 000 米以上；

（三）距离城镇居民区、文化教育科研等人口集中区域及公路、铁路等主要交通干线 500 米以上。

第六条 动物饲养场、养殖小区布局应当符合下列条件：

（一）场区周围建有围墙；

（二）场区出入口处设置与门同宽，长 4 米、深 0.3 米以上的消毒池；

（三）生产区与生活办公区分开，并有隔离设施；

（四）生产区入口处设置更衣消毒室，各养殖栋舍出入口设置消毒池或者消毒垫；

（五）生产区内清洁道、污染道分设；

（六）生产区内各养殖栋舍之间距离在 5 米以上或者有隔离设施。

禽类饲养场、养殖小区内的孵化间与养殖区之间应当设置隔离设施，并配备种蛋熏蒸消毒设施，孵化间的流程应当单向，不得交叉或者回流。

第七条 动物饲养场、养殖小区应当具有下列设施设备：

（一）场区入口处配置消毒设备；

（二）生产区有良好的采光、通风设施设备；

（三）圈舍地面和墙壁选用适宜材料，以便清洗消毒；

（四）配备疫苗冷冻（冷藏）设备、消毒和诊疗等防疫设备的兽医室，或者有兽医机构为其提供相应服务；

（五）有与生产规模相适应的无害化处理、污水污物处理设施设备；

（六）有相对独立的引入动物隔离舍和患病动物隔离舍。

第八条 动物饲养场、养殖小区应当有与其养殖规模相适应的执业兽医或者乡村兽医。

患有相关人畜共患传染病的人员不得从事动物饲养工作。

第九条　动物饲养场、养殖小区应当按规定建立免疫、用药、检疫申报、疫情报告、消毒、无害化处理、畜禽标识等制度及养殖档案。

第十条　种畜禽场除符合本办法第六条、第七条、第八条、第九条规定外，还应当符合下列条件：

（一）距离生活饮用水源地、动物饲养场、养殖小区和城镇居民区、文化教育科研等人口集中区域及公路、铁路等主要交通干线 1 000 米以上；

（二）距离动物隔离场所、无害化处理场所、动物屠宰加工场所、动物和动物产品集贸市场、动物诊疗场所 3 000 米以上；

（三）有必要的防鼠、防鸟、防虫设施或者措施；

（四）有国家规定的动物疫病的净化制度；

（五）根据需要，种畜场还应当设置单独的动物精液、卵、胚胎采集等区域。

第三章　屠宰加工场所动物防疫条件

第十一条　动物屠宰加工场所选址应当符合下列条件：

（一）距离生活饮用水源地、动物饲养场、养殖小区、动物集贸市场 500 米以上；距离种畜禽场 3 000 米以上；距离动物诊疗场所 200 米以上；

（二）距离动物隔离场所、无害化处理场所 3 000 米以上。

第十二条　动物屠宰加工场所布局应当符合下列条件：

（一）场区周围建有围墙；

（二）运输动物车辆出入口设置与门同宽，长 4 米、深 0.3 米以上的消毒池；

（三）生产区与生活办公区分开，并有隔离设施；

（四）入场动物卸载区域有固定的车辆消毒场地，并配有车辆清洗、消毒设备。

（五）动物入场口和动物产品出场口应当分别设置；

（六）屠宰加工间入口设置人员更衣消毒室；

（七）有与屠宰规模相适应的独立检疫室、办公室和休息室；

（八）有待宰圈、患病动物隔离观察圈、急宰间；加工原毛、生皮、绒、骨、角的，还应当设置封闭式熏蒸消毒间。

第十三条 动物屠宰加工场所应当具有下列设施设备：

（一）动物装卸台配备照度不小于 300Lx 的照明设备；

（二）生产区有良好的采光设备，地面、操作台、墙壁、天棚应当耐腐蚀、不吸潮、易清洗；

（三）屠宰间配备检疫操作台和照度不小于 500Lx 的照明设备；

（四）有与生产规模相适应的无害化处理、污水污物处理设施设备。

第十四条 动物屠宰加工场所应当建立动物入场和动物产品出场登记、检疫申报、疫情报告、消毒、无害化处理等制度。

第四章 隔离场所动物防疫条件

第十五条 动物隔离场所选址应当符合下列条件：

（一）距离动物饲养场、养殖小区、种畜禽场、动物屠宰加工场所、无害化处理场所、动物诊疗场所、动物和动物产品集贸市场以及其他动物隔离场 3 000 米以上；

（二）距离城镇居民区、文化教育科研等人口集中区域及公路、铁路等主要交通干线、生活饮用水源地 500 米以上。

第十六条 动物隔离场所布局应当符合下列条件：

（一）场区周围有围墙；

（二）场区出入口处设置与门同宽，长 4 米、深 0.3 米以上的消毒池；

（三）饲养区与生活办公区分开，并有隔离设施；

（四）有配备消毒、诊疗和检测等防疫设备的兽医室；

（五）饲养区内清洁道、污染道分设；

（六）饲养区入口设置人员更衣消毒室。

第十七条 动物隔离场所应当具有下列设施设备：

（一）场区出入口处配置消毒设备；

（二）有无害化处理、污水污物处理设施设备。

第十八条 动物隔离场所应当配备与其规模相适应的执业兽医。

患有相关人畜共患传染病的人员不得从事动物饲养工作。

第十九条 动物隔离场所应当建立动物和动物产品进出登记、免疫、用药、消毒、疫情报告、无害化处理等制度。

第五章 无害化处理场所动物防疫条件

第二十条 动物和动物产品无害化处理场所选址应当符合下列条件：

（一）距离动物养殖场、养殖小区、种畜禽场、动物屠宰加工场所、动物隔离场所、动物诊疗场所、动物和动物产品集贸市场、生活饮用水源地3 000米以上；

（二）距离城镇居民区、文化教育科研等人口集中区域及公路、铁路等主要交通干线500米以上。

第二十一条 动物和动物产品无害化处理场所布局应当符合下列条件：

（一）场区周围建有围墙；

（二）场区出入口处设置与门同宽，长4米、深0.3米以上的消毒池，并设有单独的人员消毒通道；

（三）无害化处理区与生活办公区分开，并有隔离设施；

（四）无害化处理区内设置染疫动物扑杀间、无害化处理间、冷库等；

（五）动物扑杀间、无害化处理间入口处设置人员更衣室，出口处设置消毒室。

第二十二条 动物和动物产品无害化处理场所应当具有下列设施设备：

（一）配置机动消毒设备；

（二）动物扑杀间、无害化处理间等配备相应规模的无害化处理、污水污物处理设施设备；

（三）有运输动物和动物产品的专用密闭车辆。

第二十三条 动物和动物产品无害化处理场所应当建立病害动物和动物产品入场登记、消毒、无害化处理后的物品流向登记、人员防护等制度。

第六章　集贸市场动物防疫条件

第二十四条 专门经营动物的集贸市场应当符合下列条件：

（一）距离文化教育科研等人口集中区域、生活饮用水源地、动物饲养场和养殖小区、动物屠宰加工场所 500 米以上，距离种畜禽场、动物隔离场所、无害化处理场所 3 000 米以上，距离动物诊疗场所 200 米以上；

（二）市场周围有围墙，场区出入口处设置与门同宽，长 4 米、深 0.3 米以上的消毒池；

（三）场内设管理区、交易区、废弃物处理区，各区相对独立；

（四）交易区内不同种类动物交易场所相对独立；

（五）有清洗、消毒和污水污物处理设施设备；

（六）有定期休市和消毒制度；

（七）有专门的兽医工作室。

第二十五条 兼营动物和动物产品的集贸市场应当符合下列动物防疫条件：

（一）距离动物饲养场和养殖小区 500 米以上，距离种畜禽场、动物隔离场所、无害化处理场所 3 000 米以上，距离动物诊疗场所 200 米以上；

（二）动物和动物产品交易区与市场其他区域相对隔离；

（三）动物交易区与动物产品交易区相对隔离；

（四）不同种类动物交易区相对隔离；

（五）交易区地面、墙面（裙）和台面防水、易清洗；

（六）有消毒制度。

活禽交易市场除符合前款规定条件外，市场内的水禽与其他家禽还应当分开，宰杀间与活禽存放间应当隔离，宰杀间与出售场地应当分开，并有定期休市制度。

第七章　审查发证

第二十六条　兴办动物饲养场、养殖小区、动物屠宰加工场所、动物隔离场所、动物和动物产品无害化处理场所，应当按照本办法规定进行选址、工程设计和施工。

第二十七条　本办法第二条第一款规定场所建设竣工后，应当向所在地县级地方人民政府兽医主管部门提出申请，并提交以下材料：

（一）《动物防疫条件审查申请表》；

（二）场所地理位置图、各功能区布局平面图；

（三）设施设备清单；

（四）管理制度文本；

（五）人员情况。

申请材料不齐全或者不符合规定条件的，县级地方人民政府兽医主管部门应当自收到申请材料之日起 5 个工作日内，一次告知申请人需补正的内容。

第二十八条　兴办动物饲养场、养殖小区和动物屠宰加工场所的，县级地方人民政府兽医主管部门应当自收到申请之日起 20 个工作日内完成材料和现场审查，审查合格的，颁发《动物防疫条件合格证》；审查不合格的，应当书面通知申请人，并说明理由。

第二十九条 兴办动物隔离场所、动物和动物产品无害化处理场所的，县级地方人民政府兽医主管部门应当自收到申请之日起 5 个工作日内完成材料初审，并将初审意见和有关材料报省、自治区、直辖市人民政府兽医主管部门。省、自治区、直辖市人民政府兽医主管部门自收到初审意见和有关材料之日起 15 个工作日内完成材料和现场审查，审查合格的，颁发《动物防疫条件合格证》；审查不合格的，应当书面通知申请人，并说明理由。

第八章 监督管理

第三十条 动物卫生监督机构依照《中华人民共和国动物防疫法》和有关法律、法规的规定，对动物饲养场、养殖小区、动物隔离场所、动物屠宰加工场所、动物和动物产品无害化处理场所、动物和动物产品集贸市场的动物防疫条件实施监督检查，有关单位和个人应当予以配合，不得拒绝和阻碍。

第三十一条 本办法第二条第一款所列场所在取得《动物防疫条件合格证》后，变更场址或者经营范围的，应当重新申请办理《动物防疫条件合格证》，同时交回原《动物防疫条件合格证》，由原发证机关予以注销。

变更布局、设施设备和制度，可能引起动物防疫条件发生变化的，应当提前 30 日向原发证机关报告。发证机关应当在 20 日内完成审查，并将审查结果通知申请人。

变更单位名称或者其负责人的，应当在变更后 15 日内持有效证明申请变更《动物防疫条件合格证》。

第三十二条 本办法第二条第一款所列场所停业的，应当于停业后 30 日内将《动物防疫条件合格证》交回原发证机关注销。

第三十三条 本办法第二条所列场所，应当在每年 1 月底前将上一年的动物防疫条件情况和防疫制度执行情况向发证机关报告。

第三十四条　禁止转让、伪造或者变造《动物防疫条件合格证》。

第三十五条　《动物防疫条件合格证》丢失或者损毁的，应当在15日内向发证机关申请补发。

第九章　罚　　则

第三十六条　违反本办法第三十一条第一款规定，变更场所地址或者经营范围，未按规定重新申请《动物防疫条件合格证》的，按照《中华人民共和国动物防疫法》第七十七条规定予以处罚。

违反本办法第三十一条第二款规定，未经审查擅自变更布局、设施设备和制度的，由动物卫生监督机构给予警告。对不符合动物防疫条件的，由动物卫生监督机构责令改正；拒不改正或者整改后仍不合格的，由发证机关收回并注销《动物防疫条件合格证》。

第三十七条　违反本办法第二十四条和第二十五条规定，经营动物和动物产品的集贸市场不符合动物防疫条件的，由动物卫生监督机构责令改正；拒不改正的，由动物卫生监督机构处五千元以上两万元以下的罚款，并通报同级工商行政管理部门依法处理。

第三十八条　违反本办法第三十四条规定，转让、伪造或者变造《动物防疫条件合格证》的，由动物卫生监督机构收缴《动物防疫条件合格证》，处两千元以上一万元以下的罚款。

使用转让、伪造或者变造《动物防疫条件合格证》的，由动物卫生监督机构按照《中华人民共和国动物防疫法》第七十七条规定予以处罚。

第三十九条　违反本办法规定，构成犯罪或者违反治安管理规定的，依法移送公安机关处理。

第十章　附　　则

第四十条　本办法所称动物饲养场、养殖小区是指《中华人民共和国畜牧法》第三十九条规定的畜禽养殖场、养殖小区。

饲养场、养殖小区内自用的隔离舍和屠宰加工场所内自用的患病动物隔离观察圈，饲养场、养殖小区、屠宰加工场所和动物隔离场内设置的自用无害化处理场所，不再另行办理《动物防疫条件合格证》。

第四十一条　本办法自 2010 年 5 月 1 日起施行。农业部 2002 年 5 月 24 日发布的《动物防疫条件审核管理办法》（农业部令第 15 号）同时废止。

本办法施行前已发放的《动物防疫合格证》在有效期内继续有效，有效期不满 1 年的，可沿用到 2011 年 5 月 1 日止。本办法施行前未取得《动物防疫合格证》的各类场所，应当在 2011 年 5 月 1 日前达到本办法规定的条件，取得《动物防疫条件合格证》。

附录 7

猪瘟防治技术规范

猪瘟（Classical Swine Fever，CSF）是由黄病毒科瘟病毒属猪瘟病毒引起的一种高度接触性、出血性和致死性传染病。世界动物卫生组织（OIE）将其列为必须报告的动物疫病，我国将其列为一类动物疫病。

为及时、有效地预防、控制和扑灭猪瘟，依据《中华人民共和国动物防疫法》、《重大动物疫情应急条例》和《国家突发重大动物疫情应急预案》及有关法律法规，制定本规范。

1 适用范围

本规范规定了猪瘟的诊断、疫情报告、疫情处置、疫情监测、预防措施、控制和消灭标准等。

本规范适用于中华人民共和国境内一切从事猪（含驯养的野猪）的饲养、经营及其产品生产、经营，以及从事动物防疫活动的单位和个人。

2 诊断

依据本病流行病学特点、临床症状、病理变化可作出初步诊断，确诊需做病原分离与鉴定。

2.1 流行特点

猪是本病唯一的自然宿主，发病猪和带毒猪是本病的传染源，不同年龄、性别、品种的猪均易感。一年四季均可发生。感染猪在发病前即能通过分泌物和排泄物排毒，并持续整个病程。

与感染猪直接接触是本病传播的主要方式，病毒也可通过精液、胚胎、猪肉和泔水等传播，人、其它动物如鼠类和昆虫、器具等均可成为重要传播媒介。感染和带毒母猪在怀孕期可通过胎盘将病毒传播给胎儿，导致新生仔猪发病或产生免疫耐受。

2.2　临床症状

2.2.1　本规范规定本病潜伏期为 3～10 天，隐性感染可长期带毒。

根据临床症状可将本病分为急性、亚急性、慢性和隐性感染四种类型。

2.2.2　典型症状

2.2.2.1　发病急、死亡率高；

2.2.2.2　体温通常升至 41℃以上、厌食、畏寒；

2.2.2.3　先便秘后腹泻，或便秘和腹泻交替出现；

2.2.2.4　腹部皮下、鼻镜、耳尖、四肢内侧均可出现紫色出血斑点，指压不褪色，眼结膜和口腔黏膜可见出血点。

2.3　病理变化

2.3.1　淋巴结水肿、出血，呈现大理石样变；

2.3.2　肾脏呈土黄色，表面可见针尖状出血点；

2.3.3　全身浆膜、黏膜和心脏、膀胱、胆囊、扁桃体均可见出血点和出血斑，脾脏边缘出现梗死灶；

2.3.4　脾不肿大，边缘有暗紫色突出表面的出血性梗死；

2.3.5　慢性猪瘟在回肠末端、盲肠和结肠常见"钮扣状"溃疡。

2.4　实验室诊断

实验室病原学诊断必须在相应级别的生物安全实验室进行。

2.4.1　病原分离与鉴定

2.4.1.1　病原分离、鉴定可用细胞培养法；

2.4.1.2　病原鉴定也可采用猪瘟荧光抗体染色法，细胞浆出现特异性的荧光；

2.4.1.3　兔体交互免疫试验；

2.4.1.4　猪瘟病毒反转录聚合酶链式反应（RT－PCR）：主要用于临床诊断与病原监测；

2.4.1.5　猪瘟抗原双抗体夹心 ELISA 检测法：主要用于临床诊断与病原监测。

2.4.2　血清学检测

2.4.2.1　猪瘟病毒抗体阻断 ELISA 检测法；

2.4.2.2　猪瘟荧光抗体病毒中和试验；

2.4.2.3　猪瘟中和试验方法；

2.5　结果判定

2.5.1　疑似猪瘟

符合猪瘟流行病学特点、临床症状和病理变化。

2.5.2　确诊

非免疫猪符合结果判定 2.5.1，且符合血清学诊断 2.4.2.1、2.4.2.2、2.4.2.3 之一，或符合病原学诊断 2.4.1.1、2.4.1.2、2.4.1.3、2.4.1.4、2.4.1.5 之一的；

免疫猪符合结果 2.5.1，且符合病原学诊断 2.4.1.1、2.4.1.2、2.4.1.3、2.4.1.4、2.4.1.5 之一的。

3　疫情报告

3.1　任何单位和个人发现患有本病或疑似本病的猪，都应当立即向当地动物防疫监督机构报告。

3.2　当地动物防疫监督机构接到报告后，按国家动物疫情报告管理的有关规定执行。

4　疫情处理

根据流行病学、临床症状、剖检病变，结合血清学检测做出的临床诊断结果可作为疫情处理的依据。

4.1　当地县级以上动物防疫监督机构接到可疑猪瘟疫情报

告后，应及时派员到现场诊断，根据流行病学调查、临床症状和病理变化等初步诊断为疑似猪瘟时，应立即对病猪及同群猪采取隔离、消毒、限制移动等临时性措施。同时采集病料送省级动物防疫监督机构实验室确诊，必要时将样品送国家猪瘟参考实验室确诊。

4.2 确诊为猪瘟后，当地县级以上人民政府兽医主管部门应当立即划定疫点、疫区、受威胁区，并采取相应措施；同时，及时报请同级人民政府对疫区实行封锁，逐级上报至国务院兽医主管部门，并通报毗邻地区。国务院兽医行政管理部门根据确诊结果，确认猪瘟疫情。

4.2.1 划定疫点、疫区和受威胁区

疫点：为病猪和带毒猪所在的地点。一般指病猪或带毒猪所在的猪场、屠宰厂或经营单位，如为农村散养，应将自然村划为疫点。

疫区：是指疫点边缘外延 3 千米范围内区域。疫区划分时，应注意考虑当地的饲养环境和天然屏障（如河流、山脉等）等因素。

受威胁区：是指疫区外延 5 千米范围内的区域。

4.2.2 封锁

由县级以上兽医行政管理部门向本级人民政府提出启动重大动物疫情应急指挥系统、应急预案和对疫区实行封锁的建议，有关人民政府应当立即做出决定。

4.2.3 对疫点、疫区、受威胁区采取的措施

疫点：扑杀所有的病猪和带毒猪，并对所有病死猪、被扑杀猪及其产品按照 GB16548 规定进行无害化处理；对排泄物、被污染或可能污染饲料和垫料、污水等均需进行无害化处理；对被污染的物品、交通工具、用具、禽舍、场地进行严格彻底消毒；限制人员出入，严禁车辆进出，严禁猪只及其产品及可能污染的物品运出。

疫区：对疫区进行封锁，在疫区周围设置警示标志，在出入

疫区的交通路口设置动物检疫消毒站（临时动物防疫监督检查站），对出入的人员和车辆进行消毒；对易感猪只实施紧急强制免疫，确保达到免疫保护水平；停止疫区内猪及其产品的交易活动，禁止易感猪只及其产品运出；对猪只排泄物、被污染饲料、垫料、污水等按国家规定标准进行无害化处理；对被污染的物品、交通工具、用具、禽舍、场地进行严格彻底消毒。

受威胁区：对易感猪只（未免或免疫未达到免疫保护水平）实施紧急强制免疫，确保达到免疫保护水平；对猪只实行疫情监测和免疫效果监测。

4.2.4　紧急监测

对疫区、受威胁区内的猪群必须进行临床检查和病原学监测。

4.2.5　疫源分析与追踪调查

根据流行病学调查结果，分析疫源及其可能扩散、流行的情况。对可能存在的传染源，以及在疫情潜伏期和发病期间售/运出的猪只及其产品、可疑污染物（包括粪便、垫料、饲料等）等应当立即开展追踪调查，一经查明，立即按照 GB16548 规定进行无害化处理。

4.2.6　封锁令的解除

疫点内所有病死猪、被扑杀的猪按规定进行处理，疫区内没有新的病例发生，彻底消毒 10 天后，经当地动物防疫监督机构审验合格，当地兽医主管部门提出申请，由原封锁令发布机关解除封锁。

4.2.7　疫情处理记录

对处理疫情的全过程必须做好详细的记录（包括文字、图片和影像等），并归档。

5　预防与控制

以免疫为主，采取"扑杀和免疫相结合"的综合性防治措施。

5.1　饲养管理与环境控制

饲养、生产、经营等场所必须符合《动物防疫条件审查办法》（农业部［2010］7号令）规定的动物防疫条件，并加强种猪调运检疫管理。

5.2　消毒

各饲养场、屠宰厂（场）、动物防疫监督检查站等要建立严格的卫生（消毒）管理制度，做好杀虫、灭鼠工作。

5.3　免疫和净化

5.3.1　免疫

国家对猪瘟实行全面免疫政策。

预防免疫按农业部制定的免疫方案规定的免疫程序进行。

所用疫苗必须是经国务院兽医主管部门批准使用的猪瘟疫苗。

5.3.2　净化

对种猪场和规模养殖场的种猪定期采样进行病原学检测，对检测阳性猪及时进行扑杀和无害化处理，以逐步净化猪瘟。

5.4　监测和预警

5.4.1　监测方法

非免疫区域：以流行病学调查、血清学监测为主，结合病原鉴定。

免疫区域：以病原监测为主，结合流行病学调查、血清学监测。

5.4.2　监测范围、数量和时间

对于各类种猪场每年要逐头监测两次；商品猪场每年监测两次，抽查比例不低于0.1%，最低不少于20头；散养猪不定期抽查。或按照农业部年度监测计划执行。

5.4.3　监测报告

监测结果要及时汇总，由省级动物防疫监督机构定期上报中

国动物疫病预防控制中心。

5.4.4 预警

各级动物防疫监督机构对监测结果及相关信息进行风险分析，做好预警预报。

5.5 消毒

饲养场、屠宰厂（场）、交易市场、运输工具等要建立并实施严格的消毒制度。

5.6 检疫

5.6.1 产地检疫

生猪在离开饲养地之前，养殖场/户必须向当地动物防疫监督机构报检。动物防疫监督机构接到报检后必须及时派员到场/户实施检疫。检疫合格后，出具合格证明；对运载工具进行消毒，出具消毒证明，对检疫不合格的按照有关规定处理。

5.6.2 屠宰检疫

动物防疫监督机构的检疫人员对生猪进行验证查物，合格后方可入厂/场屠宰。检疫合格并加盖（封）检疫标志后方可出厂/场，不合格的按有关规定处理。

5.6.3 种猪异地调运检疫

跨省调运种猪时，应先到调入地省级动物防疫监督机构办理检疫审批手续，调出地进行检疫，检疫合格方可调运。到达后须隔离饲养10天以上，由当地动物防疫监督机构检疫合格后方可投入使用。

6 控制和消灭标准

6.1 免疫无猪瘟区

6.1.1 该区域首先要达到国家无规定疫病区基本条件。

6.1.2 有定期、快速的动物疫情报告记录。

6.1.3 该区域在过去3年内未发生过猪瘟。

6.1.4 该区域和缓冲带实施强制免疫，免疫密度100%，所用疫苗必须符合国家兽医主管部门规定。

6.1.5 该区域和缓冲带须具有运行有效的监测体系，过去2年内实施疫病和免疫效果监测，未检出病原，免疫效果确实。

6.1.6 所有的报告，免疫、监测记录等有关材料详实、准确、齐全。

若免疫无猪瘟区内发生猪瘟时，最后一例病猪扑杀后12个月，经实施有效的疫情监测，确认后方可重新申请免疫无猪瘟区。

6.2 非免疫无猪瘟区

6.2.1 该区域首先要达到国家无规定疫病区基本条件。

6.2.2 有定期、快速的动物疫情报告记录。

6.2.3 在过去2年内没有发生过猪瘟，并且在过去12个月内，没有进行过免疫接种；另外，该地区在停止免疫接种后，没有引进免疫接种过的猪。

6.2.4 在该区具有有效的监测体系和监测区，过去2年内实施疫病监测，未检出病原。

6.2.5 所有的报告、监测记录等有关材料详实、准确、齐全。

若非免疫无猪瘟区发生猪瘟后，在采取扑杀措施及血清学监测的情况下，最后一例病猪扑杀后6个月；或在采取扑杀措施、血清学监测及紧急免疫的情况下，最后一例免疫猪被屠宰后6个月，经实施有效的疫情监测和血清学检测确认后，方可重新申请非免疫无猪瘟区。

附录 8

高致病性猪蓝耳病防治技术规范

高致病性猪蓝耳病是由猪繁殖与呼吸综合征（俗称蓝耳病）病毒变异株引起的一种急性高致死性疫病。仔猪发病率可达100%，死亡率可达50%以上，母猪流产率可达30%以上，育肥猪也可发病死亡是其特征。

为及时、有效地预防、控制和扑灭高致病性猪蓝耳病疫情，依据《中华人民共和国动物防疫法》、《重大动物疫情应急条例》和《国家突发重大动物疫情应急预案》及有关的法律法规，制定本规范。

1 适用范围

本规范规定了高致病性猪蓝耳病诊断、疫情报告、疫情处置、预防控制、检疫监督的操作程序与技术标准。

本规范适用于中华人民共和国境内一切与高致病性猪蓝耳病防治活动有关的单位和个人。

2 诊断

2.1 诊断指标
2.1.1 临床指标

体温明显升高，可达41℃以上；眼结膜炎、眼睑水肿；咳嗽、气喘等呼吸道症状；部分猪后躯无力、不能站立或共济失调等神经症状；仔猪发病率可达100%、死亡率可达50%以上，母猪流产率可达30%以上，成年猪也可发病死亡。

2.1.2 病理指标

可见脾脏边缘或表面出现梗死灶，显微镜下见出血性梗死；肾脏呈土黄色，表面可见针尖至小米粒大出血点斑，皮下、扁桃体、心脏、膀胱、肝脏和肠道均可见出血点和出血斑。显微镜下见肾间质性炎，心脏、肝脏和膀胱出血性、渗出性炎等病变；部分病例可见胃肠道出血、溃疡、坏死。

2.1.3 病原学指标

2.1.3.1 高致病性猪蓝耳病病毒分离鉴定阳性。

2.1.3.2 高致病性猪蓝耳病病毒反转录聚合酶链式反应（RT-PCR）检测阳性。

2.2 结果判定

2.2.1 疑似结果

符合 2.1.1 和 2.1.2，判定为疑似高致病性猪蓝耳病。

2.2.2 确诊

符合 2.2.1，且符合 2.1.3.1 和 2.1.3.2 之一的，判定为高致病性猪蓝耳病。

3 疫情报告

3.1 任何单位和个人发现猪出现急性发病死亡情况，应及时向当地动物疫控机构报告。

3.2 当地动物疫控机构在接到报告或了解临床怀疑疫情后，应立即派员到现场进行初步调查核实，符合 2.2.1 规定的，判定为疑似疫情。

3.3 判定为疑似疫情时，应采集样品进行实验室诊断，必要时送省级动物疫控机构或国家指定实验室。

3.4 确认为高致病性猪蓝耳病疫情时，应在 2 个小时内将情况逐级报至省级动物疫控机构和同级兽医行政管理部门。省级兽医行政管理部门和动物疫控机构按有关规定向农业部报告疫情。

3.5　国务院兽医行政管理部门根据确诊结果，按规定公布疫情。

4　疫情处置

4.1　疑似疫情的处置

对发病场/户实施隔离、监控，禁止生猪及其产品和有关物品移动，并对其内、外环境实施严格的消毒措施。对病死猪、污染物或可疑污染物进行无害化处理。必要时，对发病猪和同群猪进行扑杀并无害化处理。

4.2　确认疫情的处置

4.2.1　划定疫点、疫区、受威胁区

由所在地县级以上兽医行政管理部门划定疫点、疫区、受威胁区。

疫点：为发病猪所在的地点。规模化养殖场/户，以病猪所在的相对独立的养殖圈舍为疫点；散养猪以病猪所在的自然村为疫点；在运输过程中，以运载工具为疫点；在市场发现疫情，以市场为疫点；在屠宰加工过程中发现疫情，以屠宰加工厂/场为疫点。

疫区：指疫点边缘向外延 3 千米范围内的区域。根据疫情的流行病学调查、免疫状况、疫点周边的饲养环境、天然屏障（如河流、山脉等）等因素综合评估后划定。

受威胁区：由疫区边缘向外延伸 5 千米的区域划为受威胁区。

4.2.2　封锁疫区

由当地兽医行政管理部门向当地县级以上人民政府申请发布封锁令，对疫区实施封锁：在疫区周围设置警示标志；在出入疫区的交通路口设置动物检疫消毒站，对出入的车辆和有关物品进行消毒；关闭生猪交易市场，禁止生猪及其产品运出疫区。必要时，经省级人民政府批准，可设立临时监督检查站，执行监督检

查任务。

4.2.3 疫点应采取的措施

扑杀所有病猪和同群猪；对病死猪、排泄物、被污染饲料、垫料、污水等进行无害化处理；对被污染的物品、交通工具、用具、猪舍、场地等进行彻底消毒。

4.2.4 疫区应采取的措施

对被污染的物品、交通工具、用具、猪舍、场地等进行彻底消毒；对所有生猪用高致病性猪蓝耳病灭活疫苗进行紧急强化免疫，并加强疫情监测。

4.2.5 受威胁区应采取的措施

对受威胁区所有生猪用高致病性猪蓝耳病灭活疫苗进行紧急强化免疫，并加强疫情监测。

4.2.6 疫源分析与追踪调查

开展流行病学调查，对病原进行分子流行病学分析，对疫情进行溯源和扩散风险评估。

4.2.7 解除封锁

疫区内最后一头病猪扑杀或死亡后 14 天以上，未出现新的疫情；在当地动物疫控机构的监督指导下，对相关场所和物品实施终末消毒。经当地动物疫控机构审验合格，由当地兽医行政管理部门提出申请，由原发布封锁令的人民政府宣布解除封锁。

4.3 疫情记录

对处理疫情的全过程必须做好完整详实的记录（包括文字、图片和影像等），并归档。

5 预防控制

5.1 监测

5.1.1 监测主体

县级以上动物疫控机构。

5.1.2 监测方法

流行病学调查、临床观察、病原学检测。

5.1.3　监测范围

5.1.3.1　养殖场/户，交易市场、屠宰厂/场、跨县调运的生猪。

5.1.3.2　对种猪场、隔离场、边境、近期发生疫情及疫情频发等高风险区域的生猪进行重点监测。

5.1.4　监测预警

各级动物疫控机构对监测结果及相关信息进行风险分析，做好预警预报。农业部指定的实验室对分离到的毒株进行生物学和分子生物学特性分析与评价，及时向国务院兽医行政管理部门报告。

5.1.5　监测结果处理

按照《国家动物疫情报告管理办法》的有关规定将监测结果逐级汇总上报至国家动物疫控机构。

5.2　免疫

5.2.1　对所有生猪用高致病性猪蓝耳病灭活疫苗进行免疫，免疫方案见《猪病免疫推荐方案（试行）》。发生高致病性猪蓝耳病疫情时，用高致病性猪蓝耳病灭活疫苗进行紧急强化免疫。

5.2.2　养殖场/户必须按规定建立完整免疫档案，包括免疫登记表、免疫证、畜禽标识等。

5.2.3　各级动物疫控机构定期对免疫猪群进行免疫抗体水平监测，根据群体抗体水平消长情况及时加强免疫。

5.3　加强饲养管理，实行封闭饲养，建立健全各项防疫制度，做好消毒、杀虫灭鼠等工作。

6　检疫监督

6.1　产地检疫

生猪在离开饲养地之前，养殖场/户必须向当地动物卫生监督机构报检。动物卫生监督机构接到报检后必须及时派员到场/

户实施检疫。检疫合格后，出具合格证明；对运载工具进行消毒，出具消毒证明，对检疫不合格的按照有关规定处理。

6.2 屠宰检疫

动物卫生监督机构的检疫人员对生猪进行验证查物，合格后方可入厂/场屠宰。检疫合格并加盖（封）检疫标志后方可出厂/场，不合格的按有关规定处理。

6.3 种猪异地调运检疫

跨省调运种猪时，应先到调入地省级动物卫生监督机构办理检疫审批手续，调出地按照规范进行检疫，检疫合格方可调运。到达后须隔离饲养 14 天以上，由当地动物卫生监督机构检疫合格后方可投入使用。

6.4 监督管理

6.4.1 动物卫生监督机构应加强流通环节的监督检查，严防疫情扩散。生猪及产品凭检疫合格证（章）和畜禽标识运输、销售。

6.4.2 生产、经营动物及动物产品的场所，必须符合动物防疫条件，取得动物防疫合格证。当地动物卫生监督机构应加强日常监督检查。

6.4.3 任何单位和个人不得随意处置及转运、屠宰、加工、经营、食用病（死）猪及其产品。

附录 9

高致病性禽流感防治技术规范

高致病性禽流感（Highly Pathogenic Avian Influenza, HPAI）是由正黏病毒科流感病毒属 A 型流感病毒引起的以禽类为主的烈性传染病。世界动物卫生组织（OIE）将其列为必须报告的动物传染病，我国将其列为一类动物疫病。

为预防、控制和扑灭高致病性禽流感，依据《中华人民共和国动物防疫法》、《重大动物疫情应急条例》、《国家突发重大动物疫情应急预案》及有关的法律法规制定本规范。

1 适用范围

本规范规定了高致病性禽流感的疫情确认、疫情处置、疫情监测、免疫、检疫监督的操作程序、技术标准及保障措施。

本规范适用于中华人民共和国境内一切与高致病性禽流感防治活动有关的单位和个人。

2 诊断

2.1 流行病学特点

2.1.1 鸡、火鸡、鸭、鹅、鹌鹑、雉鸡、鹧鸪、鸵鸟、孔雀等多种禽类易感，多种野鸟也可感染发病；

2.1.2 传染源主要为病禽（野鸟）和带毒禽（野鸟）。病毒可长期在污染的粪便、水等环境中存活；

2.1.3 病毒传播主要通过接触感染禽（野鸟）及其分泌物和排泄物、污染的饲料、水、蛋托（箱）、垫草、种蛋、鸡胚和精液等媒介，经呼吸道、消化道感染，也可通过气源性媒介传播。

2.2 临床症状

2.2.1 急性发病死亡或不明原因死亡，潜伏期从几小时到数天，最长可达 21 天；

2.2.2 脚鳞出血；

2.2.3 鸡冠出血或发绀、头部和面部水肿；

2.2.4 鸭、鹅等水禽可见神经和腹泻症状，有时可见角膜炎症，甚至失明；

2.2.5 产蛋突然下降。

2.3 病理变化

2.3.1 消化道、呼吸道黏膜广泛充血、出血；腺胃粘液增多，可见腺胃乳头出血，腺胃和肌胃之间交界处黏膜可见带状出血；

2.3.2 心冠及腹部脂肪出血；

2.3.3 输卵管的中部可见乳白色分泌物或凝块；卵泡充血、出血、萎缩、破裂，有的可见"卵黄性腹膜炎"；

2.3.4 脑部出现坏死灶、血管周围淋巴细胞管套、神经胶质灶、血管增生等病变；胰腺和心肌组织局灶性坏死。

2.4 血清学指标

2.4.1 未免疫禽 H5 或 H7 的血凝抑制（HI）效价达到 2^4 及以上；

2.4.2 禽流感琼脂免疫扩散试验（AGID）阳性。

2.5 病原学指标

2.5.1 反转录-聚合酶链反应（RT‐PCR）检测，结果 H5 或 H7 亚型禽流感阳性；

2.5.2 通用荧光反转录-聚合酶链反应（荧光 RT‐PCR）检测阳性；

2.5.3 神经氨酸酶抑制（NI）试验阳性；

2.5.4　静脉内接种致病指数（IVPI）大于 1.2 或用 0.2 毫升 1∶10 稀释的无菌感染流感病毒的鸡胚尿囊液，经静脉注射接种 8 只 4～8 周龄的易感鸡，在接种后 10 天内，能致 6～7 只或 8 只鸡死亡，即死亡率≥75％；

2.5.5　对血凝素基因裂解位点的氨基酸序列测定结果与高致病性禽流感分离株基因序列相符（由国家参考实验室提供方法）。

2.6　结果判定

2.6.1　临床怀疑病例

符合流行病学特点和临床指标 2.2.1，且至少符合其他临床指标或病理指标之一的；

非免疫禽符合流行病学特点和临床指标 2.2.1 且符合血清学指标之一的。

2.6.2　疑似病例

临床怀疑病例且符合病原学指标 2.5.1、2.5.2、2.5.3 之一。

2.6.3　确诊病例

疑似病例且符合病原学指标 2.5.4 或 2.5.5。

3　疫情报告

3.1　任何单位和个人发现禽类发病急、传播迅速、死亡率高等异常情况，应及时向当地动物防疫监督机构报告。

3.2　当地动物防疫监督机构在接到疫情报告或了解可疑疫情情况后，应立即派员到现场进行初步调查核实并采集样品，符合 2.6.1 规定的，确认为临床怀疑疫情；

3.3　确认为临床怀疑疫情的，应在 2 个小时内将情况逐级报到省级动物防疫监督机构和同级兽医行政管理部门，并立即将样品送省级动物防疫监督机构进行疑似诊断；

3.4　省级动物防疫监督机构确认为疑似疫情的，必须派专人将病料送国家禽流感参考实验室做病毒分离与鉴定，进行最终确诊；经确认后，应立即上报同级人民政府和国务院兽医行政管理部门，国务院兽医行政管理部门应当在4个小时内向国务院报告；

3.5 国务院兽医行政管理部门根据最终确诊结果，确认高致病性禽流感疫情。

4 疫情处置

4.1 临床怀疑疫情的处置
对发病场（户）实施隔离、监控，禁止禽类、禽类产品及有关物品移动，并对其内、外环境实施严格的消毒措施。

4.2 疑似疫情的处置
当确认为疑似疫情时，扑杀疑似禽群，对扑杀禽、病死禽及其产品进行无害化处理，对其内、外环境实施严格的消毒措施，对污染物或可疑污染物进行无害化处理，对污染的场所和设施进行彻底消毒，限制发病场（户）周边3千米的家禽及其产品移动。

4.3 确诊疫情的处置
疫情确诊后立即启动相应级别的应急预案。

4.3.1 划定疫点、疫区、受威胁区
由所在地县级以上兽医行政管理部门划定疫点、疫区、受威胁区。

疫点：指患病动物所在的地点。一般是指患病禽类所在的禽场（户）或其他有关屠宰、经营单位；如为农村散养，应将自然村划为疫点。

疫区：由疫点边缘向外延伸3千米的区域划为疫区。疫区划分时，应注意考虑当地的饲养环境和天然屏障（如河流、山脉等）。

受威胁区：由疫区边缘向外延伸5千米的区域划为受威

胁区。

4.3.2　封锁

由县级以上兽医主管部门报请同级人民政府决定对疫区实行封锁；人民政府在接到封锁报告后，应在 24 小时内发布封锁令，对疫区进行封锁；在疫区周围设置警示标志，在出入疫区的交通路口设置动物检疫消毒站，对出入的车辆和有关物品进行消毒。必要时，经省级人民政府批准，可设立临时监督检查站，执行对禽类的监督检查任务。

跨行政区域发生疫情的，由共同上一级兽医主管部门报请同级人民政府对疫区发布封锁令，对疫区进行封锁。

4.3.3　疫点内应采取的措施

4.3.3.1　扑杀所有的禽只，销毁所有病死禽、被扑杀禽及其禽类产品；

4.3.3.2　对禽类排泄物、被污染饲料、垫料、污水等进行无害化处理；

4.3.3.3　对被污染的物品、交通工具、用具、禽舍、场地进行彻底消毒。

4.3.4　疫区内应采取的措施

4.3.4.1　扑杀疫区内所有家禽，并进行无害化处理，同时销毁相应的禽类产品；

4.3.4.2　禁止禽类进出疫区及禽类产品运出疫区；

4.3.4.3　对禽类排泄物、被污染饲料、垫料、污水等按国家规定标准进行无害化处理；

4.3.4.4　对所有与禽类接触过的物品、交通工具、用具、禽舍、场地进行彻底消毒。

4.3.5　受威胁区内应采取的措施

4.3.5.1　对所有易感禽类进行紧急强制免疫，建立完整的免疫档案；

4.3.5.2　对所有禽类实行疫情监测，掌握疫情动态。

4.3.6 关闭疫点及周边 13 公里内所有家禽及其产品交易市场。

4.3.7 流行病学调查、疫源分析与追踪调查

追踪疫点内在发病期间及发病前 21 天内售出的所有家禽及其产品，并销毁处理。按照高致病性禽流感流行病学调查规范，对疫情进行溯源和扩散风险分析。

4.3.8 解除封锁

4.3.8.1 解除封锁的条件

疫点、疫区内所有禽类及其产品按规定处理完毕 21 天以上，监测未出现新的传染源；在当地动物防疫监督机构的监督指导下，完成相关场所和物品终末消毒；受威胁区按规定完成免疫。

4.3.8.2 解除封锁的程序

经上一级动物防疫监督机构审验合格，由当地兽医主管部门向原发布封锁令的人民政府申请发布解除封锁令，取消所采取的疫情处置措施。

4.3.8.3 疫区解除封锁后，要继续对该区域进行疫情监测，6 个月后如未发现新病例，即可宣布该次疫情被扑灭。疫情宣布扑灭后方可重新养禽。

4.3.9 对处理疫情的全过程必须做好完整详实的记录，并归档。

5 疫情监测

5.1 监测方法包括临床观察、实验室检测及流行病学调查。

5.2 监测对象以易感禽类为主，必要时监测其他动物。

5.3 监测的范围

5.3.1 对养禽场户每年要进行两次病原学抽样检测，散养禽不定期抽检，对于未经免疫的禽类以血清学检测为主；

5.3.2 对交易市场、禽类屠宰厂（场）、异地调入的活禽和禽产品进行不定期的病原学和血清学监测。

5.3.3　对疫区和受威胁区的监测

5.3.3.1　对疫区、受威胁区的易感动物每天进行临床观察，连续1个月，病死禽送省级动物防疫监督机构实验室进行诊断，疑似样品送国家禽流感参考实验室进行病毒分离和鉴定。

解除封锁前采样检测1次，解除封锁后纳入正常监测范围；

5.3.3.2　对疫区养猪场采集鼻腔拭子，疫区和受威胁区所有禽群采集气管拭子和泄殖腔拭子，在野生禽类活动或栖息地采集新鲜粪便或水样，每个采样点采集20份样品，用RT‑PCR方法进行病原检测，发现疑似感染样品，送国家禽流感参考实验室确诊。

5.4　在监测过程中，国家规定的实验室要对分离到的毒株进行生物学和分子生物学特性分析与评价，密切注意病毒的变异动态，及时向国务院兽医行政管理部门报告。

5.5　各级动物防疫监督机构对监测结果及相关信息进行风险分析，做好预警预报。

5.6　监测结果处理

监测结果逐级汇总上报至中国动物疫病预防控制中心。发现病原学和非免疫血清学阳性禽，要按照《国家动物疫情报告管理办法》的有关规定立即报告，并将样品送国家禽流感参考实验室进行确诊，确诊阳性的，按有关规定处理。

6　免疫

6.1　国家对高致病性禽流感实行强制免疫制度，免疫密度必须达到100％，抗体合格率达到70％以上。

6.2　预防性免疫，按农业部制定的免疫方案中规定的程序进行。

6.3　突发疫情时的紧急免疫，按本规范有关条款进行。

6.4　所用疫苗必须采用农业部批准使用的产品，并由动物防疫监督机构统一组织、逐级供应。

6.5 所有易感禽类饲养者必须按国家制定的免疫程序做好免疫接种，当地动物防疫监督机构负责监督指导。

6.6 定期对免疫禽群进行免疫水平监测，根据群体抗体水平及时加强免疫。

7 检疫监督

7.1 产地检疫

饲养者在禽群及禽类产品离开产地前，必须向当地动物防疫监督机构报检，接到报检后，必须及时到户、到场实施检疫。检疫合格的，出具检疫合格证明，并对运载工具进行消毒，出具消毒证明，对检疫不合格的按有关规定处理。

7.2 屠宰检疫

动物防疫监督机构的检疫人员对屠宰的禽只进行验证查物，合格后方可入厂（场）屠宰。宰后检疫合格的方可出厂，不合格的按有关规定处理。

7.3 引种检疫

国内异地引入种禽、种蛋时，应当先到当地动物防疫监督机构办理检疫审批手续且检疫合格。引入的种禽必须隔离饲养21天以上，并由动物防疫监督机构进行检测，合格后方可混群饲养。

7.4 监督管理

7.4.1 禽类和禽类产品凭检疫合格证运输、上市销售。动物防疫监督机构应加强流通环节的监督检查，严防疫情传播扩散。

7.4.2 生产、经营禽类及其产品的场所必须符合动物防疫条件，并取得动物防疫合格证。

7.4.3 各地根据防控高致病性禽流感的需要设立公路动物防疫监督检查站，对禽类及其产品进行监督检查，对运输工具进行消毒。

8 保障措施

8.1 各级政府应加强机构队伍建设，确保各项防治技术落实到位。

8.2 各级财政和发改部门应加强基础设施建设，确保免疫、监测、诊断、扑杀、无害化处理、消毒等防治工作经费落实。

8.3 各级兽医行政部门动物防疫监督机构应按本技术规范，加强应急物资储备，及时演练和培训应急队伍。

8.4 在高致病禽流感防控中，人员的防护按《高致病性禽流感人员防护技术规范》执行。

附录 10

新城疫防治技术规范

新城疫（Newcastle Disease，ND），是由副黏病毒科副黏病毒亚科腮腺炎病毒属的禽副黏病毒Ⅰ型引起的高度接触性禽类烈性传染病。世界动物卫生组织（OIE）将其列为必须报告的动物疫病，我国将其列为一类动物疫病。

为预防、控制和扑灭新城疫，依据《中华人民共和国动物防疫法》、《重大动物疫情应急条例》、《国家突发重大动物疫情应急预案》及有关的法律法规，制定本规范。

1　适用范围

本规范规定了新城疫的诊断、疫情报告、疫情处理、预防措施、控制和消灭标准。

本规范适用于中华人民共和国境内的一切从事禽类饲养、经营和禽类产品生产、经营，以及从事动物防疫活动的单位和个人。

2　诊断

依据本病流行病学特点、临床症状、病理变化、实验室检验等可做出诊断，必要时由国家指定实验室进行毒力鉴定。

2.1　流行特点

鸡、火鸡、鹌鹑、鸽子、鸭、鹅等多种家禽及野禽均易感，各种日龄的禽类均可感染。非免疫易感禽群感染时，发病率、死亡率可高达90％以上；免疫效果不好的禽群感染时症状不典型，发病率、死亡率较低。

本病传播途径主要是消化道和呼吸道。传染源主要为感染禽及其粪便和口、鼻、眼的分泌物。被污染的水、饲料、器械、器具和带毒的野生飞禽、昆虫及有关人员等均可成为主要的传播媒介。

2.2 临床症状

2.2.1 本规范规定本病的潜伏期为 21 天。

临床症状差异较大，严重程度主要取决于感染毒株的毒力、免疫状态、感染途径、品种、日龄、其他病原混合感染情况及环境因素等。根据病毒感染禽所表现临床症状的不同，可将新城疫病毒分为 5 种致病型：

嗜内脏速发型（Viscerotropic velogenic）：以消化道出血性病变为主要特征，死亡率高；

嗜神经速发型（Neurogenic Velogenic）：以呼吸道和神经症状为主要特征，死亡率高；

中发型（Mesogenic）：以呼吸道和神经症状为主要特征，死亡率低；

缓发型（Lentogenic or respiratory）：以轻度或亚临床性呼吸道感染为主要特征；

无症状肠道型（Asymptomatic enteric）：以亚临床性肠道感染为主要特征。

2.2.2 典型症状

2.2.2.1 发病急、死亡率高；

2.2.2.2 体温升高、极度精神沉郁、呼吸困难、食欲下降；

2.2.2.3 粪便稀薄，呈黄绿色或黄白色；

2.2.2.4 发病后期可出现各种神经症状，多表现为扭颈、翅膀麻痹等。

2.2.2.5 在免疫禽群表现为产蛋下降。

2.3 病理学诊断

2.3.1 剖检病变

2.3.1.1 全身黏膜和浆膜出血，以呼吸道和消化道最为严重；

2.3.1.2 腺胃黏膜水肿，乳头和乳头间有出血点；

2.3.1.3 盲肠扁桃体肿大、出血、坏死；

2.3.1.4 十二指肠和直肠黏膜出血，有的可见纤维素性坏死病变；

2.3.1.5 脑膜充血和出血；鼻道、喉、气管黏膜充血，偶有出血，肺可见淤血和水肿。

2.3.2 组织学病变

2.3.2.1 多种脏器的血管充血、出血，消化道黏膜血管充血、出血，喉气管、支气管黏膜纤毛脱落，血管充血、出血，有大量淋巴细胞浸润；

2.3.2.2 中枢神经系统可见非化脓性脑炎，神经元变性，血管周围有淋巴细胞和胶质细胞浸润形成的血管套。

2.4　实验室诊断

实验室病原学诊断必须在相应级别的生物安全实验室进行。

2.4.1 病原学诊断

病毒分离与鉴定（见 GB16550）。

2.4.1.1 鸡胚死亡时间（MDT）低于 90 小时；

2.4.1.2 采用脑内接种致病指数测定（ICPI），ICPI 达到 0.7 以上者；

2.4.1.3 F 蛋白裂解位点序列测定试验，分离毒株 F1 蛋白 N 末端 117 位为苯丙酸氨酸（F），F2 蛋白 C 末端有多个碱性氨基酸的；

2.4.1.4 静脉接种致病指数测定（IVPI）试验，IVPI 值为 2.0 以上的。

2.4.2 血清学诊断

微量红细胞凝集抑制试验（HI）（参见 GB16550）。

2.5　结果判定

2.5.1 疑似新城疫

符合 2.1 和临床症状 2.2.2.1，且至少有临床症状 2.2.2.2、
2.2.2.3、2.2.2.4、2.2.2.5 或/和剖检病变 2.3.1.1、2.3.1.2、
2.3.1.3、2.3.1.4、2.3.1.5 或/和 组 织 学 病 变 2.3.2.1、
2.3.2.2 之一的，且能排除高致病性禽流感和中毒性疾病的。

2.5.2 确诊

非免疫禽符合结果判定 2.5.1，且符合血清学诊断 2.4.2
的；或符合病原学诊断 2.4.1.1、2.4.1.2、2.4.1.3、2.4.1.4
之一的；

免疫禽符合结果 2.5.1，且符合病原学诊断 2.4.1.1、
2.4.1.2、2.4.1.3、2.4.1.4 之一的。

3 疫情报告

3.1 任何单位和个人发现患有本病或疑似本病的禽类，都
应当立即向当地动物防疫监督机构报告。

3.2 当地动物防疫监督机构接到疫情报告后，按国家动物
疫情报告管理的有关规定执行。

4 疫情处理

根据流行病学、临床症状、剖检病变，结合血清学检测做出
的临床诊断结果可作为疫情处理的依据。

4.1 发现可疑新城疫疫情时，畜主应立即将病禽（场）隔
离，并限制其移动。动物防疫监督机构要及时派员到现场进行调
查核实，诊断为疑似新城疫时，立即采取隔离、消毒、限制移动
等临时性措施。同时要及时将病料送省级动物防疫监督机构实验
室确诊。

4.2 当确诊新城疫疫情后，当地县级以上人民政府兽医主
管部门应当立即划定疫点、疫区、受威胁区，并采取相应措施；
同时，及时报请同级人民政府对疫区实行封锁，逐级上报至国务
院兽医主管部门，并通报毗邻地区。国务院兽医行政管理部门根

据确诊结果，确认新城疫疫情。

4.2.1 划定疫点、疫区、受威胁区

由所在地县级以上（含县级）兽医主管部门划定疫点、疫区、受威胁区。

疫点：指患病禽类所在的地点。一般是指患病禽类所在的禽场（户）或其他有关屠宰、经营单位；如为农村散养，应将自然村划为疫点。

疫区：指以疫点边缘外延 3 千米范围内区域。疫区划分时，应注意考虑当地的饲养环境和天然屏障（如河流、山脉等）。

受威胁区：指疫区边缘外延 5 千米范围内的区域。

4.2.2 封锁

由县级以上兽医主管部门报请同级人民政府决定对疫区实行封锁；人民政府在接到封锁报告后，应立即做出决定，发布封锁令。

4.2.3 疫点、疫区、受威胁区采取的措施

疫点：扑杀所有的病禽和同群禽只，并对所有病死禽、被扑杀禽及其禽类产品按照 GB16548 规定进行无害化处理；对禽类排泄物、被污染或可能污染饲料和垫料、污水等均需进行无害化处理；对被污染的物品、交通工具、用具、禽舍、场地进行严格彻底消毒；限制人员出入，严禁禽、车辆进出，严禁禽类产品及可能污染的物品运出。

疫区：对疫区进行封锁，在疫区周围设置警示标志，在出入疫区的交通路口设置动物检疫消毒站（临时动物防疫监督检查站），对出入的人员和车辆进行消毒；对易感禽只实施紧急强制免疫，确保达到免疫保护水平；关闭活禽及禽类产品交易市场，禁止易感活禽进出和易感禽类产品运出；对禽类排泄物、被污染饲料、垫料、污水等按国家规定标准进行无害化处理；对被污染的物品、交通工具、用具、禽舍、场地进行严格彻底消毒。

受威胁区：对易感禽只（未免禽只或免疫未达到免疫保护水

平的禽只）实施紧急强制免疫，确保达到免疫保护水平；对禽类
实行疫情监测和免疫效果监测。

4.2.4　紧急监测

对疫区、受威胁区内的禽群必须进行临床检查和血清学
监测。

4.2.5　疫源分析与追踪调查

根据流行病学调查结果，分析疫源及其可能扩散、流行的情
况。对可能存在的传染源，以及在疫情潜伏期和发病期间售
（运）出的禽类及其产品、可疑污染物（包括粪便、垫料、饲料
等）等应当立即开展追踪调查，一经查明立即按照 GB16548 规
定进行无害化处理。

4.2.6　封锁令的解除

疫区内没有新的病例发生，疫点内所有病死禽、被扑杀的同
群禽及其禽类产品按规定处理 21 天后，对有关场所和物品进行
彻底消毒，经动物防疫监督机构审验合格后，由当地兽医主管部
门提出申请，由原发布封锁令的人民政府发布解除封锁令。

4.2.7　处理记录

对处理疫情的全过程必须做好详细的记录（包括文字、图片
和影像等），并完整建档。

5　预防

以免疫为主，采取"扑杀与免疫相结合"的综合性防治
措施。

5.1　饲养管理与环境控制

饲养、生产、经营等场所必须符合《动物防疫条件审查办
法》（农业部［2010］7 号令）规定的动物防疫条件，并加强种
禽调运检疫管理。饲养场实行全进全出饲养方式，控制人员、车
辆和相关物品出入，严格执行清洁和消毒程序。

养禽场要设有防止外来禽鸟进入的设施，并有健全的灭鼠设

施和措施。

5.2 消毒

各饲养场、屠宰厂（场）、动物防疫监督检查站等要建立严格的卫生（消毒）管理制度。禽舍、禽场环境、用具、饮水等应进行定期严格消毒；养禽场出入口处应设置消毒池，内置有效消毒剂。

5.3 免疫

国家对新城疫实施全面免疫政策。免疫按农业部制定的免疫方案规定的程序进行。

所用疫苗必须是经国务院兽医主管部门批准使用的新城疫疫苗。

5.4 监测

5.4.1 由县级以上动物防疫监督机构组织实施。

5.4.2 监测方法

未免疫区域：流行病学调查、血清学监测，结合病原学监测。

已免疫区域：以病原学监测为主，结合血清学监测。

5.4.3 监测对象： 鸡、火鸡、鹅、鹌鹑、鸽、鸭等易感禽类。

5.4.4 监测范围和比例

5.4.4.1 对所有原种、曾祖代、祖代和父母代养禽场，及商品代养禽场每年要进行两次监测；散养禽不定期抽检。

5.4.4.2 血清学监测：原种、曾祖代、祖代和父母代种禽场的监测，每批次按照0.1%的比例采样；有出口任务的规模养殖场，每批次按照0.5%比例进行监测；商品代养禽场，每批次（群）按照0.05%的比例进行监测。每批次（群）监测数量不得少于20份。

饲养场（户）可参照上述比例进行检测。

5.4.4.3 病原学监测： 每群采10只以上禽的气管和泄殖腔

棉拭子，放在同一容器内，混合为一个样品进行检测。

5.4.4.4 监测预警

各级动物防疫监督机构对监测结果及相关信息进行风险分析，做好预警预报。

5.4.4.5 监测结果处理

监测结果要及时汇总，由省级动物防疫监督机构定期上报中国动物疫病预防控制中心。

5.5 检疫

5.5.1 按照 GB16550 执行。

5.5.2 国内异地引入种禽及精液、种蛋时，应取得原产地动物防疫监督机构的检疫合格证明。到达引入地后，种禽必须隔离饲养 21 天以上，并由当地动物防疫监督机构进行检测，合格后方可混群饲养。

从国外引入种禽及精液、种蛋时，按国家有关规定执行。

6 控制和消灭标准

6.1 免疫无新城疫区

6.1.1 该区域首先要达到国家无规定疫病区基本条件。

6.1.2 有定期和快速（翔实）的动物疫情报告记录。

6.1.3 该区域在过去 3 年内未发生过新城疫。

6.1.4 该区域和缓冲带实施强制免疫，免疫密度 100%，所用疫苗必须符合国家兽医主管部门规定的弱毒疫苗（ICPI 小于或等于 0.4）或灭活疫苗。

6.1.5 该区域和缓冲带须具有运行有效的监测体系，过去 3 年内实施疫病和免疫效果监测，未检出 ICPI 大于 0.4 的病原，免疫效果确实。

6.1.6 若免疫无疫区内发生新城疫时，在具备有效的疫情监测条件下，对最后一例病禽扑杀后 6 个月，方可重新申请免疫无新城疫区。

6.1.7 所有的报告、记录等材料翔实、准确和齐全。

6.2 非免疫无新城疫区

6.2.1 该区域首先要达到国家无规定疫病区基本条件。

6.2.2 有定期和快速（翔实）的动物疫情报告记录。

6.2.3 在过去 3 年内没有发生过新城疫，并且在过去 6 个月内，没有进行过免疫接种；另外，该地区在停止免疫接种后，没有引进免疫接种过的禽类。

6.2.4 在该区具有有效的监测体系和监测带，过去 3 年内实施疫病监测，未检出 ICPI 大于 0.4 的病原或新城疫 HI 试验滴度小于 2^3。

6.2.5 当发生疫情后，重新达到无疫区须做到：采取扑杀措施及血清学监测情况下最后一例病例被扑杀 3 个月后，或采取扑杀措施、血清学监测及紧急免疫情况下最后一只免疫禽被屠宰后 6 个月后重新执行（认定），并达到 6.2.3、6.2.4 的规定。

6.2.6 所有的报告、记录等材料详实、准确和齐全。

附录 11

口蹄疫防治技术规范

口蹄疫（Foot and Mouth Disease，FMD）是由口蹄疫病毒引起的以偶蹄动物为主的急性、热性、高度传染性疫病，世界动物卫生组织（OIE）将其列为必须报告的动物传染病，我国规定为一类动物疫病。

为预防、控制和扑灭口蹄疫，依据《中华人民共和国动物防疫法》《重大动物疫情应急条例》《国家突发重大动物疫情应急预案》等法律法规，制定本技术规范。

1 适用范围

本规范规定了口蹄疫疫情确认、疫情处置、疫情监测、免疫、检疫监督的操作程序、技术标准及保障措施。

本规范适用于中华人民共和国境内一切与口蹄疫防治活动有关的单位和个人。

2 诊断

2.1 诊断指标

2.1.1 流行病学特点

2.1.1.1 偶蹄动物，包括牛科动物（牛、瘤牛、水牛、牦牛）、绵羊、山羊、猪及所有野生反刍和猪科动物均易感，驼科动物（骆驼、单峰骆驼、美洲驼、美洲骆马）易感性较低。

2.1.1.2 传染源主要为潜伏期感染及临床发病动物。感染动物呼出物、唾液、粪便、尿液、乳、精液及肉和副产品均可带毒。康复期动物可带毒。

2.1.1.3 易感动物可通过呼吸道、消化道、生殖道和伤口感染病毒，通常以直接或间接接触（飞沫等）方式传播，或通过人或犬、蝇、蝉、鸟等动物媒介，或经车辆、器具等被污染物传播。如果环境气候适宜，病毒可随风远距离传播。

2.1.2 临床症状

2.1.2.1 牛呆立流涎，猪卧地不起，羊跛行；

2.1.2.2 唇部、舌面、齿龈、鼻镜、蹄踵、蹄叉、乳房等部位出现水泡；

2.1.2.3 发病后期，水泡破溃、结痂，严重者蹄壳脱落，恢复期可见瘢痕、新生蹄甲；

2.1.2.4 传播速度快，发病率高；成年动物死亡率低，幼畜常突然死亡且死亡率高，仔猪常成窝死亡。

2.1.3 病理变化

2.1.3.1 消化道可见水疱、溃疡；

2.1.3.2 幼畜可见骨骼肌、心肌表面出现灰白色条纹，形色酷似虎斑。

2.1.4 病原学检测

2.1.4.1 间接夹心酶联免疫吸附试验，检测阳性（ELISA OIE 标准方法）；

2.1.4.2 RT - PCR 试验，检测阳性（采用国家确认的方法）；

2.1.4.3 反向间接血凝试验（RIHA），检测阳性；

2.1.4.4 病毒分离，鉴定阳性。

2.1.5 血清学检测

2.1.5.1 中和试验，抗体阳性；

2.1.5.2 液相阻断酶联免疫吸附试验，抗体阳性；

2.1.5.3 非结构蛋白 ELISA 检测感染抗体阳性；

2.1.5.4 正向间接血凝试验（IHA），抗体阳性。

2.2　结果判定

2.2.1　疑似口蹄疫病例

符合该病的流行病学特点和临床诊断或病理诊断指标之一，即可定为疑似口蹄疫病例。

2.2.2　确诊口蹄疫病例

疑似口蹄疫病例，病原学检测方法任何一项阳性，可判定为确诊口蹄疫病例；

疑似口蹄疫病例，在不能获得病原学检测样本的情况下，未免疫家畜血清抗体检测阳性或免疫家畜非结构蛋白抗体 ELISA 检测阳性，可判定为确诊口蹄疫病例。

2.3　疫情报告

任何单位和个人发现家畜上述临床异常情况的，应及时向当地动物防疫监督机构报告。动物防疫监督机构应立即按照有关规定赴现场进行核实。

2.3.1　疑似疫情的报告

县级动物防疫监督机构接到报告后，立即派出 2 名以上具有相关资格的防疫人员到现场进行临床和病理诊断。确认为疑似口蹄疫疫情的，应在 2 小时内报告同级兽医行政管理部门，并逐级上报至省级动物防疫监督机构。省级动物防疫监督机构在接到报告后，1 小时内向省级兽医行政管理部门和国家动物防疫监督机构报告。

诊断为疑似口蹄疫病例时，采集病料，并将病料送省级动物防疫监督机构，必要时送国家口蹄疫参考实验室。

2.3.2　确诊疫情的报告

省级动物防疫监督机构确诊为口蹄疫疫情时，应立即报告省级兽医行政管理部门和国家动物防疫监督机构；省级兽医管理部门在 1 小时内报省级人民政府和国务院兽医行政管理部门。

国家参考实验室确诊为口蹄疫疫情时，应立即通知疫情发生地省级动物防疫监督机构和兽医行政管理部门，同时报国家动物防疫监督机构和国务院兽医行政管理部门。

省级动物防疫监督机构诊断新血清型口蹄疫疫情时，将样本送至国家口蹄疫参考实验室。

2.4 疫情确认

国务院兽医行政管理部门根据省级动物防疫监督机构或国家口蹄疫参考实验室确诊结果，确认口蹄疫疫情。

3 疫情处置

3.1 疫点、疫区、受威胁区的划分

3.1.1 疫点 为发病畜所在的地点。相对独立的规模化养殖场/户，以病畜所在的养殖场/户为疫点；散养畜以病畜所在的自然村为疫点；放牧畜以病畜所在的牧场及其活动场地为疫点；病畜在运输过程中发生疫情，以运载病畜的车、船、飞机等为疫点；在市场发生疫情，以病畜所在市场为疫点；在屠宰加工过程中发生疫情，以屠宰加工厂（场）为疫点。

3.1.2 疫区 由疫点边缘向外延伸 3 千米内的区域。

3.1.3 受威胁区 由疫区边缘向外延伸 10 千米的区域。

在疫区、受威胁区划分时，应考虑所在地的饲养环境和天然屏障（河流、山脉等）。

3.2 疑似疫情的处置

对疫点实施隔离、监控，禁止家畜、畜产品及有关物品移动，并对其内、外环境实施严格的消毒措施。

必要时采取封锁、扑杀等措施。

3.3 确诊疫情处置

疫情确诊后，立即启动相应级别的应急预案。

3.3.1 封锁

疫情发生所在地县级以上兽医行政管理部门报请同级人民政府对疫区实行封锁，人民政府在接到报告后，应在 24 小时内发布封锁令。

跨行政区域发生疫情的，由共同上级兽医行政管理部门报请同级人民政府对疫区发布封锁令。

3.3.2 对疫点采取的措施

3.3.2.1 扑杀疫点内所有病畜及同群易感畜，并对病死畜、被扑杀畜及其产品进行无害化处理；

3.3.2.2 对排泄物、被污染饲料、垫料、污水等进行无害化处理；

3.3.2.3 对被污染或可疑污染的物品、交通工具、用具、畜舍、场地进行严格彻底消毒；

3.3.2.4 对发病前 14 天售出的家畜及其产品进行追踪，并做扑杀和无害化处理。

3.3.3 对疫区采取的措施

3.3.3.1 在疫区周围设置警示标志，在出入疫区的交通路口设置动物检疫消毒站，执行监督检查任务，对出入的车辆和有关物品进行消毒；

3.3.3.2 所有易感畜进行紧急强制免疫，建立完整的免疫档案；

3.3.3.3 关闭家畜产品交易市场，禁止活畜进出疫区及产品运出疫区；

3.3.3.4 对交通工具、畜舍及用具、场地进行彻底消毒；

3.3.3.5 对易感家畜进行疫情监测，及时掌握疫情动态；

3.3.3.6 必要时，可对疫区内所有易感动物进行扑杀和无害化处理。

3.3.4 对受威胁区采取的措施

3.3.4.1 最后一次免疫超过一个月的所有易感畜，进行一次紧急强化免疫；

3.3.4.2 加强疫情监测，掌握疫情动态。

3.3.5 疫源分析与追踪调查

按照口蹄疫流行病学调查规范，对疫情进行追踪溯源、扩散风险分析。

3.3.6 解除封锁

3.3.6.1 封锁解除的条件

口蹄疫疫情解除的条件：疫点内最后 1 头病畜死亡或扑杀后连续观察至少 14 天，没有新发病例；疫区、受威胁区紧急免疫接种完成；疫点经终末消毒；疫情监测阴性。

新血清型口蹄疫疫情解除的条件：疫点内最后 1 头病畜死亡或扑杀后连续观察至少 14 天没有新发病例；疫区、受威胁区紧急免疫接种完成；疫点经终末消毒；对疫区和受威胁区的易感动物进行疫情监测，结果为阴性。

3.3.6.2 解除封锁的程序：动物防疫监督机构按照上述条件审验合格后，由兽医行政管理部门向原发布封锁令的人民政府申请解除封锁，由该人民政府发布解除封锁令。

必要时由上级动物防疫监督机构组织验收。

4 疫情监测

4.1 监测主体：县级以上动物防疫监督机构。

4.2 监测方法：临床观察、实验室检测及流行病学调查。

4.3 监测对象：以牛、羊、猪为主，必要时对其他动物监测。

4.4 监测的范围

4.4.1 养殖场户、散养畜，交易市场、屠宰厂（场）、异地调入的活畜及产品。

4.4.2 对种畜场、边境、隔离场、近期发生疫情及疫情频发等高风险区域的家畜进行重点监测。

监测方案按照当年兽医行政管理部门工作安排执行。

4.5 疫区和受威胁区解除封锁后的监测

临床监测持续 1 年，反刍动物病原学检测连续 2 次，每次间隔 1 个月，必要时对重点区域加大监测的强度。

4.6 在监测过程中，对分离到的毒株进行生物学和分子生物学特性分析与评价，密切注意病毒的变异动态，及时向国务院兽医行政管理部门报告。

4.7 各级动物防疫监督机构对监测结果及相关信息进行风险分析，做好预警预报。

4.8 监测结果处理

监测结果逐级汇总上报至国家动物防疫监督机构，按照有关规定进行处理。

5 免疫

5.1 国家对口蹄疫实行强制免疫，各级政府负责组织实施，当地动物防疫监督机构进行监督指导。免疫密度必须达到100%。

5.2 预防免疫，按农业部制定的免疫方案规定的程序进行。

5.3 突发疫情时的紧急免疫按本规范有关条款进行。

5.4 所用疫苗必须采用农业部批准使用的产品，并由动物防疫监督机构统一组织、逐级供应。

5.5 所有养殖场/户必须按科学合理的免疫程序做好免疫接种，建立完整免疫档案（包括免疫登记表、免疫证、免疫标识等）。

5.6 各级动物防疫监督机构定期对免疫畜群进行免疫水平监测，根据群体抗体水平及时加强免疫。

6 检疫监督

6.1 产地检疫

猪、牛、羊等偶蹄动物在离开饲养地之前，养殖场/户必须向当地动物防疫监督机构报检，接到报检后，动物防疫监督机构必须及时到场、到户实施检疫。检查合格后，收回动物免疫证，出具检疫合格证明；对运载工具进行消毒，出具消毒证明，对检疫不合格的按照有关规定处理。

6.2　屠宰检疫

动物防疫监督机构的检疫人员对猪、牛、羊等偶蹄动物进行验证查物，证物相符检疫合格后方可入厂（场）屠宰。宰后检疫合格，出具检疫合格证明。对检疫不合格的按照有关规定处理。

6.3　种畜、非屠宰畜异地调运检疫

国内跨省调运包括种畜、乳用畜、非屠宰畜时，应当先到调入地省级动物防疫监督机构办理检疫审批手续，经调出地按规定检疫合格，方可调运。起运前两周，进行一次口蹄疫强化免疫，到达后须隔离饲养 14 天以上，由动物防疫监督机构检疫检验合格后方可进场饲养。

6.4　监督管理

6.4.1　动物防疫监督机构应加强流通环节的监督检查，严防疫情扩散。猪、牛、羊等偶蹄动物及产品凭检疫合格证（章）和动物标识运输、销售。

6.4.2　生产、经营动物及动物产品的场所，必须符合动物防疫条件，取得动物防疫合格证，当地动物防疫监督机构应加强日常监督检查。

6.4.3　各地根据防控家畜口蹄疫的需要建立动物防疫监督检查站，对家畜及产品进行监督检查，对运输工具进行消毒。发现疫情，按照《动物防疫监督检查站口蹄疫疫情认定和处置办法》相关规定处置。

6.4.4　由新血清型引发疫情时，加大监管力度，严禁疫区所在县及疫区周围 50 千米范围内的家畜及产品流动。在与新发疫情省份接壤的路口设置动物防疫监督检查站、卡实行 24 小时值班检查；对来自疫区运输工具进行彻底消毒，对非法运输的家畜及产品进行无害化处理。

6.4.5　任何单位和个人不得随意处置及转运、屠宰、加工、经营、食用口蹄疫病（死）畜及产品；未经动物防疫监督机构允许，不得随意采样；不得在未经国家确认的实验室剖检分离、鉴

定、保存病毒。

7　保障措施

7.1　各级政府应加强机构、队伍建设，确保各项防治技术落实到位。

7.2　各级财政和发改部门应加强基础设施建设，确保免疫、监测、诊断、捕杀、无害化处理、消毒等防治技术工作经费落实。

7.3　各级兽医行政部门动物防疫监督机构应按本技术规范，加强应急物资储备，及时培训和演练应急队伍。

7.4　发生口蹄疫疫情时，在封锁、采样、诊断、流行病学调查、无害化处理等过程中，要采取有效措施做好个人防护和消毒工作，防止人为扩散。

附录 12

猪病防治临床常用抗细菌及真菌药物简介

药物名称	给药途径	给药剂量
注射用青霉素 G（钠）钾	肌内注射	每千克体重 1～1.5 万单位，1 日 2 次
氨苄青霉素	内服	每千克体重 4～14 毫克，1 日 2 次
	肌内注射	每千克体重 2～7 毫克，1 日 2 次
羧苄青霉素	肌内注射	每千克体重 2～7 毫克，1 日 2 次
头孢噻吩钠	肌内注射	每千克体重 10～20 毫克，1 日 3 次
头孢噻啶	肌内注射	每千克体重 10～20 毫克，1 日 3 次
红霉素	内服	每千克体重 20～40 毫克，1 日 2 次
	肌内注射或静脉注射	每千克体重 1～3 毫克，1 日 2 次
北里霉素（吉他霉素、柱晶白霉素）	内服	每千克体重 20～30 毫克
	饲料添加	每吨饲料 80～330 克
	肌内注射	每千克体重 2～10 毫克，1 日 2 次
泰乐菌素	内服	每千克体重 100～110 毫克，1 日 3 次
	饲料添加	每吨饲料混饲浓度 100～500 克
替米考星	饲料添加	每吨饲料 200～400 克
	皮下注射	每千克体重 10～20 毫克，1 日 1 次
盐酸林可霉素	内服	每千克体重 10～15 毫克，1 日 3 次
	肌内注射或静脉注射	每千克体重 10 毫克，1 日 2 次
氯林可霉素	内服或肌内注射	每千克体重 5～10 毫克，1 日 2 次

（续）

药物名称	给药途径	给药剂量
硫酸链霉素	肌内注射	每千克体重 10 毫克，1 日 2 次
	内服	每千克体重 0.5～1 克，1 日 2 次
硫酸庆大霉素	肌内注射	每千克体重 1～1.5 万单位，1 日 2 次
	内服	每千克体重 1～1.5 毫克，分 3～4 次
硫酸庆大-小诺霉素	肌内注射	每千克体重 1～2 毫克，1 日 2 次
硫酸卡那霉素	肌内注射	每千克体重 10～15 毫克，1 日 2 次
	内服	每千克体重 3～6 毫克，1 日 2 次
丁胺卡那霉素	肌内注射	每千克体重 5～7.5 毫克，1 日 3 次
安普霉素	饮水添加	每升饮水 12.5 毫克，1 日 1 次
	饲料添加	每吨饲料 80～100 克
大观霉素	内服	每千克体重 20～40 毫克，1 日 2 次
硫酸多黏菌素 B	肌内注射	每千克体重 1 万单位，1 日 2 次
	内服	每千克体重 2 000～4 000 单位，1 日 2 次
硫酸多黏菌素 E	肌内注射	每千克体重 1 万单位，1 日 2 次
	内服	每千克体重 1.5～万单位，1 日 2 次
	乳腺炎时乳管内注入	每千克体重 1.5～5 万单位
四环素	饮水添加	每 1 000 升饮水 110～280 克
	饲料添加	每吨饲料 200～500 克
	静脉注射	每千克体重 2.5～5 毫克，1 日 2 次
	内服	每千克体重 10～20 毫克，1 日 2 次
土霉素	饮水添加	每吨饲料 110～280 克
	饲料添加	每吨饲料 200～500 克
	肌内注射或静脉注射	每千克体重 2.5～5 毫克，1 日 2 次
	内服	每千克体重 10～20 毫克，1 日 3 次
金霉素	内服	每千克体重 10～20 毫克，1 日 3 次
	饲料添加	每吨饲料 200～500 克

（续）

药物名称	给药途径	给药剂量
延胡索酸泰妙菌素	饮水添加	每 1 000 升饮水 45～60 克
	饲料添加	每吨饲料 40～100 克
甲砜霉素	内服	每千克体重 10～20 毫克
氟苯尼考	内服	每千克体重 20 毫克
	肌内注射	每千克体重 20 毫克，2 天 1 次
诺氟沙星	内服	每千克体重 10～20 毫克，1 日 2 次
	肌内注射	每千克体重 10～20 毫克，1 日 2 次
恩诺沙星	内服	每千克体重 5～10 毫克，1 日 2 次
	肌内注射	每千克体重 2.5 毫克，1 日 2 次
环丙沙星	肌内注射	每千克体重 2.5～5 毫克，1 日 2 次
	静脉注射	每千克体重 2 毫克，1 日 2 次
乙酰甲喹	肌内注射	每千克体重 2.5～5 毫克，1 日 2 次
	饲料添加	每吨饲料 200 克，连续使用 3 天以上
二甲硝咪唑	饲料添加	每吨饲料 200～500 克
磺胺嘧啶	饲料添加	每吨饲料 70～100 克，1 日 2 次
磺胺二甲嘧啶	饲料添加	每吨饲料 70～100 克，1 日 1 次
磺胺甲基异噁唑	饲料添加	每吨饲料 25～250 克，1 日 2 次
磺胺对甲氧嘧啶	饲料添加	每吨饲料 25～250 克，1 日 2 次
磺胺间甲氧嘧啶	饲料添加	每吨饲料 250～250 克，1 日 2 次
磺胺脒	饲料添加	每吨饲料 70～100 克，1 日 2～3 次
三甲氧苄胺嘧啶	内服	每千克体重 10 毫克
复方磺胺嘧啶钠注射液	肌内注射或静脉注射	每千克体重 20～25 毫克，1 日 1～2 次
复方磺胺对甲氧嘧啶注射液	肌内注射或静脉注射	每千克体重 20～25 毫克，1 日 1～2 次
复方磺胺间甲氧嘧啶注射液	肌内注射或静脉注射	每千克体重 20～25 毫克，1 日 1～2 次

附录 12 猪病防治临床常用抗细菌及真菌药物简介

（续）

药物名称	给药途径	给药剂量
呋喃妥因	内服	每千克体重12～15毫克，1日2～3次
制霉菌素	内服	50～100万单位，1日2次
克霉唑	内服	1～1.5克，1日2次
博落回	肌内注射	体重10千克以下猪，每千克体重10～25毫克；体重25～50千克猪，每千克体重25～50毫克
牛至油	肌内注射	每千克体重50～100毫克
	饲料添加	预防量：每吨饲料1.25～1.75克 治疗量：每吨饲料2.5～3.25克

附录 13

鸡病防治临床常用抗细菌及抗寄生虫药物简介

附表 13-1　蛋鸡允许使用的治疗药物

（必须在兽医指导下使用）

药品名称	剂型	用法与用量（以有效成分计）	休药期（天）	用途	注意事项
		抗寄生虫药			
盐酸氨丙啉	可溶性粉	混饮：每升饮水48克，连用5～10天	1	预防球虫病	饲料中维生素 B_1 含量在 10 毫克/千克以上时明显颉颃
盐酸氨丙啉＋磺胺喹噁啉钠	可溶性粉	混饮：每升饮水0.5克 治疗：连用3天，停2～3天，再用2～3天	7	球虫病	
越霉素 A	预混剂	混饲：每吨饲料5～10克饲料，连用8周	3	蛔虫病	
二硝托胺	预混剂	混饲：每吨饲料125克	3	球虫病	
芬苯哒唑	粉剂	口服：每千克体重10～50毫克		线虫和绦虫病	
氟苯咪唑	预混剂	混饲：每吨饲料30克，连用4～7天	14	驱胃肠道线虫、绦虫	
潮霉素 B	预混剂	混饲：每吨饲料8～12克，连用8天	3	蛔虫病	

（续）

药品名称	剂型	用法与用量 （以有效成分计）	休药期 （天）	用途	注意事项
甲基盐霉素＋尼卡巴嗪	预混剂	混饲：每吨饲料（24.8＋24.8）～（44.8＋44.8）克	5	球虫病	禁与泰妙菌素、竹桃霉素并用；高温季节慎用
盐酸氯苯胍	片剂预混剂	口服：每千克体重10～15毫克 混饲：每吨饲料3～6克	5	球虫病	影响肉质品质
磺胺喹噁啉＋二甲氧苄啶	预混剂	每吨饲料混饲：（100＋20）克	10	球虫病	
磺胺喹噁啉钠	可溶性粉	混饮：每升饮水300～500毫克，连续饮用不超过5天	10	球虫病	
妥曲珠利	溶液	混饮：每千克体重7毫克，连用2天	21	球虫病	
抗 菌 药					
硫酸安普霉素	可溶性粉	混饮：每升饮水0.25～0.5克，连用5天	7	大肠杆菌、沙门氏菌及部分支原体感染	
亚甲基水杨酸杆菌肽	可溶性粉	混饮：每升饮水50～100毫克，连用5～7天（治疗）	0	治疗慢性呼吸道病；提高产蛋量，提高产蛋期饲养效率	每日新配
甲磺酸达氟沙星	溶液	混饮：每升饮水20～50毫克，一日一次，连用3天		细菌和支原体感染	
盐酸二氟沙星	粉剂溶液	内服：每千克体重5～10毫克，一日2次，连用3～5天	1	细菌和支原体感染	

（续）

药品名称	剂型	用法与用量 （以有效成分计）	休药期 （天）	用途	注意事项
恩诺沙星	可溶性粉溶液	混饮：每升饮水25～75毫克，连用3～5天	2	细菌性疾病和支原体感染	避免与四环素、氯霉素、大环内酯类抗生素合用；避免与含铁、镁、铝药物或高价配合饲料同服
硫氰酸红霉素	可溶性粉	混饮：每升饮水125毫克，连用3～5天	3	革兰阳性菌及支原体感染	
氟苯尼考	粉剂	内服：每千克体重20～30毫克，连用3～5天	30	敏感细菌所致细菌性疾病	
氟甲喹	可溶性粉	内服：每千克体重3～6毫克，首次量加倍，2次/天，连用3～4天		革兰阴性菌引起的急性胃肠道及呼吸道感染	
吉他霉素	预混剂	混饲：每吨饲料100～300克，连用5～7天（防治疾病）	7	革兰阳性菌及支原体感染，促生长	
酒石酸吉他霉素	可溶性粉	混饮：每升饮水250～500毫克，连用3～5天	7	革兰阴性菌及支原体等感染	
硫酸新霉素	可溶性粉预混剂	混饮：每升饮水50～75毫克，连用3～5天； 混饲：每吨饲料77～154克，连用3～5天	5	革兰阴性菌所致胃肠道感染	

（续）

药品名称	剂型	用法与用量（以有效成分计）	休药期（天）	用途	注意事项
牛至油	预混剂	混饲：每吨饲料22.5克，连用7天（治疗）	0	大肠杆菌、沙门氏菌所致下痢	
盐酸土霉素	可溶性粉	混饮：每升饮水53～511毫克，用药7～14天	5	鸡霍乱、白痢、肠炎、球虫、鸡伤寒	
盐酸沙拉沙星	可溶性粉溶液	混饮：每千克体重（25～50）毫克，连用3～5天		细菌及支原体感染	
磺胺喹噁啉钠＋甲氧苄啶	预混剂混悬液	混饲：每千克体重（25～30）毫克，连用10天　混饮：每升饮水（80＋16）～（160＋32）毫克，连用5～7天	1	大肠杆菌、沙门菌感染	
复方磺胺嘧啶	预混剂	混饲：每千克体重0.17～0.2克，连用10天	1	革兰阳性菌及阴性菌感染	
延胡索酸泰妙菌素	可溶性粉	混饮：每升饮水125～250毫克，连用3天	7	慢性呼吸道病	禁与莫能菌素、盐霉素等聚醚类抗生素混合使用
酒石酸泰乐菌素	可溶性粉	混饮：每升饮水500毫克，连用3～5天	1	革兰阳性菌及支原体感染	

附表 13-2 蛋鸡饲养允许的预防用药

药品名称	剂型	用法与用量（以有效成分计）	休药期（天）	用途	注意事项
抗寄生虫药					
盐酸氨丙啉＋乙氧酰胺苯甲酯	预混剂	混饲：每吨饲料（125＋8）克	3	球虫病	
盐酸氨丙啉＋磺胺喹噁啉钠	可溶性粉	混饮：每升饮水0.5克，连用2～4天	7	球虫病	
盐酸氨丙啉＋乙氧酰胺苯甲酯＋磺胺喹噁啉	预混剂	混饲：每吨饲料（100＋5＋60）克	7	球虫病	
氯羟吡啶	预混剂	混饲：每吨饲料125克	5	球虫病	
地克珠利	预混剂溶液	混饲：每吨饲料1克 混饮：每升饮水0.5～1毫克		球虫病	
二硝托胺	预混剂	混饲：每吨饲料125克	3	球虫病	
氢溴酸常山酮	预混剂	混饲：每吨饲料3克	5	球虫病	
拉沙洛西钠	预混剂	混饲：每吨饲料75～125克	3	球虫病	
马杜霉素铵	预混剂	混饲：每吨饲料5克	5	球虫病	
莫能霉素钠	预混剂	混饲：每吨饲料90～110克	5	球虫病	禁与泰妙菌素、竹桃霉素并用
甲基盐霉素	预混剂	混饲：每吨饲料6～8克	5	球虫病	禁与泰妙菌素、竹桃霉素及其他抗球虫药配伍用

（续）

药品名称	剂型	用法与用量（以有效成分计）	休药期（天）	用途	注意事项
甲基盐霉素＋尼卡巴嗪	预混剂	混饲：每吨饲料（24.8＋24.8）～（44.8+44.8）克	5	球虫病	禁与泰妙菌素、竹桃霉素并用，高温季节慎用
尼卡巴嗪	预混剂	混饲：每吨饲料20～25克	4	球虫病	
尼卡巴嗪＋乙氧酰胺苯甲酯	预混剂	混饲：每吨饲料（125＋8）克	9	球虫病	种鸡禁用
盐霉素钠	预混剂	混饲：每吨饲料50～70克	5	球虫病及促生长	禁与泰妙菌素、竹桃霉素并用
赛杜霉素钠	预混剂	混饲：每吨饲料25克	5	球虫病	
磺胺氯吡嗪钠	可溶性粉	混饮：每升饮水0.3克；混饲：每吨饲料0.6克，连用5～10天	1	球虫病、鸡霍乱及伤寒病	不得作饲料添加长期使用；凭兽医处方购买
磺胺喹噁啉＋二甲氧苄啶	预混剂	混饲：每吨饲料（100＋20）克	10	球虫病	凭兽医处方购买

抗　菌　药

药品名称	剂型	用法与用量（以有效成分计）	休药期（天）	用途	注意事项
亚甲基水杨酸杆菌肽	可溶性粉	混饮：每升饮水25毫克（预防量）	0	治疗慢呼病；提高产蛋量和饲料效率	每日新配
杆菌肽锌	预混剂	混饲：每吨饲料4～40克	7	促进畜禽生长	16周龄以下用
杆菌肽锌＋硫酸黏杆菌素	预混剂	混饲：每吨饲料2～20克	7	革兰阳性菌和阴性菌感染	

（续）

药品名称	剂型	用法与用量（以有效成分计）	休药期（天）	用途	注意事项
金霉素（饲料级）	预混剂	混饲：每吨饲料20～50克（10周龄以内）	7	促生长	
硫酸黏杆菌素	可溶性粉预混剂	混饮：每升饮水20～60毫克 混饲：每吨饲料2～20克	7	革兰阴性杆菌引起的肠道疾病；促生长	避免连续使用1周以上
恩拉霉素	预混剂	混饲：每吨饲料1～10克	7	促生长	
黄霉素	预混剂	混饲：每吨饲料5克	0	促生长	
吉他霉素	预混剂	混饲：每吨饲料5～11克（促生长）	7	革兰阳性菌、支原体感染	
那西肽	预混剂	混饲：每吨饲料2.5克	3	促生长	
牛至油	预混剂	混饲：每吨饲料促生长1.25～12.5克；每吨饲料预防11.25克	0	大肠杆菌、沙门菌的下痢	
土霉素钙	粉剂	混饲：每吨饲料10～50克（10周龄以内）；添加于低钙饲料（含钙量0.18%～0.55%），连续用药不超过5天	5	促生长	
酒石酸泰乐菌素	可溶性粉	混饮：每升饮水500毫克，连用3～5天	1	革兰阳性菌及支原体感染	
维吉尼亚霉素	预混剂	混饲：每吨饲料5～20克	1	革兰阳性菌及支原体感染	

附表 13 - 3 蛋鸡产蛋期允许使用的药物

(必须在兽医指导下使用)

药品名称	剂型	用法与用量 (以有效成分计)	产蛋期 (天)	用途
氟苯咪唑	预混剂	混饲:每吨饲料 30 克,连用 4～7 天	7	驱虫胃肠道线虫及绦虫
土霉素	可溶性粉	混饮:每升饮水 60～250 毫克	1	抗革兰阳性菌和阴性菌
杆菌肽锌	预混剂	混饲:每吨饲料 15～100 克	0	促进畜禽生长
牛至油	预混剂	混饲:每吨饲料 22.5 克,连用 7 天(治疗)	0	大肠杆菌、沙门菌所致下痢
复方磺胺氯达嗪钠(磺胺氯达嗪钠 + 甲氧苄啶)	粉剂	内服:每千克体重 20 毫克,连用 3～6 天	6	大肠杆菌和巴氏杆菌感染
妥曲珠利	溶液	混饮:每千克体重 7 毫克,连用 2 天	14	球虫病
维吉尼亚霉素	预混剂	混饲:每吨饲料 20 克	0	抑菌,促生长

参 考 文 献

B. E. 斯特劳，S. D. 阿莱尔，W. L. 蒙加林，等 . 2003. 猪病学 . 赵德明，等，译 . 第 8 版 . 北京：中国农业出版社 .

白秀娟 . 2002. 简明养狐手册 . 北京：中国农业大学出版社 .

柴秀丽 . 2008. 水貂出血性肺炎的防治 . 特种经济动植物（6）.

陈伯伦，陈伟斌 . 2004. 鹅病诊断与策略防治 . 北京：中国农业出版社 .

陈怀涛 . 1998. 兔病诊治彩色图说 . 北京：中国农业出版社 .

陈金顶，任涛，廖明，等 . 2000. 鹅源禽副黏病毒 GPMV/QY97 - 1 株的生物学特性 . 中国兽医学报，20（2）：128 - 130.

程安春 . 1997. 现代禽病诊断和防治全书 . 成都：四川大学出版社 .

丁壮，王承宇，向华，等 . 2002. 鹅副黏病毒分离株生物学特性的研究 . 中国预防兽医学报，24（5）：390 - 392.

董焕程 . 2012. 执业兽医资格考试考前冲刺速记本（兽医全科类）. 北京：中国农业出版社 .

杜淑清，李智红，王芳蕊，等 . 2013. 兽医生物制品分类概述 . 上海畜牧兽医通讯（4）：71 - 73.

甘孟侯 . 2009. 中国禽病学 . 北京：中国农业出版社 .

郭玉璞 . 2003. 鸭病诊治彩色图说 . 第 2 版 . 北京：中国农业出版社 .

何丽丽 . 2012. 犬瘟热病毒 LAMP 检测方法建立及其串联表位卵黄抗体中和效力初步研究 . 哈尔滨：东北农业大学 .

何英，叶俊华 . 2003. 宠物医生手册 . 沈阳：辽宁科学技术出版社：139 - 152.

李渤南，邢光波，陈令军，等 . 2012. 水貂病毒性肠炎的诊断 . 中国兽医杂志（7）：80 - 81.

李国华，史秋梅 . 2010. 水貂出血性肺炎的诊治 . 中国兽医杂志（7）.

李建军，丁巧玲 . 2003. 我国犬瘟热研究进展 . 中国兽医杂志，39（1）：

34 -38.

李玉峰 . 2013. 毛皮动物钩端螺旋体病的诊治 . 养殖技术顾问（2）.

李玉梅 . 2007. 水貂阿留申病的诊断与防治 . 吉林畜牧兽医（4）.

刘淑明 . 2011. 水貂病毒性肠炎的防治 . 畜牧兽医杂志（2）：105 - 106.

刘维全，韩慧民，杨盛华，等 . 1993. 水貂肠道冠状病毒和呼肠病毒的病原性及在腹泻中的作用 . 黑龙江畜牧兽医（12）.

鲁岩，张志洲，金立，等 . 2011. 狐貉犬瘟热病的诊断与防治 . 吉林畜牧兽医（6）：46.

吕荣修编著 . 郭玉璞修订 . 2004. 禽病诊断彩色图谱 . 北京：中国农业大学出版社 .

罗国良，闫喜军，钟伟，等 . 2008. 狐狸传染性脑炎病原学研究进展 . 动物医学进展（8）.

钱国成 . 2007. 水貂冠状病毒性肠炎 . 特种经济动植物（8）.

钱忠明，周继宏，朱国强，等 . 1999. 鹅副黏病毒病流行病学和血清学研究 . 中国家禽，21（10）：6 - 8.

秦绪伟 . 2012. 毛皮动物犬瘟热的临床诊断与防控 . 今日畜牧兽医（12）：60 - 61.

孙桂芹 . 2011. 新编禽病快速诊治彩色图谱 . 北京：中国农业大学出版社 .

汪明 . 2007. 兽医寄生虫学 . 3 版 . 北京：中国农业出版社 .

王学慧，张立富 . 2008. 绿脓杆菌引发水貂出血性肺炎的诊治 . 黑龙江畜牧兽医（8）.

王永坤，田慧芳，周继宏，等 . 1998. 鹅副黏病毒病的研究 . 江苏农学院学报，19（1）：59.

王志成 . 2009. 村级动物防疫员实用技术手册 . 北京：中国农业出版社 .

夏咸柱，张乃生，林德贵 . 2009. 犬病 . 北京：中国农业出版社 .

徐百万 . 2010. 动物疫病监测技术手册 . 北京：中国农业出版社 .

徐国栋，郭立力 . 2012. 猪场的饲养管理要点和猪病防治策略 . 北京：中国农业出版社（7）.

徐国栋，李锋，张广峰 . 2011. 国内猪流行性腹泻防治概况 . 畜牧与兽医，43（12）：88 - 93.

徐国栋，李智红 . 2011. 国内猪瘟流行现状及防治（一）. 中国动物保健，13（8）：28 - 30.

徐国栋，李智红．2011．国内猪瘟流行现状及防治（二）．中国动物保健，13（9）：30-32．

徐国栋，李智红．2011．国内猪瘟流行现状及防治（三）．中国动物保健，13（10）：35-37．

宣长和，等，2006．动物疾病诊断与防治彩色图谱．北京：中国科学技术出版社．

殷震，刘景华．1997．动物病毒学．北京：科学出版社．

于金玲，刘孝刚．2012．兔巴氏杆菌病的诊断与防治．中国兽医杂志（5）．

张国峰，何相臣，张守双．2011．大庆地区狐狸阴道加德纳氏菌病调查及敏感药物试验水．养殖技术顾问（10）：207．

张振兴，姜平．1996．实用兽医生物制品技术．北京：中国农业科学技术出版社．

郑明学．2008．兽医临床病理解剖学．北京：中国农业大学出版社．

中国兽医协会．2012．2012年执业兽医资格考试应试指南（兽医全科）．北京：中国农业出版社．

Imadi M A AL，Tanyi J. 1982. The susceptibility of domestic waterfowls of Newcastle disease virus and their role in its spread. Acta Vet Acad Sci，30 (1/3)：31-34.

Kosovac A ，Veselinovic S. 1988. Biological properties of a Newcastle disease virus isolated from geese. Poult Abstract，14 (1)：28.